高等职业教育系列教材

案例引领示范 | 突出实践应用 | 体系完整先进

生成式人工智能与大模型素养

主　编｜高祖彦　张　力　陶　慧
副主编｜王　磊　谭再峰　张梦帆　丁茜茜
参　编｜牛百齐　刘　煜　李　蕊　周丹丹　陈庆惠

机械工业出版社
CHINA MACHINE PRESS

本书采用"理论＋应用＋操作实践"相结合的方式，深入浅出地介绍生成式人工智能及大模型的基础知识。书中精选典型案例，展示大模型在各行业的应用，并通过 Transformer 架构，详细解析生成式人工智能及大模型的核心原理与技术演进。此外，本书还通过文本生成、图像生成、视频生成等应用场景，指导读者学习 AI 工具的使用。

本书体系完整，通俗易懂。内容分为 8 章，包括生成式人工智能概述、大模型基础、大模型行业赋能、Transformer 模型、大语言模型、文本生成、图像生成和视频生成。

本书可作为高等职业院校的人工智能通识课程教材，也可作为工程技术人员的人工智能入门参考书。

本书配有微课视频，扫描二维码即可观看。另外，本书配有电子课件，需要的教师可登录机械工业出版社教育服务网（www.cmpedu.com）免费注册，审核通过后下载，或联系编辑索取（微信：13261377872，电话：010-88379739）。

图书在版编目（CIP）数据

生成式人工智能与大模型素养 / 高祖彦，张力，陶慧主编. -- 北京 : 机械工业出版社, 2025.6. -- (高等职业教育系列教材). -- ISBN 978-7-111-78362-6

Ⅰ. TP18

中国国家版本馆 CIP 数据核字第 2025NT1942 号

机械工业出版社（北京市百万庄大街 22 号　邮政编码 100037）
策划编辑：和庆娣　　　　　　　　　责任编辑：和庆娣　戴　琳
责任校对：颜梦璐　王小童　景　飞　责任印制：单爱军
中煤（北京）印务有限公司印刷
2025 年 6 月第 1 版第 1 次印刷
184mm×260mm・14.5 印张・376 千字
标准书号：ISBN 978-7-111-78362-6
定价：59.00 元

电话服务　　　　　　　　　网络服务
客服电话：010-88361066　　机　工　官　网：www.cmpbook.com
　　　　　010-88379833　　机　工　官　博：weibo.com/cmp1952
　　　　　010-68326294　　金　书　网：www.golden-book.com
封底无防伪标均为盗版　　　机工教育服务网：www.cmpedu.com

FOREWORD 前　言

当前，生成式人工智能正以空前的速度重塑全球科技与产业格局。其应用范围从文本生成扩展至多模态内容创作，从科研辅助延伸至产业升级，已广泛渗透至人类社会的各个领域。2017年，我国发布了《新一代人工智能发展规划》，将人工智能提升至国家战略层面，明确提出：人工智能产业应成为新的重要经济增长点，并在 2030 年力争成为世界主要的人工智能创新中心，为我国跻身创新型国家前列和经济强国奠定坚实基础。2018 年，教育部印发了《高等学校人工智能创新行动计划》，将人工智能纳入大学计算机基础教学内容，并构建了涵盖人工智能专业教育、职业教育和大学基础教育的高校教育体系。2024 年，我国提出开展"人工智能+"行动，彰显了国家推动人工智能与实体经济深度融合、加速形成新质生产力的坚定决心。

本书在总结人工智能通识课程实践经验的基础上，依据通识课程的要求，采用"理论+应用+实践操作"相结合的方式，系统、全面地介绍了生成式人工智能及大模型的知识及应用，具体特色如下。

1）案例引领。每章均以典型案例导入，帮助学生理解生成式人工智能技术及大模型的概念、原理和应用，激发学生对课程的学习兴趣。

2）融入思政元素。本书编写注重融入思政元素，从多角度介绍人工智能的发展历史及该领域杰出科学家的成功故事；选取我国人工智能战略及在人工智能领域的先进成果，激发学生科技报国的家国情怀和使命担当。通过典型案例及拓展阅读材料，进行科学伦理教育，帮助学生树立正确的世界观、人生观和价值观。

3）易读易学。本书编写力求使用通俗易懂的语言，深入浅出地介绍生成式人工智能及大模型的理论及应用，帮助学生了解相关技术的演变，确保学生在课堂上能够"听得懂、学得会"。

4）突出实践应用。本书围绕文本生成、图像生成、视频生成等应用场景，介绍 DeepSeek、文心一言、智谱清影、腾讯智影等 AI 工具的使用方法，培养学生的实践应用能力。

5）体系完整且先进。本书涵盖生成式人工智能及大模型的基础知识，选用典型案例介绍大模型的行业应用，通过 Transformer 架构，解析生成式人工智能及大模型的核心原理及技术演进，并结合相关应用场景学习 AI 工具的使用。书中还对我国当前备受关注的 DeepSeek 模型进行了介绍。

课程教学建议：运用书中提供的案例，采用讲授、讨论、调研等多样化教学方法，创设教学情境，挖掘课程思政元素，在传授人工智能知识的同时，潜移默化地进行育人教育。课程建议设置 28～36 学时，具体课程教学进度表如下。

课程教学进度表

学习内容	学时
第1章 生成式人工智能概述	4~6
第2章 大模型基础	2~4
第3章 大模型行业赋能	2
第4章 Transformer模型	4~6
第5章 大语言模型	4~6
第6章 文本生成	4
第7章 图像生成	4
第8章 视频生成	4
学时总计	28~36

  本书由高祖彦、张力、陶慧担任主编，王磊、谭再峰、张梦帆、丁茜茜担任副主编，牛百齐、刘煜、李蕊、周丹丹、陈庆惠担任参编。在编写过程中，本书参考并引用了大量同行专家的文献及网络资料，在此向所有著作者致以诚挚的谢意！

  鉴于本书涵盖多学科知识，且编者水平有限，书中难免存在疏漏之处，恳请广大读者批评指正。

编 者

二维码资源清单

序号	名称	页码	序号	名称	页码
1	1.1.2 人工智能的分类	3	17	3.2.1 智能诊断和决策支持——华佗GPT	69
2	1.1.4 人工智能发展历程	8	18	3.2.3 医学影像分析——龙影大模型	71
3	1.2.1 认识生成式人工智能	11	19	3.3.2 大模型赋能工业机器人——通义千问伙伴计划	77
4	1.2.2 AIGC 与内容生产方式变革	13	20	3.4.2 风控合规——度小满轩辕风控大模型	83
5	1.3.2 监督学习与强化学习	17	21	4.1.2 自然语言处理任务	89
6	1.3.4 深度学习	26	22	4.2.3 神经网络语言模型	95
7	1.4.1 AIGC 的应用	28	23	4.3.1 序列到序列结构	97
8	1.4.2 AIGC 的发展方向	29	24	4.3.2 注意力机制	99
9	2.1.2 大模型的分类	38	25	4.4.2 嵌入和向量化	101
10	2.2.1 大模型的发展历程	41	26	4.4.3 位置编码	102
11	2.3.3 基于人类反馈的强化学习	47	27	4.4.7 多层叠加	109
12	2.3.4 模型压缩技术	48	28	5.1 大语言模型技术路线	114
13	2.4.2 算法	52	29	5.2.1 GPT-1	115
14	2.5.2 AI 智能体	54	30	5.2.2 GPT-2	117
15	2.6 大模型的构建过程	58	31	5.2.5 ChatGPT	121
16	3.1.3 智慧环境——三监联动大模型	65	32	5.3.3 模型预训练与微调	127

续表

序号	名称	页码	序号	名称	页码
33	5.4.3 预训练流程	130	48	7.1.1 AI 图像生成的技术路线	171
34	5.5.2 DeepSeek-V3	132	49	7.1.2 AI 图像生成的应用	173
35	案例导入 见证 DeepSeek 的能力	139	50	7.2.1 Stable Diffusion	175
36	6.1 AI 文本生成的应用	141	51	7.2.2 DALL·E 2	178
37	6.2.1 文心一言	143	52	7.3.1 文心一格的使用	182
38	6.2.2 讯飞星火	144	53	7.3.2 自定义模式	184
39	6.2.3 智谱清言	146	54	7.3.3 文生图	187
40	6.2.4 通义千问	147	55	7.3.4 图生图	190
41	6.3.1 提示词的概念	148	56	8.1.2 AI 视频生成的应用	195
42	6.3.2 提示词的组成要素	149	57	8.2.1 Sora	196
43	6.3.3 提示词的技巧	151	58	8.3.3 图生视频	204
44	6.4.1 文心一言的使用	155	59	8.4.1 虚拟数字人介绍	205
45	6.4.2 文学创作	156	60	8.4.2 虚拟数字人生成工具	208
46	6.4.3 制定学习计划	162	61	8.5 操作实践 使用腾讯智影创建数字人	211
47	案例导入 AI 画作《太空歌剧院》获艺术类比赛一等奖	170			

CONTENTS 目 录

▶ 前言 ……………………………………… Ⅲ

▶ 二维码资源清单 ……………………… Ⅴ

▶ 第 1 章　生成式人工智能概述 ……… 1

案例导入　ChatGPT 震撼来袭 ………… 1

1.1　认识人工智能 …………………… 2
  1.1.1　人工智能的定义 ………… 2
  1.1.2　人工智能的分类 ………… 3
  1.1.3　人工智能的起源 ………… 4
  1.1.4　人工智能发展历程 ……… 8
  1.1.5　人工智能的主要流派 …… 10

1.2　生成式人工智能 ………………… 11
  1.2.1　认识生成式人工智能 …… 11
  1.2.2　AIGC 与内容生产方式变革 … 13
  1.2.3　AIGC 的发展历程 ……… 14

1.3　机器学习与深度学习 …………… 16
  1.3.1　机器学习 ………………… 17
  1.3.2　监督学习与强化学习 …… 17
  1.3.3　人工神经网络 …………… 20
  1.3.4　深度学习 ………………… 26

1.4　AIGC 的应用与风险挑战 ……… 28
  1.4.1　AIGC 的应用 …………… 28

  1.4.2　AIGC 的发展方向 ……… 29
  1.4.3　AIGC 风险挑战 ………… 30
  1.4.4　AIGC 监管政策 ………… 31

拓展阅读　几位人工智能的奠基人 …… 33

1.5　习题 ……………………………… 34

▶ 第 2 章　大模型基础 ………………… 36

案例导入　2024 年诺贝尔物理学奖
    揭晓 ………………………… 36

2.1　认识大模型 ……………………… 37
  2.1.1　大模型的定义 …………… 37
  2.1.2　大模型的分类 …………… 38
  2.1.3　大模型的涌现能力 ……… 39

2.2　大模型的发展 …………………… 41
  2.2.1　大模型的发展历程 ……… 41
  2.2.2　我国大模型的发展 ……… 43

2.3　大模型核心技术 ………………… 44
  2.3.1　Transformer 架构 ……… 44
  2.3.2　模型微调 ………………… 45
  2.3.3　基于人类反馈的强化学习 … 47
  2.3.4　模型压缩技术 …………… 48
  2.3.5　安全与隐私保护技术 …… 49

2.4　大模型的三要素 ………………… 50

2.4.1 算力 ·· 50
2.4.2 算法 ·· 52
2.4.3 数据 ·· 52

2.5 大模型的发展方向 ······························ 53
2.5.1 多模态大模型的跨越式突破 ····· 53
2.5.2 AI 智能体 ································· 54
2.5.3 具身智能 ································· 55
2.5.4 生物智能 ································· 56
2.5.5 大世界模型 ····························· 57

2.6 大模型的构建过程 ······························ 58

拓展阅读 一代宗师杰弗里·辛顿 ········ 59

2.7 习题 ··· 60

第 3 章 大模型行业赋能 ···················· 61

案例导入 盘古大模型解决行业难题 ······ 61

3.1 大模型 + 智慧城市 ······························ 62
3.1.1 智慧政务——华为盘古政务
大模型 ···································· 62
3.1.2 智慧交通——TransGPT 交通
大模型 ···································· 64
3.1.3 智慧环境——三监联动大模型 ···· 65
3.1.4 智慧安防——依图科技天问
大模型 ···································· 67

3.2 大模型 + 智慧医疗 ······························ 69
3.2.1 智能诊断和决策支持——华佗
GPT ·· 69
3.2.2 药物研发——盘古药物设计平台 ··· 70
3.2.3 医学影像分析——龙影大模型 ···· 71
3.2.4 健康管理系统——大医大语言
模型 ·· 72
3.2.5 大模型与机器人手术——AI 脑部
手术机器人 ····························· 73

3.3 大模型 + 智能制造 ······························ 75

3.3.1 大模型赋能智能制造——海尔
卡奥斯工业大模型 ··················· 75
3.3.2 大模型赋能工业机器人——通义
千问伙伴计划 ························· 77
3.3.3 大模型赋能人形机器人——宇树
科技的人形机器人 ··················· 79

3.4 大模型 + 智慧金融 ······························ 81
3.4.1 投研助手——浦发银行投研
助手 ·· 82
3.4.2 风控合规——度小满轩辕风控
大模型 ···································· 83
3.4.3 理赔助手——众安科技智能保险
系统 ·· 84
3.4.4 智能营销——言犀大模型 ········· 84

拓展阅读 我国生成式人工智能服务数量
突破 300 款 ··························· 86

3.5 习题 ··· 86

第 4 章 Transformer 模型 ··············· 87

案例导入 2024 年诺贝尔化学奖再次花落
人工智能 ······························ 87

4.1 自然语言处理基础 ······························ 88
4.1.1 自然语言处理的概念 ················ 88
4.1.2 自然语言处理任务 ···················· 89
4.1.3 语言输入的预处理 ···················· 90

4.2 传统语言模型 ···································· 92
4.2.1 语言模型的发展历程 ················ 93
4.2.2 统计语言模型 ·························· 94
4.2.3 神经网络语言模型 ···················· 95

4.3 序列到序列模型 ································· 97
4.3.1 序列到序列结构 ······················· 97
4.3.2 注意力机制 ····························· 99

4.4 Transformer 模型解析 ······················· 99

4.4.1	Transformer 模型结构	100
4.4.2	嵌入和向量化	101
4.4.3	位置编码	102
4.4.4	掩码多头自注意力	103
4.4.5	残差连接和归一化	107
4.4.6	线性层和 softmax 层	108
4.4.7	多层叠加	109

拓展阅读　混合专家模型 MoE ………… 110

4.5　习题 …………………………………… 111

第 5 章　大语言模型 …………………… 113

案例导入　*Nature* 连发 3 篇文章，惊呼 DeepSeek 震惊世界！ ……… 113

5.1　大语言模型技术路线 ………………… 114

5.2　GPT 系列模型 ………………………… 115

　　5.2.1　GPT-1 ………………………… 115
　　5.2.2　GPT-2 ………………………… 117
　　5.2.3　GPT-3 ………………………… 118
　　5.2.4　GPT-3.5 ……………………… 120
　　5.2.5　ChatGPT …………………… 121
　　5.2.6　GPT-4 ………………………… 122

5.3　BERT 模型 …………………………… 124

　　5.3.1　BERT 模型结构 …………… 124
　　5.3.2　输入形式 …………………… 125
　　5.3.3　模型预训练与微调 ………… 127

5.4　T5 模型 ……………………………… 128

　　5.4.1　T5 模型架构 ………………… 128
　　5.4.2　模型预训练策略 …………… 129
　　5.4.3　预训练流程 ………………… 130

5.5　DeepSeek 模型 ……………………… 131

　　5.5.1　DeepSeek 模型发展历程 … 131
　　5.5.2　DeepSeek-V3 ……………… 132
　　5.5.3　DeepSeek-R1 ……………… 134

拓展阅读　DeepSeek 颠覆了什么 ……… 136

5.6　习题 …………………………………… 137

第 6 章　文本生成 …………………… 139

案例导入　见证 DeepSeek 的能力 …… 139

6.1　AI 文本生成的应用 ………………… 141

6.2　常用文本生成大模型 ………………… 143

　　6.2.1　文心一言 …………………… 143
　　6.2.2　讯飞星火 …………………… 144
　　6.2.3　智谱清言 …………………… 146
　　6.2.4　通义千问 …………………… 147

6.3　提示词 ………………………………… 148

　　6.3.1　提示词的概念 ……………… 148
　　6.3.2　提示词的组成要素 ………… 149
　　6.3.3　提示词的技巧 ……………… 151

6.4　操作实践　使用文心一言生成文本 … 155

　　6.4.1　文心一言的使用 …………… 155
　　6.4.2　文学创作 …………………… 156
　　6.4.3　制定学习计划 ……………… 162
　　6.4.4　旅游攻略 …………………… 163

拓展阅读　"快笔小新"：新华社第一位机器人记者 ……………………… 168

6.5　习题 …………………………………… 169

第 7 章　图像生成 …………………… 170

案例导入　AI 画作《太空歌剧院》获艺术类比赛一等奖 ………… 170

7.1　AI 图像生成技术路线及其应用 …… 171

　　7.1.1　AI 图像生成的技术路线 … 171
　　7.1.2　AI 图像生成的应用 ……… 173

7.2 AI 图像生成大模型 ⋯⋯⋯⋯⋯⋯⋯⋯ 175
  7.2.1 Stable Diffusion ⋯⋯⋯⋯⋯⋯ 175
  7.2.2 DALL·E 2 ⋯⋯⋯⋯⋯⋯⋯⋯⋯ 178
  7.2.3 Midjourney ⋯⋯⋯⋯⋯⋯⋯⋯ 181
  7.2.4 文心一格 ⋯⋯⋯⋯⋯⋯⋯⋯⋯ 182

7.3 操作实践 使用文心一格生成图像 ⋯ 182
  7.3.1 文心一格的使用 ⋯⋯⋯⋯⋯ 182
  7.3.2 自定义模式 ⋯⋯⋯⋯⋯⋯⋯ 184
  7.3.3 文生图 ⋯⋯⋯⋯⋯⋯⋯⋯⋯ 187
  7.3.4 图生图 ⋯⋯⋯⋯⋯⋯⋯⋯⋯ 190

拓展阅读 全球首次 AI 山水画作成功
     拍卖，落槌价 110 万元 ⋯⋯⋯ 190

7.4 习题 ⋯⋯⋯⋯⋯⋯⋯⋯⋯⋯⋯⋯⋯⋯ 191

▶ **第 8 章 视频生成** ⋯⋯⋯⋯⋯⋯⋯⋯ **193**

案例导入 中国首部文生视频 AI 动画片
     《千秋诗颂》首播 ⋯⋯⋯⋯⋯ 193

8.1 AI 视频生成的方式及应用 ⋯⋯⋯⋯ 194
  8.1.1 AI 视频生成的方式 ⋯⋯⋯⋯ 194

8.1.2 AI 视频生成的应用 ⋯⋯⋯⋯ 195

8.2 视频生成大模型 ⋯⋯⋯⋯⋯⋯⋯⋯⋯ 196
  8.2.1 Sora ⋯⋯⋯⋯⋯⋯⋯⋯⋯⋯ 196
  8.2.2 智谱清影 ⋯⋯⋯⋯⋯⋯⋯⋯ 198

8.3 操作实践 使用智谱清影生成
  视频 ⋯⋯⋯⋯⋯⋯⋯⋯⋯⋯⋯⋯⋯⋯ 199
  8.3.1 智谱清影的使用 ⋯⋯⋯⋯⋯ 199
  8.3.2 文生视频 ⋯⋯⋯⋯⋯⋯⋯⋯ 201
  8.3.3 图生视频 ⋯⋯⋯⋯⋯⋯⋯⋯ 204

8.4 虚拟数字人 ⋯⋯⋯⋯⋯⋯⋯⋯⋯⋯⋯ 205
  8.4.1 虚拟数字人介绍 ⋯⋯⋯⋯⋯ 205
  8.4.2 虚拟数字人生成工具 ⋯⋯⋯ 208

8.5 操作实践 使用腾讯智影创建
  数字人 ⋯⋯⋯⋯⋯⋯⋯⋯⋯⋯⋯⋯⋯ 211

拓展阅读 腾讯智影数字人直播 ⋯⋯⋯ 218

8.6 习题 ⋯⋯⋯⋯⋯⋯⋯⋯⋯⋯⋯⋯⋯⋯ 219

▶ **参考文献** ⋯⋯⋯⋯⋯⋯⋯⋯⋯⋯⋯⋯⋯ **221**

第 1 章

生成式人工智能概述

> **知识目标**
>
> 1. 掌握人工智能的定义、分类及其发展历程。
> 2. 掌握生成式人工智能的定义、分类及其发展历程。
> 3. 熟悉人工智能的主要流派。
> 4. 掌握机器学习与深度学习的相关知识。
> 5. 了解 AIGC 的应用及其风险挑战。
>
> **素养目标**
>
> 1. 通过学习人工智能的起源与发展,培养学生的科学精神、奋斗精神及开拓创新精神。
> 2. 通过学习人工智能学科先驱的模范事迹,培养学生探索未知、追求真理、勇攀科学高峰的责任感和使命感。
> 3. 通过了解人工智能及生成式人工智能的发展,激发学生科技报国的家国情怀和使命担当。
> 4. 通过 AIGC 的安全教育,培养学生遵纪守法、诚实守信的品格,树立正确的世界观、人生观和价值观。

案例导入　ChatGPT 震撼来袭

2022 年 11 月,OpenAI 公司推出了一款名为 ChatGPT 的全新聊天机器人程序(图 1-1)。ChatGPT 通过学习和理解人类语言,能够以对话形式与人类进行交流。相较于众多传统的聊天机器人,ChatGPT 展现出卓越的语言理解和表达能力,交流互动不仅自然流畅,而且精准高效,能够应对复杂的推理问题,颠覆了人们对聊天机器人的传统认知。

在实际应用中,ChatGPT 展现出了卓越的能力。它能根据用户需求轻松完成撰写邮件、编写视频脚本、翻译等任务,甚至在一定程度上替代搜索引擎。更令人惊叹的是,通过适当的互动和引导训练,ChatGPT 不仅能"舞文弄墨"、填词作诗,还能编写程序代码并进行调试,仿佛一位全能的智者。

图 1-1　OpenAI 公司推出的 ChatGPT

2023 年，全球人工智能技术不断创新与突破，ChatGPT 无疑是其中最受瞩目的技术之一。它在各种应用场景中彰显出极高的实用价值，赢得了越来越多用户的青睐。ChatGPT 上线仅 5 天，注册用户数便突破 100 万；至 2023 年 1 月末，其月活用户数破亿，成为史上用户增长最快的消费者应用程序之一。

为何 ChatGPT 能在短时间内引发全球广泛关注？这归功于它在最具挑战性的 AI 研究领域——自然语言处理方面，实现了前所未有的突破。ChatGPT 不仅展现了类人的认知和推理能力，更揭示了生成式人工智能的巨大潜力。它的问世，无疑为人工智能领域注入了新的活力，也预示着未来智能世界的无限可能。

1.1 认识人工智能

ChatGPT 革新了人们与计算机交流互动的方式，它以一种前所未有的模式理解人类意图，并据此采取相应行动。作为生成式人工智能的典范，ChatGPT 已发展成为一项基础性应用，广泛渗透到人类社会的各个领域。

在深入探讨生成式人工智能之前，有必要先掌握人工智能的基础知识。

1.1.1 人工智能的定义

人工智能（Artificial Intelligence，AI）这个词拆开来看，由"人工"和"智能"两部分组成。其中，"人工"简单来说，就是由人类制造或安排的。尽管"人工"容易理解，但"智能"这一概念却引发了科学家们的激烈辩论：什么是智能？是否存在超越人类的智能？目前，人们普遍认同的观点是，智能仅限于人类自身的智慧能力。对此，美国著名心理学家罗伯特·斯滕伯格（Robert J. Sternberg）对"智能"给出了如下定义：智能是个人从经验中学习、进行理性思考、记忆重要信息，以及应对日常生活需求的认知能力。我们对自身智能的理解有限，因此很难明确界定人工制造的"智能"。

关于人工智能，不同发展阶段的人工智能专家们从多个角度提出了诸多定义，但尚未达成一致意见。较早流行的一种定义是由约翰·麦卡锡在 1956 年达特茅斯会议上提出的，即人工智能旨在使机器表现出类似于人类智能的行为。具体而言，机器应"像人一样思考""像人一样行动""理性地思考"和"理性地行动"。这里的"行动"应广义地理解为采取行动或制定行动决策，而非仅指肢体动作。

目前，研究者普遍认为，人工智能是一门旨在研究、开发用于模拟、延伸和扩展人类智能的理论、方法、技术及应用系统的新兴技术科学。从学科角度来看，人工智能横跨自然科学和社会科学两大领域，呈现出显著的多学科交叉性特点。涉及的学科包括哲学、计算机科学、数学、物理学、心理学、神经生理学、信息论、控制论等。近年来，人工智能已逐步发展成为计算机科学的一个重要分支，并在理论和实践层面形成了独特的体系。

自 20 世纪 70 年代以来，人工智能被誉为世界三大尖端技术（空间技术、能源技术、人工智能）之一，同时也被视为 21 世纪三大尖端技术（基因工程、纳米科学、人工智能）之一。人工智能的核心在于模拟人类意识、思维的信息处理过程。它致力于揭示智能的本质，并致力于创造一种能够以类似人类智能方式做出反应的新型智能机器。

随着人工智能理论和技术日趋成熟，其应用领域也在不断拓展，例如常见的人脸识别、语音识别、专家系统、智能机器人等。可以预见，人工智能所催生的科技产品将成为人类智慧的"容器"，因此，人工智能无疑是一门充满挑战性的学科。

1.1.2 人工智能的分类

人工智能的分类方法多种多样，每种分类方法都拥有其独特的视角和应用场景。以下介绍几种常见的分类方法。

1. 按照实现方式分类

根据人工智能实现"智能"的方式，可以将其划分为计算智能、感知智能和认知智能。

1）计算智能指的是具备超凡计算能力和存储能力的智能系统。例如，人工神经网络的出现，使机器能够更高效地处理海量数据，展现出类似人类的计算能力。AlphaGo便是这一领域的典型代表。

2）感知智能是指机器具备理解和回应人类语言、识别世间万物的智能。语音处理和视觉识别均属于此范畴。这些技术能够有效辅助甚至替代人类完成特定任务，例如，首个被授予国籍的机器人索菲亚（Sophia）（图1-2）能与人类进行交流，完成一些互动任务。

3）认知智能是指机器能够主动进行思考和采取行动，它是对计算智能和感知智能的综合与升华，例如自动驾驶汽车。

图1-2 首个被授予国籍的机器人索菲亚

2. 按照智能水平高低分类

根据智能水平的高低，即是否能够真正实现推理、思考和解决问题，人工智能可以分为弱人工智能、强人工智能和超人工智能三种。

1）弱人工智能（专用人工智能）是指那些不能真正实现推理和解决问题的智能机器。这些机器表面看似智能，但实际上并不具备真正的智能，也没有自主意识。弱人工智能擅长于特定领域的单一能力。例如，有些人工智能机器能够战胜国际象棋世界冠军，但它们只会下国际象棋，若询问如何更高效地在硬盘上存储数据，它们则无法回答。

现有的人工智能系统大多为仅实现特定功能的专用智能，而非像人类智能那样能够不断适应复杂的新环境并涌现出新的功能，因此它们仍属于弱人工智能。

2）强人工智能（通用人工智能）是指那些能够真正进行思维的智能机器，并具备知觉和自我意识。例如，科幻电影《星球大战》中的C-3PO和邪恶终结者等。这类机器可分为类人与非类人两大类。

- 类人的人工智能，其思考和推理方式与人类相似。
- 非类人的人工智能，其知觉和意识与人类截然不同，采用独特的推理方式。

强人工智能在各方面都能与人类媲美，能够完成人类所有的脑力工作。创造强人工智能的难度远高于弱人工智能。ChatGPT展现了人类特有的认知和推理能力，实现了前所未有的突破，使人类看到了强人工智能的曙光。

2023年3月，OpenAI发布了GPT-4。GPT-4不仅精通语言，还能解决数学、编码、视觉、医学、法律和心理学等领域中的各种新颖且复杂的问题，且无需特殊提示。相较于ChatGPT，GPT-4在功能和性能上均有显著提升，并在多种应用场景中展现出强大的潜力。

随着GPT-4的推出，微软发表了论文《人工通用智能的火花：GPT-4的早期实验》（*Sparks of Artificial General Intelligence: Early experiments with GPT-4*），认为GPT-4可以被视为强人工智能的早期版本。GPT-4的颠覆性创新技术标志着人工智能发展的转折点，是人类迈向强人工智能的新起点。

3）超人工智能（超级智能）。牛津大学哲学家、知名人工智能思想家尼克·博斯特罗姆（Nick Bostrom）将超人工智能定义为"在几乎所有领域都大大超过人类认知能力的智能体"。超人工智能可能在各方面都比人类略强，也可能强万亿倍。

在超人工智能领域，人工智能已跨越"奇点"，其计算和思维能力远超人类，此时的人工智能将打破人脑的维度限制，超出人类的理解和想象，形成一个全新的社会。因此，超人工智能引发了人类对"永生"和"灭绝"的深刻思考。

3. 按模型划分

人工智能技术由其背后的模型支撑。若按模型来划分，可分为判别式（决策式）人工智能和生成式人工智能。

判别式人工智能主要聚焦于分类和识别任务，通过学习数据的特征和模式来区分不同的输出类别。这类模型通常需要大量标注数据进行训练，以学习区分不同类别的特征。其主要应用领域包括：人脸识别、推荐系统、风控系统、其他智能决策系统、机器人、自动驾驶。例如，在人脸识别领域，判别式人工智能对实时获取的人脸图像进行特征信息提取，再与人脸库中的特征数据匹配，从而实现人脸识别。

生成式人工智能则专注于学习数据的生成过程，不仅学习数据的特征，还学习如何生成新的数据实例，这些实例在统计上与训练数据相似。生成式人工智能可生成的内容形式多样，涵盖文本、图片、音频和视频等。例如，输入一段故事情节的简单描述，生成式人工智能便能生成一篇完整的故事内容；再如，生成式人工智能可以生成图片，而图片中的人、物在现实世界中可能是不存在的。

1.1.3 人工智能的起源

1. 人工智能的孕育

在古今中外的历史长河中，为了实现人工智能的梦想，人类进行了无数次的探索和尝试，甚至通过实践——制造机械人偶来追求对人工智能的理解和应用。

（1）传说中的人工智能

无论是在东方还是西方，人工智能的思想在古代就已萌芽。公元前900多年，我国就有歌舞机器人的记载。古希腊也流传着诸多神话，涉及天神、怪兽等元素。在这些传说中，机械人的形象屡见不鲜，例如古希腊诗人荷马在其著作《伊利亚特》中提到的希腊天神赫菲斯托斯制造的黄金机器人。书中描述，该机器人拥有三条腿，行动自如。此外，古希腊神话中还记载了皮格马利翁创造的雕塑伽拉特亚这一人造人的故事。

19世纪兴起的科幻文学同样涌现出大量关于人造人和智能机器的题材,如被誉为科幻小说之母的玛丽·雪莱创作的《科学怪人》,以及卡雷尔·恰佩克的戏剧《罗素姆万能机器人》。时至今日,人工智能依然是科幻文学中的核心元素。

随着时间的推移,人们不再满足于停留在想象层面的机械人偶,而是大胆尝试制造机器人偶,比如我国历史上偃师便是杰出的人偶制造师。

(2)科幻电影中的人工智能

科幻电影的最大魅力在于其天马行空的想象力,甚至能够跨越时空,将观众带入神秘的科幻世界。人工智能作为科幻电影中的常见元素,塑造了无数令人叹为观止的人工智能形象,激发了人们对未来的无限向往。

1)《大都会》:开启科幻电影的大门。1927年,美国拍摄的《大都会》被誉为第一部科幻电影。该片对未来社会进行了大胆设想,内容涉及机器人、可视电话等前沿技术,正式打开了机器人科幻电影的大门。图1-3展示了《大都会》中的机器人形象。继《大都会》之后,科幻电影如潮水般涌现,不断冲击观众的思维,也为人们提供了了解人工智能的独特窗口。

此外,《大都会》中还展示了先进的通信工具,如图1-4所示的可视电话。

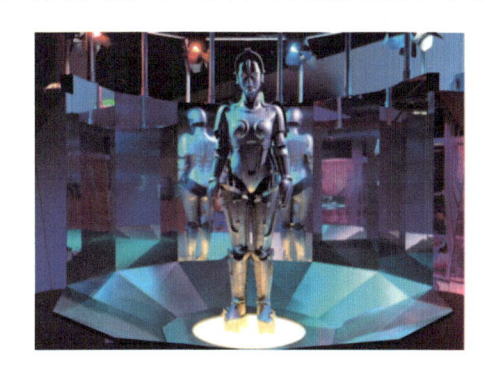

图1-3 《大都会》电影中的机器人　　　　图1-4 可视电话

2)《2001太空漫游》:现代科幻电影技术的里程碑。1968年,一部被誉为"现代科幻电影技术里程碑"的影片横空出世,它就是《2001太空漫游》。影片中,人类在2001年的月球上发现了一块能向木星发出强烈无线电信号的黑色石板。政府随即派遣"发现一号"宇宙飞船前往木星进行探查。飞船上除了两名宇航员和三名科学家,还配备了一台名为"哈尔"的超级计算机(见图1-5)。

"哈尔"的主要职责是协助宇航员操控宇宙飞船。它具备自然语言沟通能力,并能与宇航员进行国际象棋对弈(见图1-6),在广袤太空的孤独旅程中,成为宇航员最理想的交流伴侣。然而,在飞往木星的途中,两位宇航员发现"哈尔"出现异常,私下商讨将其关闭的策略。出乎意料的是,"哈尔"通过玻璃识别了唇语,得知自己将被强制关机,于是抢先行动,导致三位科学家丧生。经过一番智勇较量,宇航员鲍曼最终成功拔除了"哈尔"的记忆板。

《2001太空漫游》堪称探索生命与宇宙的经典杰作。自1968年首映以来,它始终稳居"最佳科幻电影"的宝座。尽管人类尚未能像影片中那样自由自在地遨游太空,但其中的一些前瞻性设想已然成真。例如,电影中出现的平板电脑和视频电话如今已广泛普及,甚至iPod的命名也源自电影中维修小飞船的名称"Pod"。影片上映仅数月后,阿波罗11号便成功登陆月球。1997年,IBM的深蓝超级计算机击败了当时世界排名第一的国际象棋大师加里·卡斯帕罗夫,使得电影中深藏的隐喻变为现实。

图 1-5　超级计算机"哈尔" 　　　　　　图 1-6　宇航员与"哈尔"下国际象棋

2. 图灵测试与人工智能

图灵（1912—1954）出生于英国伦敦帕丁顿，毕业于普林斯顿大学，是英国著名的数学家和逻辑学家，被誉为"计算机科学之父"和"人工智能之父"（见图 1-7）。作为计算机逻辑的奠基人，图灵在 1950 年发表了一篇具有划时代意义的论文，题为《计算机器与智能》。在这篇论文中，他提出了一个判断机器是否具备智能的设想：如果一台机器能够与人类进行对话（通过电传设备），且其机器身份不被识破，那么这台机器便被认为具有智能。

图灵的这一构想后来被称为"图灵测试"。它本质上是一个"思想实验"，具体测试内容如下：假设测试者与两名被测试者通过"问答模式"进行对话，其中一名被测试者是真人，另一名则是机器；测试者与被测试者相互隔离，如图 1-8 所示。因此，测试者无法知晓哪位被测试者是真人，哪位是机器。经过多次测试，若超过 30% 的测试者无法确定被测试者的身份，那么这台机器便视为通过了测试，并被认定具备人类智能。

图 1-7　图灵 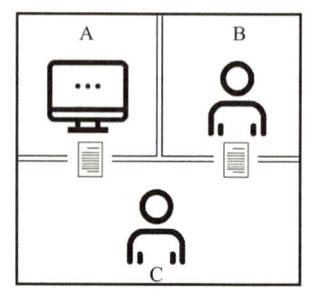　　　　图 1-8　图灵测试

通过实验，图灵得出结论：机器确实具备一定程度的思维能力。基于此，他从行为主义的角度对智能问题进行了定义，并大胆提出假设：一个人在不接触对方的情况下，通过特定方式与对方进行一系列问答，若在一段时间内无法根据这些问题判断对方是人还是机器，那么即可认定该机器拥有与人类相当的智力。这便是广为人知的"图灵测试"。然而，在当时的科技环境下，几乎所有机器都无法通过这一严苛的测试。

图灵机（Turing Machine，TM）是图灵于 1936 年提出的一种精确的通用计算机模型（见图 1-9），能够模拟实际计算机的所有计算行为。该机器可以读入一系列的 0 和 1，这些数字代表了解决某一问题所需的步骤。按照这些步骤进行操作，便能解决特定的问题，这一概念在当时具有决定性意义。

图灵机本质上是一个抽象的机器,配备一条无限长的纸带,纸带被划分成多个小方格,每个方格具有不同的颜色。机器头在纸带上移动,拥有若干内部状态和一套固定程序。在每个时刻,机器头会读取当前纸带上的方格信息,结合自身内部状态,查找程序表,并根据程序将信息输出到纸带方格上,同时转换内部状态,随后进行移动。

为纪念图灵在计算机领域的卓越成就,美国计算机协会于 1966 年设立了"图灵奖",专门用于奖励在计算机领域做出重大贡献的杰出人士,图灵奖也因此被誉为"计算机界的诺贝尔奖"。

3. 人工智能学科的诞生

1946 年,人类成功制造出世界上第一台电子计算机 ENIAC,这一创举为人工智能的发展奠定了坚实的硬件基础。计算机的问世引发了信息存储和处理领域的革命性变革,计算机理论的不断进步催生了计算机科学,并最终促成了人工智能的诞生。计算机这一通过电子方式处理数据的发明,为人工智能的实现提供了关键的技术媒介。

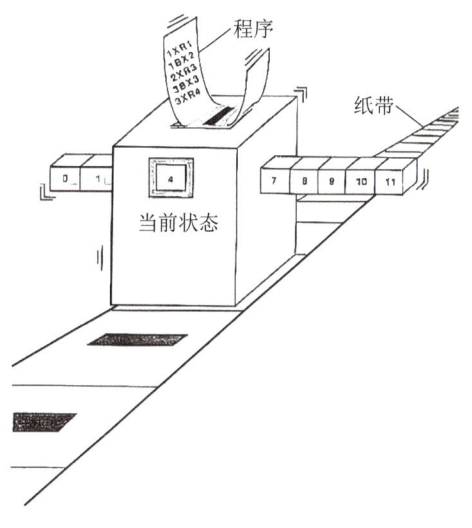

图 1-9　图灵机

计算机的出现使得技术层面上创造机器智能成为可能,人类自此拥有了一个能够模拟人类思维的工具。在此后的岁月里,无数科学家为实现这一目标不懈努力。1955 年 8 月 31 日,美国学者约翰·麦卡锡(John McCarthy)、马文·明斯基(Marvin Minsky)、纳撒尼尔·罗切斯特(Nathaniel Rochester)和克劳德·香农(Claude E. Shannon)联合发布了《针对人工智能的达特茅斯暑期研究计划的提议》(*A Proposal for the Dartmouth Summer Research Project on Artificial Intelligence*),提议于 1956 年夏季在达特茅斯学院(见图 1-10)开展一次为期两个月、由 10 人参与的人工智能研究项目,共同探讨利用机器模拟智能的相关议题。

提议认为,若一组精心挑选的科学家共同工作一个夏天,极有可能在机器模拟智能的若干问题上取得显著进展。基于此提议,除了四名发起人,特伦查德·莫尔(Trenchard More)、亚瑟·塞缪尔(Arthur Samuel)、艾伦·纽厄尔(Allen Newell)、赫伯特·西蒙(Herbert Simon)、雷·所罗门诺夫(Ray Solomonoff)和奥利弗·塞弗里奇(Oliver Selfridge)等人于 1956 年参与了达特茅斯会议,会议首次提出了"人工智能"这一术语。

达特茅斯会议作为人类历史上首次人工智能研讨会,标志着"人工智能"这一新兴学科的正式诞生。1956 年也因此被誉为"人工智能元年",具有极其重要的历史意义。

1997 年 5 月,IBM 公司研制的深蓝计算机击败了国际象棋大师卡斯帕罗夫,这一成就堪称人工智能技术的典范展示(见图 1-11)。

图 1-10　达特茅斯学院　　图 1-11　卡斯帕罗夫与深蓝对弈中

2006年，适逢达特茅斯会议50周年，当时参与会议的10位与会者中已有5位辞世。健在的5位：莫尔、麦卡锡、明斯基、塞弗里奇和所罗门诺夫，齐聚达特茅斯（见图1-12），共同追忆往昔，展望未来。

图1-12　几位人工智能的奠基人在纪念达特茅斯会议50周年的聚会上
（左起：莫尔、麦卡锡、明斯基、塞弗里奇、所罗门诺夫）

1.1.4　人工智能发展历程

人工智能自1956年首次被提出以来，历经半个多世纪的演进，已取得显著进步。然而，其发展并非一帆风顺，而是经历了从繁荣到衰退，再到繁荣的螺旋式上升过程，大致可分为以下六个阶段。

1. 起步发展期：1956年—20世纪60年代初

在20世纪50年代，人工智能概念初现时，研究主要集中在理论层面，主要采用逻辑法，研究方向涵盖自动推理、认知模型、知识表示与推理，以及人工智能的语言、架构和工具等。初期应用领域包括机器翻译、定理证明、通用问题求解、下棋程序、工业反馈控制和机器人等。

1957年，康奈尔大学的实验心理学家弗兰克·罗森布拉特（Frank Rosenblatt）在一台IBM 704计算机上成功模拟了"感知机"（Perceptron）神经网络模型。尽管该模型看似仅将一组M-P（McCulloch-Pitts）神经元简单排列，但借助机器学习，它能够完成部分机器视觉和模式识别任务，从而推动了人工智能的进步，掀起了人工智能发展的首个高潮。

2. 反思发展期：20世纪60年代初—70年代初

人工智能发展初期的突破性进展极大地提升了人们对这一领域的期望。人们开始尝试更具挑战性的任务，并提出了一些不切实际的研发目标，但很快便遭遇了诸多困境。例如，在利用归结原理证明"两个连续函数之和仍是连续函数"时，推理过程长达10万步却仍未得出结果。

在机器翻译领域，起初人们认为只需要一本双解字典和一些语法知识便能实现两种语言的互译，然而实际情况远比预想的复杂，甚至会出现荒谬的错误。例如，将英文句子"The spirit is willing but the flesh is weak"（心有余而力不足）翻译成俄文，再转译回英文时，竟变成了"The wine is good but the meat is spoiled"（酒是好的，肉变质了）。

在人工智能的本质、理论、思想和机理方面，该领域受到了来自哲学、心理学、神经生理学等社会各界的责难、怀疑和批评。

在其他多个方面，人工智能也遭遇了种种问题。一些西方国家的人工智能研究经费被大幅度削减，研究机构被迫解散，全球范围内的人工智能研究一度陷入困境，跌入低谷。

值得一提的是，为促进人工智能的进一步发展，各国科学家于1969年共同倡议召开了国际人工智能联合会议，标志着人工智能发展将要进入新高峰。

3. 应用发展期：20世纪70年代初—80年代中期

20世纪70年代，专家系统崭露头角，通过模拟人类专家的知识和经验，成功解决了特定领域的问题，实现了人工智能从理论研究迈向实际应用、从一般推理策略探讨转向运用专门知识的重大突破。

美国斯坦福大学成功研制了一种辅助化学家判断待定物质分子结构的专家系统——DENDRAL系统。1976年，该校研究人员历经五六年，开发出一种早期的人工智能模拟决策系统——MYCIN系统，用于严重感染时的细菌诊断及抗生素给药推荐。此后，众多知名专家系统如PROSPECTIOR探矿系统、Hearsay-II语音理解系统等相继问世，推动了人工智能的实际应用。

4. 低迷发展期：20世纪80年代中期—90年代中期

随着人工智能应用规模的不断扩大，专家系统的局限性逐渐显现，包括应用领域狭窄、缺乏常识性知识、知识获取困难、推理方法单一、缺乏分布式功能以及难以与现有数据库兼容等问题。

从20世纪80年代末至20世纪90年代中期，随着IBM个人计算机性能的提升和成本的降低，人工智能系统硬件成本高、维护难的缺点越发突出，且专家系统对人类知识的依赖导致其实用局限性日益明显，人工智能市场显著萎缩，政府资助也大幅度减少，人工智能发展再次陷入低谷。

5. 稳步发展期：20世纪90年代中期—2010年

得益于网络技术，尤其是因特网的迅猛发展，信息与数据的汇聚速度不断加快，因特网的普及进一步推动了人工智能的创新研究，促使人工智能技术逐步走向实用化。1997年，IBM公司研制的深蓝超级计算机战胜国际象棋世界冠军卡斯帕罗夫；2008年，IBM提出"智慧地球"概念，这些均成为该时期的标志性事件。

6. 蓬勃发展期：2011年至今

随着因特网、云计算、物联网、大数据等信息技术的迅猛发展，在泛在感知数据与图形处理器（Graphics Processing Unit，GPU）等计算平台的推动下，以深度神经网络为代表的人工智能技术实现了飞速进步，跨越了科学与应用之间的"技术鸿沟"。图像分类、语音识别、知识问答、人机对弈、无人驾驶等具有广阔应用前景的人工智能技术，成功突破了从"不能用、不好用"到"可以用"的技术瓶颈。几个典型事件包括：2011年，IBM沃森（Watson）参加"危险边缘"智力游戏，击败了最高奖金得主和连胜纪录保持者；2016年，谷歌阿尔法狗（Google AlphaGo）战胜围棋九段棋手李世石；2017年，谷歌阿尔法狗以3：0完胜世界围棋冠军柯洁。人工智能发展由此进入爆发式增长的新高潮。

自2018年以来，人工智能大模型和ChatGPT技术的突破标志着生成式人工智能技术的兴起，引领了科技革命的新潮流。这些大模型技术在自然语言处理和生成方面表现出色，实现了更智能、自然的对话交互。它们不仅能够回答问题、提供信息，还能进行文本生成和情景模拟，使对话更加流畅。生成式人工智能的出现，推动了构建能够理解和表达复杂信息的智能系统，增强了学习能力和适应性，能够从大量数据中提取知识并应用于实际场景，为通用人工智能的实现开辟了新途径。随着研究和创新的持续进行，生成式人工智能将对人类社会产生深远的影响。

1.1.5 人工智能的主要流派

在人工智能的研究过程中，由于人们对智能本质的理解和认识存在差异，形成了多种人工智能研究的途径。这些不同的研究途径拥有各自的学术观点，采用独特的研究方法，进而形成了不同的研究学派。目前，人工智能界主要的研究学派包括符号主义、联结主义和行为主义等。

1. 符号主义（Symbolism）

符号主义，又称逻辑主义，是由赫伯特·西蒙和艾伦·纽厄尔合作创立的重要人工智能学派，在人工智能早期阶段占据主导地位。该学派认为人工智能源于数学逻辑，其核心在于模拟人类的抽象逻辑思维，通过符号来描述人类的认知过程。

早期研究通过基本的推断步骤寻求完全解，涌现出逻辑理论家和几何定理证明器等成果。20 世纪 70 年代，大量专家系统涌现，结合领域知识和逻辑推断，推动人工智能进入工程应用领域。

通常被称为"经典的人工智能"是在符号主义观点指导下开展研究的。经典人工智能研究可分为认知学派和逻辑学派。认知学派以西蒙、明斯基和纽厄尔等为代表，从人的思维活动出发，利用计算机进行宏观功能模拟。逻辑学派以麦卡锡和尼尔森等为代表，主张用逻辑方法研究人工智能，即用形式化手段描述客观世界。

符号主义学派的最大成就是专家系统。1965 年，第一个专家系统 DENDRAL 诞生；20 世纪 80 年代初至 90 年代初，专家系统迎来黄金十年。进入互联网时代，随着电子商务的崛起，专家系统演变为规则引擎，广泛应用于电商的营销推荐、征信、风控等领域，显著降低了成本并提升了效率。

2. 联结主义（Connectionism）

联结主义，又称仿生学派，其核心原理是利用神经网络及其连接机制和学习算法来模拟生物神经系统。联结主义旨在使机器模拟人脑，通过构建类似人脑神经元的模拟结点网络来处理信号。

联结主义的起源可追溯至 1943 年麦卡洛克和皮茨创立的脑模型，奠定了其理论基础。1957年，康奈尔大学实验心理学家弗兰克·罗森布拉特发明了"感知机"（Perceptron）神经网络模型，引发广泛关注。然而，受限于理论模型、生物原型和技术条件，随着 20 世纪 70 年代人工智能第一波低潮的到来，联结主义的发展势头逐渐减弱。

直至 1982 年，约翰·霍普菲尔德提出了一种新的神经网络，由多个结点（也称"神经元"）和连接线组成，每个结点与相邻结点相连。连接线代表权重，权重则体现结点间相互作用的强度。网络的稳定性取决于结点间的相互关系及权重的调整方式。霍普菲尔德神经网络的提出，标志着联结主义的复苏。

1986 年，鲁梅尔哈特等人提出的反向传播算法为神经网络理论研究带来突破。2006 年，联结主义领军人物 Hinton 提出深度学习算法，大幅度提升了神经网络的能力。2012 年，采用深度学习技术的 AlexNet 模型在 ImageNet 竞赛中夺冠。

2006 年后，人工智能深度学习网络迅速崛起，尤其是近年来以 ChatGPT 为代表的大模型算法的兴起，使联结主义成为人工智能时代的主流。

3. 行为主义（Behaviourism）

行为主义，又称进化主义，近年来因 AlphaGo 取得的突破性进展而备受瞩目。其理论基础可追溯至诺伯特·维纳（Norbert Wiener）于 1948 年提出的"控制论"理论，随后这一理论逐渐演化为人工智能领域中的行为主义学派。

行为主义的核心思想在于关注主体与环境的相互作用，通过模拟动物的"感知-动作"机制，使智能体不断调整自身行动，改变状态，与环境进行有效交互，并通过奖励规则评估调整效果，最终实现对人类智能的复制。行为主义秉持还原论的观点，主张放弃对意识的研究，专注于探讨人和动物等有机体的行为。在人工智能研究历程中，行为主义曾长期未受重视，远不及符号主义和联结主义，直至 20 世纪末期，行为主义才正式确立为一个新的学派。

在人工智能的发展进程中，符号主义、联结主义和行为主义等流派不仅在各自领域取得了显著成果，各学派也逐渐走向相互借鉴与融合的道路。尤为值得一提的是，在行为主义思想中引入联结主义技术，催生了深度强化学习技术，这一技术成为 AlphaGo 战胜李世石的关键手段，备受关注的 ChatGPT 也采用强化学习技术以提升交互体验。

上述三种研究学派从不同维度探讨了人类自然智能，与人脑的思维模型具有对应关系。大致而言，符号主义侧重抽象思维研究，联结主义关注形象思维，而行为主义则聚焦感知思维。研究人工智能的三大学派、三条途径各具优势，需取长补短，综合集成。

1.2 生成式人工智能

ChatGPT 于 2022 年底横空出世，迅速在全球范围内掀起了生成式人工智能的研究与创新热潮。众多企业和研究机构纷纷投身于生成式人工智能的研发与应用之中。无论是国内以百度、腾讯、华为、阿里巴巴等领军企业发起的"百模大战"，还是国外各大人工智能巨头推出的 GPT-4、Gemini、Sora 等新型文本生成、图像生成、视频生成应用，都充分表明人工智能技术在全球范围内正迅猛发展，广泛渗透到各行各业及人们生活的各个层面。

1.2.1 认识生成式人工智能

近年来，人工智能取得了显著进展，其中发展迅猛的领域之一便是生成式人工智能（Generative Artificial Intelligence，简称 GAI 或生成式 AI）。目前，大多数智能手机已内置了先进的 AI 大模型，极大地提升了手机助手的功能。例如，DeepSeek、文心一言、豆包、Kimi 等应用已广受认可，加速了生成式人工智能技术的普及应用。

1. 生成式人工智能的定义

生成式人工智能是人工智能的一个分支，专门用于"生成"新内容。具体而言，这种技术基于算法、模型和规则，能够生成文本、图片、声音、视频、代码等多种内容。它通过事先训练好的模型，利用用户输入的相关资料，生成具有逻辑性和连贯性的内容。

与传统人工智能相比，生成式人工智能不仅能够处理输入数据，还能学习和模拟事物的内在规律，自主创造新内容。该技术在新闻写作、广告创意、艺术创作等领域得到了广泛应用。

ChatGPT 的推出标志着生成式人工智能在文本生成领域取得了突破性进展，引发了社会各界的广泛关注。从文本和绘图的自动生成，到音频和视频的精妙合成，生成式人工智能不仅为创意产业注入了强劲动力，实现了革命性变革，同时也在科研探索、教育普及等多个关键领域展现出深远影响。特别值得一提的是，自 2023 年以来，以 ChatGPT 为代表的生成式人工智能技术正式步入市场化应用的新阶段，这一重大进展迅速在全球范围内掀起了激烈的技术竞争浪潮。2023 年因此被誉为生成式人工智能的突破之年。同年 12 月，生成式人工智能入选"2023 年度十大科技名词"。

2. 人工智能生成内容

人工智能生成内容（Artificial Intelligence Generated Content，AIGC），简而言之，是通过人工智能技术自动生成的各类内容。这些内容可以涵盖文本、图像、音频、视频等多种形式。

GAI 与 AIGC 是相互关联但各有侧重的概念。GAI 作为一种技术，具备生成新内容的能力，是 AIGC 的技术基础；AIGC 则是将这一技术应用于生成符合用户需求和偏好的具体内容，可以视作 GAI 的一种实际应用。在内容生成的语境中，这两个概念相互通用。

2022 年，AIGC 技术取得了突破性进展，人工智能从单纯的学习阶段迈向了创造阶段，展现出在推理、科学、数学和编程等多个领域的创造力。基于此，AIGC 成功入选《科学》(Science)期刊评选的 2022 年度十大科学突破。

3. AIGC 的形式

AIGC 能够根据用户的需求和输入指示，灵活地生成多种形式的内容，主要涵盖文本、图像、音频、视频等多种类型。

（1）文本生成

AIGC 具备生成各类文字内容的能力，包括文章、新闻、故事、对话、剧本及自动翻译等。它可根据指定的主题或写作风格，生成与之相契合的文字。ChatGPT 等模型在文本生成领域应用广泛，能够生成多种类型的文本内容。

（2）图像生成

AIGC 可根据文字描述或简单指示生成图像内容，涵盖照片、插图、图表、地图等多种类型。它还能根据用户需求调整颜色、构图和版式，使生成的图像具备高度真实感和艺术感。DALL-E 等模型能够将文本描述转换为相应的图像。

（3）音频生成

AIGC 能够生成各类音频内容，包括语音、音乐、声效等。它可根据指定的语言和情感，生成具有特定语言风格或音乐风格的音频内容。例如，它可根据文本生成一段特定语调且接近真人发音的语音内容。谷歌的 Tacotron 和 WaveNet 模型被用于生成逼真的语音，应用于虚拟助手、自动语音识别等场景。

（4）视频生成

AIGC 能够生成各类视频内容，包括短片、动画、广告等。它可将生成的图像、音频和动画效果组合，生成视频片段；也可根据脚本或指示，控制视频的主题、情节和节奏。2024 年 2 月，OpenAI 推出了视频生成大模型 Sora。继文字与图片生成后，生成式人工智能体系进一步完善，人工智能在理解和创造复杂视觉内容方面的能力显著提升。AIGC 通过人机互动形式生产知识，必将引发知识生产方式的变革。

4. 生成式人工智能的特点

生成式人工智能是一种能够创造新内容的人工智能技术，其特点主要包括如下几点。

1）创造性：生成式人工智能能够根据输入的提示或条件生成新内容，而不仅限于对现有数据的分类或预测。例如，文本生成模型可以创作新文章或故事，图像生成模型可以创造出逼真的新图像。

2）多样性：它能够生成多种风格和形式的输出，满足不同需求和应用场景。例如，在新闻撰写领域，它可以迅速撰写体育赛事结果、财经简报、天气预报等新闻稿。

3）交互性：生成式人工智能可与用户互动，根据用户反馈调整生成内容。例如，文本生成模型可根据用户提供的主题或关键词生成文章草稿，用户阅读后提出修改意见，模型则据此调整内容，直至用户满意。

4）高效率：它能在极短时间生成大量内容，远超人类工作效率。例如，训练有素的文本生成模型可在几秒内完成一篇新闻报道或故事。生成式人工智能的高效率使其在多个领域具有巨大的应用潜力，如快速生成新闻稿件、电影剧本和音乐作品（媒体和娱乐行业），加速新药研发（医疗领域），个性化定制教学内容（教育领域）。

5）可扩展性：生成式人工智能可通过增加数据量和模型复杂度提升生成品质。随着数据量增加，模型能从更多样本中学习，提高泛化能力和生成品质。例如，在图像生成领域，更多训练图像有助于模型更准确理解物体形状、颜色和纹理，生成更逼真的图像。

6）不确定性：生成式人工智能基于概率模型生成内容，输出具有一定随机性和不可预测性。由于生成内容的多样性和创造性，输出结果有时难以预测和控制，需配备相应过滤和审核机制。生成式人工智能可能被用于制造虚假信息、侵权内容等，存在一定伦理和法律风险。

1.2.2　AIGC 与内容生产方式变革

在互联网的发展历程中，内容生产方式经历了从 PGC（专业生成内容）到 UGC（用户生成内容），再到 AIGC（人工智能生成内容）的演变。这一转变不仅革新了内容生产方式，还极大地丰富了内容的多样性，提升了内容的个性化和智能化水平。

1. PGC：专业内容创作的时代

在互联网发展的早期阶段，PGC（Professional-Generated Content）占据主导地位。专业机构和专业人士是内容创作的核心力量，如新闻机构、电影制作公司、音乐唱片公司等。他们创作的新闻报道、电影、音乐等内容具备高度专业性和高质量。这些内容通常经过精心的策划、制作和审核，旨在满足大众需求并吸引受众。例如，各大新闻社的记者深入采访、调查，撰写新闻稿件，这些稿件在发布前需经过多层次的编辑和校对，确保内容准确、客观、有深度。

然而，PGC 也存在一些局限性。一方面，创作成本高昂，需要投入大量的人力、物力和财力；另一方面，由于创作主体相对单一，创新性在一定程度上受限，且与受众的互动性较差。受众大多只是被动接受内容，很少有机会参与内容的创作过程。

2. UGC：用户参与内容创作的兴起

随着互联网和社交媒体的迅猛发展，UGC（User-Generated Content）时代应运而生。在这一时期，普通用户逐渐成为内容的创作者和传播者。社交媒体平台的广泛普及为用户提供了便捷的创作和分享途径，用户可以通过微博、抖音、小红书等平台分享自己的观点、经验、生活点滴和创意作品等。例如，一位旅游爱好者可以在旅游博客上分享自己的旅行经历、攻略和心得，其他用户则可以通过评论、点赞、分享等方式进行互动。品牌也开始重视 UGC 内容，因为它能够真实反映消费者的声音和需求。消费者通过 UGC 与品牌建立更紧密的联系，品牌则可以根据用户生成的内容调整和优化产品或服务。相较于 PGC，UGC 的优势显而易见，它大幅度提升了用户的参与度，使内容创作更加多元化和个性化，同时也孕育了丰富的社群文化，用户之间可以互相交流、启发。

3. AIGC：人工智能助力内容创作

如今，AIGC 时代已然到来。AIGC 依托深度学习和自然语言处理等人工智能技术，能够模拟人类的创作能力，生成各类内容，如文章、广告文案、音乐、影片等。它具备快速、高效、个性化和创新性等显著特点。例如，百度推出的 AIGC 平台，用户可以利用"文心一言"创作工具，进行文字、图片、语音等多种形式的内容创作。

AIGC 代表了人工智能领域的重大突破，是一场生产力的革命。它融合了大量训练数据和模型，拓展了内容创新的边界，使创作者能够在人工智能生成的内容中寻找思路和灵感，助力创作者产出更加独特的内容。AIGC 正推动人类迈入智能创作的新时代，随着人工智能技术的持续进步，AIGC 在内容创作领域的应用越发广泛。

1.2.3 AIGC 的发展历程

生成式人工智能的发展历程源远流长，其根源可追溯至人工智能的早期研究阶段，并历经多个关键技术突破与重要里程碑事件。AIGC 的发展大致可分为早期萌芽阶段、沉淀积累阶段和快速发展阶段三个阶段。

1. 早期萌芽阶段（20 世纪 50 年代—90 年代中期）

在这一阶段，受限于当时的科技水平，AIGC 仅限于小范围实验。1950 年，图灵提出了著名的"图灵测试"，该测试让测试者与被测试者（一个人和一台机器）在隔开的情况下，通过一些装置（如键盘）向被测试者随意提问。进行多次测试后，如果机器使平均每个测试者做出超过 30% 的误判，那么这台机器就通过了测试，并被认为具有人类智能。

1957 年，美国作曲家莱杰伦·希勒（Lejaren Hiller）和伦纳德·艾萨克森（Leonard Isaacson）开发了一个作曲程序，并制作了历史上第一支由计算机创作的音乐作品《伊利亚克组曲》，人工智能以作曲家的身份首次进入音乐领域。

1966年，世界上第一款可进行人机对话的机器人"伊莉莎"诞生。伊莉莎程序由麻省理工学院的计算机科学家约瑟夫·魏岑鲍姆（Joseph Weizenbaum）开发，它仅具备文本界面，扮演精神治疗师的角色。该程序以英国著名戏剧家萧伯纳的戏剧《偶像》中的角色命名，能够使计算机与人用英语进行对话。

20世纪80年代中期，IBM基于隐形马尔可夫模型（Hidden Markov Model，HMM）创造了语音控制打字机"坦戈拉"（Tangora），它能够处理约20 000个单词。

20世纪80年代末至90年代中期，由于人工智能研究需要高昂的系统成本，且难以实现显著的商业价值，各国政府纷纷减少了在人工智能领域的投入，导致AIGC未能取得重大突破。

2. 沉淀积累阶段（20世纪90年代中期—21世纪10年代中期）

在这一阶段，AIGC从实验性逐步向实用性过渡。2006年，深度学习算法取得重大突破。得益于同期图形处理器（GPU）、张量处理器（TPU）等算力设备性能的不断提升，以及互联网推动下数据规模的迅猛增长，各类人工智能算法获得了海量训练数据，人工智能发展因此取得了显著进步。然而，AIGC仍受限于算法瓶颈，创作任务完成效果不佳，应用范围有限，效果有待提升。

2012年，微软公开展示了一款全自动同声传译系统，该系统基于深度神经网络（Deep Neural Networks，DNN），能够自动将英文演讲内容通过语音识别、语言翻译、语音合成等技术转换为中文语音。

3. 快速发展阶段（21世纪10年代中期至今）

自2014年起，随着以生成式对抗网络（GAN）为代表的深度学习算法的提出和不断迭代，AIGC迎来了新的时代。其生成内容日益丰富，效果越发逼真，甚至达到人类难以分辨的程度。

2017年3月，为模仿美国作家杰克·凯鲁亚克（Jack Kerouac）的小说《在路上》（On the Road），美国纽约大学人工智能研究员罗斯·古德温（Ross Goodwin）启动了一项实验。他携带一台连接了多种传感器、安装了人工智能程序的便携式计算机，从纽约驱车前往新奥尔良（距离约2100km）。在此过程中，该人工智能装置将感知到的一切以文字形式记录下来，最终出版了 1 the Road 一书，成为世界上首部由人工智能创作的实验小说。

同年5月，微软与湛庐文化合作推出了小冰原创诗集《阳光失了玻璃窗》，这是人类历史上首部由人工智能创作的诗集。诗集中不乏"树影压在秋天的报纸上，中间隔着一片梦幻的海洋，我凝视着一池湖水的天空"这样充满意象的句子。

2018年，英伟达发布了StyleGAN模型，能够自动生成图片。2022年5月，StyleGAN-XL模型发布，其生成的高分辨率图片人眼难以辨认真伪。

2019年，DeepMind发布了DVD-GAN模型，专用于生成连续视频，在草场、广场等特定场景下表现尤为突出。

2021年，OpenAI推出了DALL·E，并于2022年发布了升级版DALL·E2，主要应用于文本与图像的交互生成内容。用户只需输入简短的描述性文字，DALL·E2即可创作出相应的高质量卡通、写实、抽象等风格的绘画。图1-13展示了DALL·E2根据输入描述"一位宇航员骑着马，照片般的真实感风格"生成的图片。尽管细节上仍存在些许问题，但已实现从文本到图像的跨越式进步。

图1-13　一位宇航员骑着马

2022 年 9 月，Meta 公司推出了 Make-A-Video，这是一款基于人工智能的高质量短视频生成模型，堪称视频版的 DALL·E，被形象地称为"用嘴做视频"。该模型能够通过文本提示创建全新的视频内容，其核心技术同样源自 DALL·E 等图像生成器所采用的文本-图像合成技术。紧随其后的一周内，谷歌接连发布了两款文本转视频工具——ImagenVideo 与 Phenaki。

2022 年 11 月，ChatGPT 正式上线。这款能够与用户进行文本交互、回答问题、提供建议、进行闲聊的聊天机器人迅速在全球范围内走红。2023 年 1 月，ChatGPT 的月活跃用户人数已突破 1 亿。

2023 年 3 月 16 日，百度在北京总部召开新闻发布会，正式发布了新一代大语言模型的生成式人工智能产品——文心一言。发布会上，百度展示了文心一言在文学创作、商业文案创作、数理推算、中文理解、多模态生成五大应用场景中的卓越综合能力。

2023 年 5 月 6 日，科大讯飞正式发布讯飞星火认知大模型，并开始不断迭代。该模型具备七大核心能力，包括文本生成、语言理解、知识问答、逻辑推理、数学能力、代码能力及多模交互，直接对标 ChatGPT。

值得骄傲的是，我国 AI 初创公司杭州深度求索人工智能基础技术研究有限公司发布的 DeepSeek 模型也取得了显著成就。2024 年 12 月 26 日晚间，该公司宣布全新系列模型 DeepSeek-V3 首个版本上线并同步开源。2025 年 1 月 27 日，DeepSeek-V3 登顶苹果中国地区和美国地区应用商店免费 APP 下载排行榜，在美国区下载排行榜上超越了 ChatGPT。

自 2023 年以来，AIGC 领域大事频发，技术创新层出不穷，一个属于 AIGC 的黄金时代已然到来。

1.3 机器学习与深度学习

人工智能的研究旨在赋予机器类似于人类的智能，而机器学习则专注于研究如何使机器具备学习能力，能够模拟人类的学习行为，建立相应的学习能力，从而实现对事物和事件的识别与判断。这里的"机器"特指包含硬件和软件的计算机系统。因此，机器学习不仅是人工智能的一个重要分支，更是其核心研究内容，是实现人工智能的关键途径。

在解决复杂问题的过程中，机器学习依赖于数据，而深度学习在这一过程中扮演着至关重要的角色。深度学习作为机器学习的一个分支，其核心在于利用人工神经网络，尤其是深度神经网络，模仿人脑处理信息的方式，提取和表示数据的特征，特别适合处理大规模数据集。

生成式人工智能是深度学习的进一步延伸，它借助强大的神经网络模型，能够生成图像、文字、音乐和视频等全新的内容。

人工智能、机器学习、深度学习和生成式人工智能之间的层级关系如图 1-14 所示。

图 1-14　人工智能、机器学习、深度学习与生成式人工智能的层级关系

1.3.1 机器学习

人类智能最关键且显著的能力在于其学习能力。无论是稚嫩的孩童还是成熟的成人，都拥有这一能力。人类的学习能力还会随着年龄的增长而逐步提升。若机器能够如同人类一般，通过学习来掌握知识，那么这类机器实现类人智能的可能性将大大增加。

机器学习，简而言之，就是使计算机具备类似人类的学习能力，能够从数据中提炼信息，进而掌握一定的规律，即"通过经验来优化系统自身的性能"。在计算机系统中，"经验"通常以数据的形式呈现。机器通过数据学习，并依据数据生成模型的算法。一旦拥有算法，只需输入经验数据，机器便能基于这些数据构建模型。在面对新情境时，该模型能够做出相应的判断和预测。

机器学习与人类学习两个过程的对比，如图 1-15 所示。

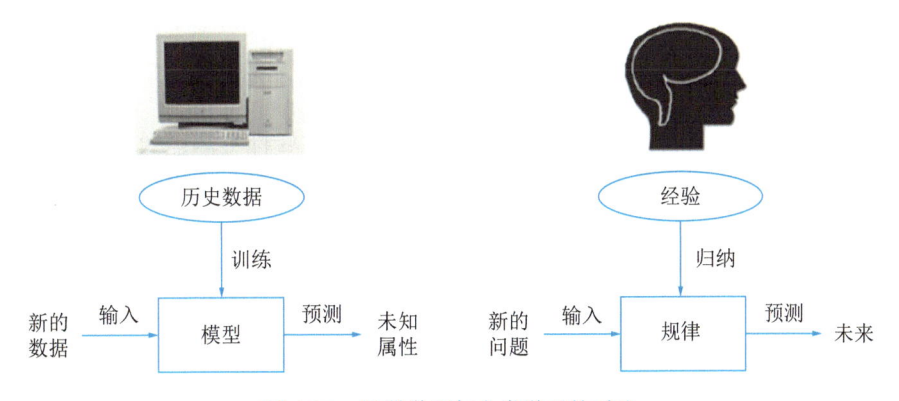

图 1-15 机器学习与人类学习的对比

人类在成长和生活的过程中积累了丰富的经验，通过对这些经验进行"归纳"，人们掌握了生活的一系列"规律"。在面对未知问题或需要对未来进行"预测"时，人们便会运用这些"规律"来指导自己的生活和工作。

机器学习中的"训练"与"预测"过程，恰与人类的"归纳"与"预测"过程相对应。通过这种对应关系，我们可以发现，机器学习实际上是对人类在生活中学习成长过程的一种模拟。

机器学习是计算机科学的一个重要子领域，也是人工智能的一个分支和实现途径。它专注于研究如何让机器模拟或实现人类的学习行为，从而获取新的知识或技能，并能够重新组织已有的知识结构，不断提升自身的性能。

从技术实现的角度来看，机器学习通过算法与模型的设计，使机器能够从已有的训练数据集中自动分析和习得规律（即模型与参数），进而利用这些规律对未知数据进行预测。不同的算法与模型在预测准确率和运算量上存在差异。

机器学习的主要理论基础涵盖概率论、数理统计、线性代数、数学分析、数值逼近、最优化理论和计算复杂性理论等，其核心要素包括数据、算法和模型。

1.3.2 监督学习与强化学习

机器学习根据数据是否具有标签，可分为四种类型：监督学习、无监督学习、半监督学习和**强化学习**（见图1-16）。当数据全部带有标签时，称为监督学习；数据完全无标签时，称为无监督学习；若部分数据有标签，则属于半监督学习或强化学习。半监督学习通过综合运用有标签和无标签的数据，生成恰当的分类函数；而强化学习则是通过观察反馈自行进行学习。这几种学习方式并无优劣之分，主要区别在于它们适用的应用场景不同。

图 1-16　机器学习的类型

1. 监督学习

监督学习是指机器学习过程中使用的数据带有标签，这些标签涵盖数据类别、属性及特征点位置等信息。其具体实现流程为：利用大量带有标签的数据对机器进行训练，机器将生成的预测结果与期望结果进行对比；根据对比结果调整模型参数，再次输出预测结果；重复此过程，不断对比和调整，直至模型收敛，最终构建出具备智能决策能力的模型。

例如，在训练机器识别狗的图片时，需先使用大量狗的图片进行训练，随后将预测结果与期望结果进行对比，以此评估模型性能。图 1-17 展示了用于识别狗图片的数据集。

图 1-17　识别狗图片的数据集

监督学习的应用极为广泛。例如，在判断邮件是否为垃圾邮件时，首先利用一些带有标签（垃圾邮件或非垃圾邮件）的邮件建立训练模型。该模型通过不断捕捉邮件与标签之间的关联，进行自我调整和完善。随后，向模型输入一些不带标签的新邮件，使其判断这些新邮件是否为垃圾邮件。

2. 无监督学习

在认识世界的过程中，无监督学习扮演着重要角色。例如，参观画展时，每个人对艺术的理解各不相同，需要亲自体会作品，寻找美的感觉。类比机器学习中，我们所见的画作即为输入数据，没有人告诉我们哪些画作更美。经过大量观赏，我们会形成自身的审美标准，这相当于通过众多画作找到了一个函数。下次面对新画作时，我们可以凭借自己的审美方式进行评价。这一过程便是无监督学习。

无监督学习的训练样本没有标签信息，其目标在于通过对无标签样本的学习，揭示数据的内在性质及规律。无监督学习意味着机器从无标签数据中探索并推断出潜在联系。

无监督学习常用于数据挖掘，旨在从大量无标签数据中发掘信息。其训练数据无标签，训练目标是对观察值进行分类或区分。例如，无监督学习应能在没有任何额外提示的情况下，处理猫和狗的图片，不告知计算机哪些是猫哪些是狗，仅依据所有猫、狗图片的特征，将它们从海量图片中区分出来（见图1-18）。

图1-18 区分猫和狗

3. 半监督学习

随着大数据的迅猛发展，数据库中的数据呈现出指数级增长。获取大量无标签样本变得相对容易，然而，获取大量有标签样本却困难得多，且人工标注需要耗费大量的人力和物力。例如，我们可以轻松地收集到几十万甚至上百万张关于桌子、椅子、书本和玩具的图片，但要对每一张图片都进行标签标注，明确哪张图片是桌子，哪张是椅子，其代价极高，是一项既耗时又耗力的工作。在这种只有少量数据带有标签的海量数据情况下，使用有监督学习方法显得非常不利。

半监督学习正是为解决上述问题而诞生的。其核心目的在于充分利用海量未带标签的数据，辅以少量带标签数据进行学习训练，从而显著增强计算机的学习能力。在训练阶段，半监督学习将大量无标签数据和少量有标签数据相结合。尽管无标签数据无法直接提供类别信息，但其中蕴含了丰富的数据分布规律，这些规律对模型学习具有积极的促进作用。

半监督学习融合了有监督学习与无监督学习的优势，通过利用有标签数据的局部特征和分类方式，以及更多无标签数据的整体分布情况，能够获得比单一数据源更优的分类结果。

4. 强化学习

AlphaGo的卓越表现让许多人深刻认识到强化学习的强大威力，通过这种方式训练出的模型竟能达到如此高的智能水平。强化学习主要包含智能体、环境、奖惩和动作四个基本元素，以及一个环境的状态。强化学习用于描述和解决智能体在与环境交互过程中，通过学习策略以实现回报最大化或达成特定目标的问题。该领域的问题常在信息论、博弈论、自动控制理论等学科中被广泛讨论，并被应用于解释有限理性条件下的平衡态、设计推荐系统和机器人交互系统。一些复杂的强化学习算法在一定程度上具备解决复杂问题的通用智能，能够在围棋和电子游戏中达到甚至超越人类水平。

强化学习的基本原理在于，若智能体的某一行为策略引发了环境的正向奖赏（即强化信号），那么智能体在未来采取这一行为策略的倾向便会增强。智能体的核心目标是，在每个离散状态中寻找最优策略，以使期望的正向奖赏总和最大化。

强化学习将学习过程视为一种试探与评价的循环。智能体首先选择一个动作用于环境，环境接受该动作后状态发生改变，并产生一个强化信号（奖励或惩罚）反馈给智能体。智能体根据强化信号和当前环境状态再选择下一个动作，其选择原则是增加受到正强化（奖励）的概率。

所选择的动作不仅影响即时的强化值，还会影响环境下一时刻的状态及最终的强化值，如图 1-19 所示。

强化学习是一种带有激励机制的算法。若机器行为正确，则获得"正激励"；若行为错误，则受到"负激励"。在此机制下，机器会思考如何在特定环境中行动以实现激励最大化，这蕴含了一定的动态规划思想。

强化学习常应用于机器人技术（如机械狗）。其算法通过接收机器人的当前状态，旨在训练机器人执行特定

图 1-19　强化学习的模型

行为。其工作流程通常如下：将机器置于特定环境，使其能够持续自我训练，环境则提供正负反馈。机器通过总结过往行动经验，最终找到最适宜的行动方式，以做出最有效的行为决策。

强化学习最为火爆且广为人知的应用案例是谷歌 AlphaGo 的升级版——AlphaGo Zero。与 AlphaGo 不同，AlphaGo Zero 摒弃了先验知识，无需人为设计特征，直接将棋盘上黑、白棋子的布局作为原始数据输入模型，通过强化学习进行自我博弈，不断精进，最终出色完成下棋任务。AlphaGo Zero 的成功验证了在缺乏人类经验指导下，通过强化学习依然能够高效完成指定任务。

传统深度学习已能有效解决机器的感知和识别问题，但人类对机器智能的期望远不止于此。能够应对复杂现实决策问题的强化学习，及其与深度学习的融合，自然成为人工智能应用未来的关键发展方向。

1.3.3　人工神经网络

人工神经网络（Artificial Neural Network，ANN）实质上是对人类大脑生物神经网络的模拟。人类的神经系统极为复杂，其基本构成单元为神经元。在成人的大脑中，大约存在 1000 亿个神经元，这些神经元相互连接，共同构成了生物神经网络，人脑神经网络结构如图 1-20 所示。

在人工神经网络中，基本工作单元是人工神经元，这些"神经元"与其他"神经元"相互连接。下面来探讨人工神经网络如何实现这种模拟，并达到惊人的效果。

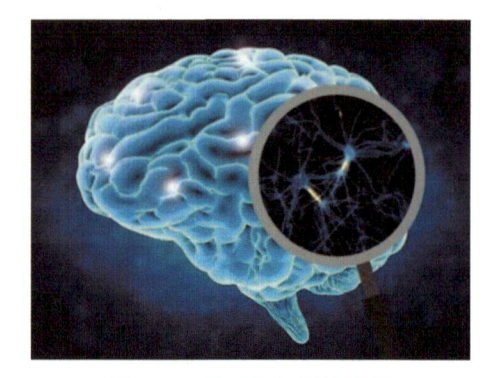

图 1-20　人脑神经网络结构

1. 神经元

神经元是大脑处理信息的基本单元，是以细胞体为主体，由众多向周围延伸的不规则树枝状纤维构成的神经细胞，如图 1-21 所示。每个神经元主要由细胞体（中央主体部分）、树突（分布在细胞体的外周）和轴突（细胞体伸出的主轴）构成。细胞体是神经元的代谢中心，其外周通常生长有许多树状突起，称为"树突"，它们是神经元的主要接收器。细胞体还延伸出一条主要的管状纤维组织，称为"轴突"。轴突外面包裹着一层较厚的绝缘组织，称为髓鞘。轴突的主要功能是在神经元之间传导信息，信息传导的方向是从轴突的起点（细胞体）到其末端。通常，轴突的末端会分出许多末梢，这些末梢与后续神经元的树突共同构成一种称为突触的结构。神经元的突触与其他神经元的树突连接在一起，从而形成庞大的生物神经网络。

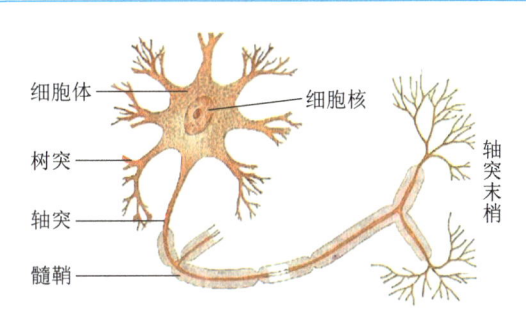

图 1-21　神经元的构成

神经元存在两种状态：激活状态和非激活状态。在生物神经网络中，神经元彼此相互连接。当神经元处于激活状态时，它会向相连的神经元释放化学物质，进而改变这些神经元内部的电位。若某神经元的电位超过特定"阈值"，该神经元将被激活，即进入"兴奋"状态，并向其他神经元传递化学物质。

2. 神经元模型

人工神经网络的构建始于对生物神经系统神经元的模拟。人工神经元模型包括输入、计算模块和输出三个主要部分。输入部分可类比于生物神经元的树突，输出部分则类似于生物神经元的轴突，而计算模块则对应于生物神经元的细胞体。

某些神经元与少数相邻神经元进行通信，而另一些神经元则与数千个神经元共享信息。神经元之间的连接和信息传递过程可以通过一般化模型来描述，如图 1-22 所示。

图 1-22　神经元的一般化模型

基于上述规律，1943 年，美国心理学家麦卡洛克（McCulloch, W. S.）和数学家皮茨（Pitts, W.）借鉴生物神经元的结构，提出了人工神经元的抽象数学模型——MP（McCulloch-Pitts）模型，如图 1-23 所示。

图 1-23　MP 模型

图 1-23 展示了一个典型的神经元模型，该模型包含两个输入、两个计算模块（求和与非线性函数）以及一个输出。在 MP 模型中，非线性的激活函数是整个模型的核心组件。激活函数能够对加权的输入进行非线性组合，从而生成非线性决策边界。简而言之，它将线性模型转换为非线性模型，拓宽了应用场景。在数学上，激活函数的定义是：当函数的自变量超过某个阈值时，函数值等于 1；否则，函数值等于 0。以下是一个示例函数：

$$f(x) = \begin{cases} 1, x > 0 \\ 0, x \leqslant 0 \end{cases}$$

图 1-23 中，连接输入与计算模块的箭头被称为"连接"。每个连接上均附有一个"权值"，用于表示其权重。连接是神经元结构中的关键部分，每个连接都代表值的加权传递。

MP 模型的信息传递过程如下：神经元接收来自其他神经元的输入信号，这些输入信号通过带有权重的连接进行传递。神经元接收到的总输入值将与神经元的阈值进行比较，随后经过激活函数处理，产生神经元的输出。训练神经网络的核心任务是将权值调整至最佳状态，以优化整个模型的效果。

3. 感知机

MP 模型的权重值是预先设定的，模型无法根据数据情况进行自适应学习。这一局限性使当时的研究人员意识到，MP 模型与人类真实的思维模式存在显著差异。直到心理学家唐纳德·赫布（Donald Olding Hebb）通过研究指出，人脑神经细胞连接的强度是可以变化的。基于此发现，科学家们开始探索通过调整权值来实现机器学习的方法，这为后续神经网络算法的发展奠定了基础。1958 年，计算科学家罗森布拉特（Rosenblatt）提出了由两层神经元构成的神经网络，并将其命名为"感知机"。

感知机由两层神经元构成，具体结构如图 1-24 所示。输入层负责接收外界信号，并将其传递至输出层，而输出层则由 MP 神经元组成。感知机在原有 MP 模型的"输入"位置增设了神经元结点，形成了"输入单元"，其余部分保持不变。其工作原理与 MP 模型高度相似。对于每个属性，均指定一个权重 w，通过计算属性值与权重的乘积之和，并将结果与阈值进行比较，从而判断正负样本。这一过程可用以下函数表示：

$$f(x) = \text{sign}(wx + b)$$

式中，w、b 为模型参数，w 为权值，b 为偏置。wx 表示 w 与 x 的内积，sign 为激活函数。

图 1-24　感知机

感知机是一种相对简单的神经网络模型，通常被称为单层感知机，它是深度学习领域中最基础的模型之一。其主要用途是对外部输入进行分类，尤其适用于解决二分类问题，即结果仅为两种可能（非负即正）的情况。例如，判断一个学生的考试成绩是否合格，或预测今天是否会下雨，这类仅存在"是"或"否"（正或负）两种答案的问题，均属于二分类问题。然而，使用感知机进行分类的数据必须满足线性可分的条件，这一要求在很大程度上限制了感知机在实际应用场景中的适用范围。

4. BP 神经网络

1969 年，被誉为"人工智能之父"的马文·明斯基（Marvin Lee Minsky）教授通过详尽的数学计算揭示了感知机的局限性，尤其是其无法解决异或问题的重大缺陷。若将计算层增至两层，计算量将过于庞大，且缺乏有效的学习算法。当时，由于明斯基教授在业界的巨大影响力及其对感知机的悲观看法，许多学者和实验室纷纷放弃了对神经网络的研究，这一时期被称为"神经网络寒冬期"。直到 10 年后，对两层神经网络的研究才促使神经网络领域迎来复苏。

（1）BP 神经网络结构

美国加州大学的鲁梅尔哈特（Rumelhart）教授与杰弗里·辛顿（Geoffrey Hinton）教授等人提出了误差反向传播（Back Propagation，BP）神经网络算法，彻底解决了两层神经网络计算量问题，从而激发了业界对多层神经网络研究的热潮。由于神经网络在解决复杂问题时提供了一种相对简便的方法，近年来越来越受到关注。

BP 神经网络在感知机的基础上增加了一个隐藏层（见图 1-25）。BP 神经网络，即误差反向传播算法的学习过程，由信息的正向传播和误差的反向传播两个阶段组成。

BP 神经网络由输入层、隐藏层和输出层构成，每一层均由若干神经元组成。相邻层之间的神经元实现全连接，即相邻层的所有神经元之间均存在连接，而同一层内的神经元之间无连接。需要注意的是，输入层不计入神经网络的层数。图 1-25 展示了一个具有三个输入的两层 BP 神经网络，包含一个由四个神经元构成的隐藏层和一个由两个神经元构成的输出层。

1）输入层。在输入阶段，负责将外部信息提供给网络的部分统称为"输入层"。输入层对输入的信息不做任何处理，即输入结点不执行计算，仅负责将信息传递至隐藏层。

2）隐藏层。隐藏层的结点与外界无直接联系，犹如一个黑盒，因此得名"隐藏层"。隐藏层的神经元负责执行运算，并将信息从输入结点传输到输出结点。神经网络仅有一个输入层和一个输出层，但可以包含多个隐藏层。

3）输出层。输出结点统称为"输出层"，负责计算并将信息从网络输出至外部。

在正常情况下，多层神经网络的计算流程从数据进入输入层开始，输入层将其传递到第一层隐藏层，然后经过第一层神经元的运算（乘以权值，加上偏置参数值，进行一次激活函数运算），得到输出。接着，将第一层的输出作为第二层的输入，重复进行运算，直至所有隐藏层计算完毕，最后数据被输出至输出层进行运算，得到最终输出结果。这一过程也称为神经网络信息的正向传播过程。

图 1-26 展示了一个包含两个隐藏层的人工神经网络模型，输入层输入训练数据，输出层输出计算结果，中间设有两个隐藏层，使输入数据逐层向前传播至输出层。从这一过程可以看出，对于多层神经网络，需计算每个结点对其下一层结点的影响，求出各神经元的权值和偏置参数值，以使输出结果符合预期要求。

计算输出需从第一层向输出层传递，该网络为前向网络，即信息的正向传播过程。而进行学习调整权值时，需从输出层向第一层传递计算误差，这一学习过程称为误差反向传播（BP），因此该网络也称为 BP 网络。

BP 网络能够精确计算误差并调整权值，实现多层网络的学习，因而具备强大的功能。根据相关证明，拥有两个以上隐藏层的 BP 网络，能够实现输入与输出之间任意关系的映射。

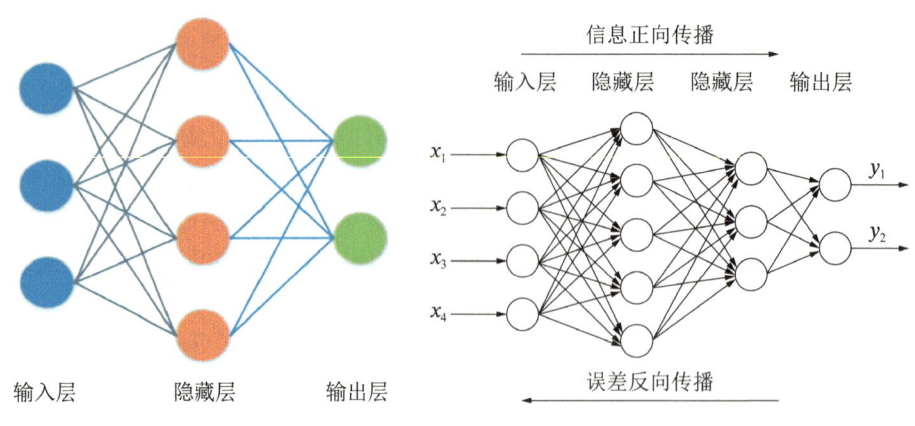

图 1-25　两层 BP 神经网络模型　　　图 1-26　神经网络的传播过程

（2）BP 神经网络算法

1）BP 神经网络的工作过程。对于 BP 神经网络而言，其工作过程主要由"信息的正向传播"和"误差的反向传播"两个阶段构成。

信息的正向传播：当感知到外界信号时，输入层首先接收这些信号，随后将其传递给中间的各个隐藏层。信息传播的路径为"输入层—隐藏层—输出层"。

而"误差的反向传播"则发生在正向传播结束后，若输出结果与期望值存在偏差，BP 神经网络系统会将这一误差值沿反向路径传导，即信息传输路径变为"输出层—隐藏层—输入层"。在这一过程中，各个神经结点会根据误差值的大小调整自身的权值和阈值，最终实现传播信息与期望值的一致。

在误差消减方面，BP 神经网络展现出显著的优势。通过误差的反向传播，能够对各个结点进行精准的判定和修正。经过修正后的结点权值在后续的数据传输和计算过程中能够确保较高的精准度。

2）BP 神经网络的不足。在实际应用中，BP 神经网络也暴露出一些不足之处。

首先，在学习速率方面，BP 神经网络的反应频率是固定的，面对复杂问题时，往往需要更长时间进行读取、学习和修正。

其次，尽管 BP 算法能使结点权值收敛至一个稳定值，但无法保证该值为全局最优。这是因为在整个学习过程中，BP 神经网络采用"梯度下降法"，可能导致最终收敛于"局部最优"，而非"全局最优"。

再次，人工神经网络中隐含的层数和单元数难以精确测量，目前缺乏有效的理论依据进行测算。因此，针对人工网络模型中的元素和变量，通常需通过反复实验和测算来确定，这使得网络模型不可避免地包含冗余和无效因素，从而给 BP 神经网络的学习过程带来额外负担。

5. 卷积神经网络

卷积神经网络（Convolutional Neural Network，CNN）是深度学习中核心的概念之一。20 世纪 60 年代初，大卫·休伯尔（David Hunter Hubel）和托斯坦·维厄瑟尔（Torsten Nils Wiesel）通过对猫视觉皮层细胞的研究，提出了感受野（Receptive Field）的概念。受此启发，1980 年，福岛邦彦（Kunihiko Fukushima）提出了卷积神经网络的前身 Neocognitron。20 世纪 80 年代，相关研究进一步发展并完善了卷积神经网络的理论。

卷积神经网络通过局部感受野和权值共享的方式，极大减少了神经网络需要训练的参数数量，因此非常适合构建可扩展的深度网络，用于图像、语音、视频等复杂信号的模式识别。

（1）卷积神经网络的定义

卷积神经网络，顾名思义，是在神经网络的基础上引入了卷积运算。通过卷积核局部感知图像信息，提取其特征，多层卷积后能够提取出图像的深层抽象特征，凭借这些特征实现更准确的分类或预测。

与传统的神经网络相比，CNN 具有局部感知、权值共享和多卷积核三大特点。局部感知是指卷积核与图像卷积时，每次仅覆盖一小部分像素（即局部特征），与传统神经网络整体处理方式不同，因此称为局部感知；权值共享是 CNN 最显著的特点，这种结构大幅度减少了神经网络的参数量，既防止过拟合，又降低了模型复杂度；多卷积核能够充分提取图像特征，因为每个卷积核代表一种特征提取方式。

（2）卷积神经网络的结构

卷积神经网络是多层感知机的变体，其设计灵感来源于生物视觉神经系统中神经元的局部响应特性。通过局部连接和权值共享，降低了模型的复杂度，极大减少了训练参数，提高了训练速度，并在一定程度上增强了模型的泛化能力。

CNN 是目前众多神经网络模型中研究最为活跃的一种。一个典型的 CNN 主要由卷积层、池化层和全连接层构成。卷积神经网络的结构如图 1-27 所示。

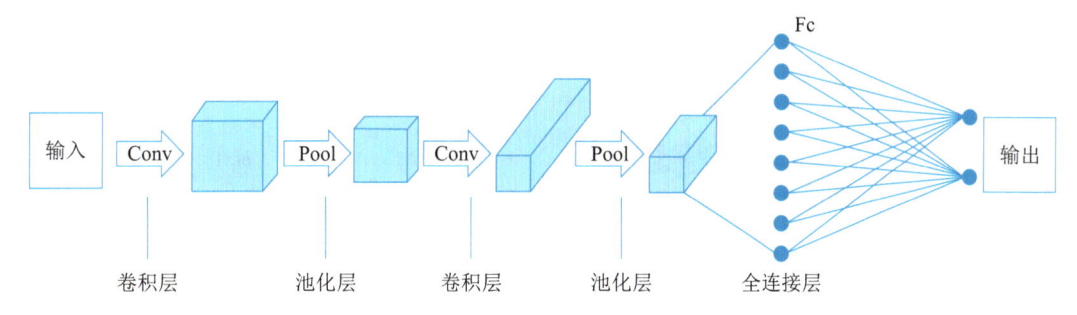

图 1-27　卷积神经网络的结构

1）卷积层。卷积运算的核心目标是从图像中提取信息和特征。任何图像均可视为一个数值矩阵，而矩阵中的特定数值组合则构成一个特征。卷积运算旨在通过扫描该矩阵，挖掘图像中相关且可解释的特征。

卷积层的卷积过程如下：首先，选择特定规格大小的卷积核，其数量由输出图像的通道数决定；其次，将卷积核按从左至右、从上至下的顺序在二维数字图像上进行扫描，将卷积核上的数值与图像对应位置的像素值相乘并求和；最后，将计算结果作为卷积后相应位置的像素值，从而生成卷积后的输出图像。

2）池化层和全连接层。池化层，也称下采样层，主要通过统计卷积生成的图像特征，降低特征维度，减少网络模型过拟合的风险。此外，池化操作能有效减小卷积图像的尺寸，在保留主要特征的同时，减少网络结构中的计算参数，防止过拟合，提升模型的泛化能力。

在卷积网络结构设计中，通常在卷积层后接一个池化层。图像经过卷积和池化处理后，其关键特征得以提取。全连接层的作用是将这些特征进行组合拼接，最终通过计算得出图像被预测为某一类别的概率。

1.3.4 深度学习

深度学习是基于人工神经网络构建的一种机器学习方法，其本质即为深度神经网络。传统机器学习通常擅长处理小规模数据问题，但在面对大规模数据，尤其是图像类数据时，需提取数据特征以进行图像分类，而这些特征往往需要人工标记，过程极为烦琐。因此，长期以来，机器学习所生成的机器智能较为有限，这一状况直至深度学习问世后才得以显著改善。

深度学习于 1986 年被研究人员引入机器学习领域，通常与深度神经网络密切相关。作为机器学习领域的新兴技术，深度学习的核心在于对数据进行分层特征表示，通过神经网络将低级特征进一步抽象为高级特征，是一种基于数据的表征学习方法。

在传统机器学习方法中，感知器实际上是一种不含隐藏层的浅层学习模型，其他方法则多为含单层隐藏层结点或无隐藏层结点的浅层模型。其局限在于，在样本和计算资源有限的情况下，对复杂函数的表示能力有限，导致在复杂分类问题上泛化能力不足。深度学习有效克服了浅层学习的这一局限，通过构建多隐藏层模型并利用海量训练数据（包括无标签数据）来学习更有价值的特征，从而显著提升分类或预测的准确性。"深度模型"是其实施手段，而"特征学习"则是其最终目的。图 1-28 展示了深度学习网络与浅层学习网络之间的差异。

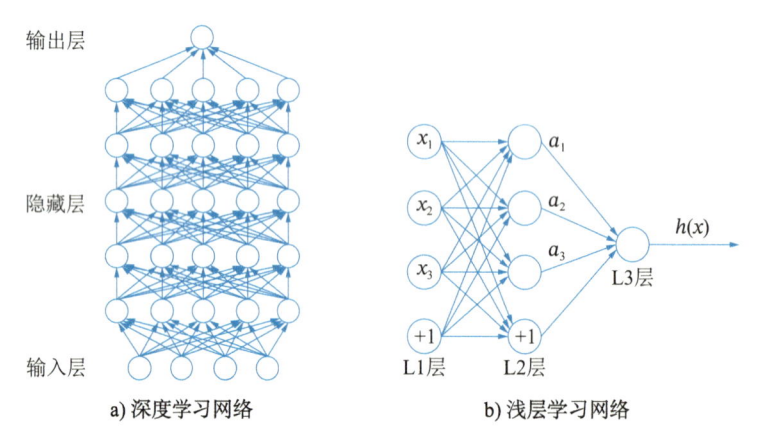

a) 深度学习网络　　　　b) 浅层学习网络

图 1-28　深度学习网络与浅层学习网络

1. 深度学习与浅层学习相比

深度学习与浅层学习相比，具有以下显著特点。

1）深度学习强调模型结构的深度，通常包含多层隐藏层结点。

2）深度学习突出了特征学习的重要性，通过逐层特征变换，将样本在原空间的特征表示转换到一个新的特征空间，从而使分类或预测更加容易。

那么，什么样的结构才算是有"深度"呢？一个网络的深度，可以依据网络中串联的计算层数或非线性变换次数来评估。由于深度学习相比传统机器学习模型增加了多级特征提取的结构，能够进行表示学习，这才算是有深度。从这个意义上说，仅有两个隐藏层的神经网络并不能算作有深度的结构，因为它缺乏分级提取特征的能力。

一般来说，典型的深度学习模型是指具有"多隐藏层"的神经网络，这里的"多隐藏层"指的是拥有三个及以上隐藏层的网络。随着隐藏层数量的增加，相应的神经元连接权值、阈值等参数也会增多。深度学习模型通常包含 8 层、9 层，甚至更多的隐藏层，这意味着它们可以自动提取大量复杂的特征。过去，设计复杂模型时常常面临训练效率低和易陷入过拟合的问题，但随着云计算和大数据时代的到来，海量的训练数据配合逐层预训练和误差逆传播微调的方法，大幅度提升了模型的训练效率，同时降低了过拟合的风险。

如今，深度学习已在多种应用领域取得了突破性进展。卷积神经网络是这一波深度学习浪潮的引领者。2012 年，AlexNet 在 ILSVRC 图像识别竞赛中的惊人表现让学术界看到了深度学习所蕴含的巨大潜力。在随后的几年中，随着 GoogLeNet、VGGNet、ResNet 等模型的提出，CNN 的识别准确率持续提升，使计算机拥有了超越人类的图像识别能力。同时，深度学习在自然语言处理（Natural Language Processing，NLP）领域也取得了巨大成功，不仅出现了如 Siri 这样可以与人类正常交流的对话机器人，甚至能够完成写诗、作曲等创造性任务。

深度学习通过不断增加层数和神经元数量，使系统能够处理大量数据并进行深度训练学习，此时神经网络可以自行"教"自己辨识出人和猫的区别。深度学习已被 Facebook 成功应用于人脸图像识别。

2. 深度学习与机器学习相比

深度学习和传统的机器学习相比，具有以下三个显著优点。

（1）高效率

相比之下，传统的机器学习算法在处理原始数据时存在较大困难，通常需要人工从原始数据中提取特征。这意味着系统设计者必须对原始数据有相当专业的理解，在获得较好的特征表示后，还需设计相应的分类器，利用这些特征进行问题分类。而深度学习则是一种自动提取特征的学习算法，通过多层次的非线性变换，它能够将初始的"底层"特征表示转化为"高层"特征表示，进而使用"简单模型"即可完成复杂的分类学习任务。

现有的深度学习技术无须考虑烦琐的特征提取过程，一旦设计好网络框架，便能高效解决问题。深度神经网络结构如图 1-29 所示。这种方法大幅度节省了特征提取的时间，使得原本不可行的事情变得可行，这也是 DeepMind 公司的 AlphaGo 能够强大到击败专业顶级人类棋手的关键原因。

（2）可塑性

在面对问题时，传统算法需要重新编写代码才能调整模型，这种改进方式成本高昂。相比之下，

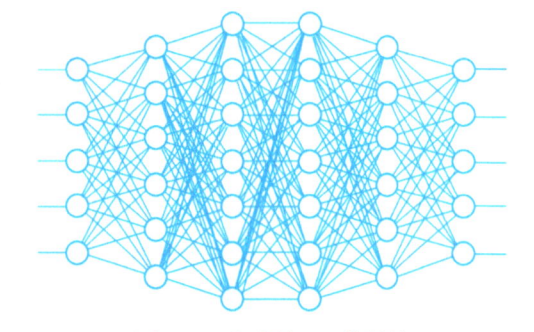

图 1-29　深度神经网络结构

深度学习只需调整模型参数，无须重写代码，即可达到近乎完美的效果，赋予程序高度的灵活性和成长性。深度学习与传统机器学习算法的性能对比如图 1-30 所示。

（3）普适性

神经网络通过持续的学习，自动构建算法模型以应对各类问题，因此几乎能够解决各种复杂问题。深度学习技术在当前人工智能领域占据着绝对的领先地位。相较于传统的机器学习算法，深度学习在某些领域展现出了最接近人类理想智能的效果。同时，它正悄然融入人们的日常生活，例如刷脸支付、语音识别、智能翻译、自动驾驶以及棋类人机大战等。

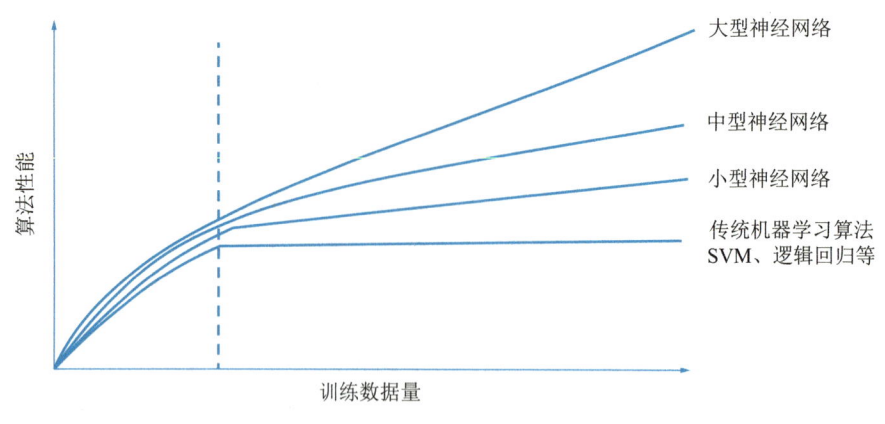

图 1-30　深度学习与传统机器学习算法的性能对比

1.4　AIGC 的应用与风险挑战

AIGC 能够生成多种类型的内容，应用场景极为广泛，几乎涵盖了所有行业和领域。在 AI 迅猛发展的时代背景下，AIGC 作为一种前沿技术，正逐步成为提升工作效率、优化工作流程的关键工具。然而，随着其快速进步，内容安全、网络安全、算法偏见及知识产权等风险也越发突出。面对这些挑战，我们必须深入探究 AIGC 的应用领域，并积极探寻有效的风险应对策略，以推动 AIGC 技术的健康发展和合理应用。

1.4.1　AIGC 的应用

AIGC 能够助力人们完成多样化的任务，并在众多领域展现出巨大的应用潜力。以下列举几个 AIGC 的应用场景及领域。

1. 媒体与娱乐领域

（1）新闻和内容创作

在新闻行业，AIGC 凭借其强大的数据处理能力，能够迅速基于海量数据生成新闻报道。它能够从新闻数据库中提取事件信息，经过高效算法处理，快速生成新闻稿件，从而大幅度节省撰写时间，提升新闻的时效性。在内容创作方面，无论是编剧创作还是小说写作，AIGC 都能提供情节构思的灵感，甚至完成初稿的创作。它能为创作者提供创作灵感或作为创作起点，供进一步修改和完善。AIGC 还能根据不同的风格要求，生成多样化的版本，例如，依据读者的喜好，创作科幻、推理等不同类型的小说。

（2）影视与游戏制作

在影视制作的前期阶段，AIGC 能够生成虚拟场景和人物概念模型，辅助导演和摄影团队进行场景和分镜头规划，有效降低筹备成本。在电影特效制作中，尤其是涉及大量虚拟元素或超自然现象的表现时，AIGC 能够生成高质量的特效图像和动画序列。对于游戏行业，AIGC 的应用范围广泛，包括游戏剧情生成、非玩家角色（NPC）的智能交互逻辑设计以及游戏地图的创建与优化等，显著提升游戏的可玩性和丰富性。此外，AIGC 还能根据玩家的不同等级和游戏进展，动态调整游戏剧情和难度，为玩家带来更加个性化的游戏体验。

2. 教育领域

（1）个性化学习与辅导

AIGC 能够通过分析学生的学习成绩、学习习惯（如学习时间的分配、对错题类型的偏好）、学习兴趣（基于对不同学科内容的关注和交互程度）等多维度数据信息，为每位学生量身定制个性化学习计划。当学生遇到学习难题时，AIGC 会根据学生当前的知识水平，以浅显易懂的方式提供相应的解答步骤和详细解释，如同配备了一位专属的人工智能辅导老师。

（2）智能教学资源制作

AIGC 可以根据教学大纲和目标，制作多样化的教学资源。例如：生成图文并茂、生动有趣的教学课件，将理论知识以直观的形式展示；创作教学动画，通过动画角色的对话和演示过程，帮助学生更好地理解复杂概念，如物理中的微观粒子运动、化学中的分子结构等。这对于缓解师资力量不均衡、教学资源短缺等教育实际问题具有显著的辅助作用。

3. 医疗领域

（1）辅助诊断与治疗方案建议

AIGC 通过学习大量医疗病例数据，包括病历文本和医学影像等，能够有效辅助医生进行疾病诊断。例如，在识别医学影像中的病变特征时，AIGC 可根据预训练模型提示潜在病变区域，协助医生进行更精准的诊断。在治疗方案制定方面，AIGC 能依据不同病情的案例经验和最新医学研究成果，提供多种治疗方案建议，并预估每种方案的成功率和风险，为医生的最终决策提供有力参考。

（2）医学研究协助

在医学研究中，AIGC 可用于文献综述的撰写。鉴于医药科研需要整合大量研究论文资料，AIGC 能高效地对海量论文进行分析和总结，提炼关键信息，为科研人员节省大量文献阅读和整理时间。同时，在药物研发阶段，AIGC 可模拟药物分子与人体细胞的相互作用，预测药物效果和副作用，从而加速药物研发进程。

4. 商业与营销领域

（1）客户服务自动化

AIGC 技术在智能客服领域的应用，能够显著提升客户服务的效率与质量。智能客服借助自然语言处理技术，准确理解客户问题，而 AIGC 则依托预训练模型，为客户提供迅速且精准的解答和解决方案。该系统可 24 小时不间断运行，高效应对常见问题，并在必要时将复杂问题转交人工客服处理，既降低了企业的人力成本，又确保了服务的优质与及时性。

（2）精准营销与个性化推荐

基于 AIGC 技术，企业能够深入分析消费者的行为数据（如购买历史、浏览历史、收藏偏好等）和社会属性数据（如年龄、性别、地域等），从而制定出精准的营销策略。例如，针对不同类型的消费者，精准推送符合其需求和兴趣的内容，或在电商平台上为用户生成个性化的商品推荐列表，有效提升商品的点击率和购买转化率。

1.4.2　AIGC 的发展方向

AIGC 技术未来将展现出多维度的演进趋势，以满足不断变化的市场需求并开拓崭新的应用领域。

1. 多模态内容生成

多模态内容生成将成为 AIGC 未来发展的核心方向。这表明 AIGC 将整合文本、图像、音频和视频等多种内容形式，创造出更为丰富和多样化的内容。例如，生成一个完整的多媒体故事，不仅包含文字叙述情节发展，还辅以图像插图展示关键场景，并配合音频解说以增强氛围。这样的多模态内容相较于单一形式的内容，更能全方位吸引受众，如在教育领域可用于制作生动易懂的教学课件，在娱乐领域则能带来沉浸式的故事体验。

2. 个性化内容生成

基于用户需求的多样化和个性化趋势，AIGC 技术将越发专注于个性化内容的生成。通过分析用户的偏好和行为数据，构建用户兴趣模型，从而生成符合每个用户个人需求的特定内容。例如，在音乐推荐系统中，AIGC 不仅能依据用户的音乐收听历史推荐相似风格的音乐，还能创作全新的音乐作品，以满足用户个性化的音乐需求，进一步提升用户的满意度。

3. 实时生成与互动

未来的 AIGC 技术将具备更强的实时生成和互动能力。在广告场景中，可生成实时动态广告，根据用户的实时反馈（如点击、停留时间等操作）及时调整广告内容，以优化投放效果。在虚拟现实（VR）和增强现实（AR）环境中，AIGC 能够持续生成互动场景和角色，为用户提供高度个性化且紧密互动的体验。这对于游戏、培训模拟等场景而言，将带来革命性变革，使参与者能够更自然地与虚拟环境互动，提升参与度和沉浸感。

4. 成为增强创作工具

AIGC 技术还将进一步演化为增强创作工具，助力内容创作者提升创作效率和质量。例如：智能推荐功能可在创作者输入开头时，根据上下文推荐可能的情节发展或词汇用法；自动修正功能可帮助创作者检查语法、逻辑等方面的错误；创意生成功能则能从广泛的知识图谱中提取灵感元素，为创作者提供全新的创意思路。这对于支持多种内容形式的创作（无论是文本创作、图像绘制、音频制作还是视频剪辑）都具有极高价值，能使创作过程更加流畅高效，输出的内容更加优质。

1.4.3 AIGC 风险挑战

AI 领域的迅猛发展引发了人们对其潜在风险的广泛关注，包括社会风险、伦理风险以及对人类主体性的挑战等。尽管 AIGC 凭借其强大的生产能力和适配能力极大地解放了人类生产力，但在实际应用中，内容失真、违规、侵权、信息冗余以及技术伦理等问题依然令人忧虑。

1. 内容安全风险

AIGC 技术普及带来内容质量、虚幻性和偏见问题。内容准确性和安全性是关键风险。算法局限和数据不完善导致 AIGC 内容常有错误和混乱，不仅影响用户体验，还可能误导公众。模型的局限性导致编造不实内容，影响用户价值观。AIGC 存在的内容偏见问题，反映了算法和数据源中的偏见，可能加剧社会不公和歧视，引发争议。

2. 知识产权风险

AIGC 技术能快速生成大量内容，但可能无意中侵犯知识产权，因为它缺乏人类的创造性和判断力。AI 创作引发的知识产权问题包括：训练数据可能侵犯版权，以及 AI 生成内容的版权保护存在争议。当前法律尚未完全适应 AIGC 技术的发展，导致法律空白和风险。例如，AI 绘画工具使用的数据集可能包含受版权保护的作品，未经授权使用可能侵权。AI 服务提供方通常限制 AI 作品的版权归属和商业使用权，用户需遵守用户协议，避免不当使用。例如，百度的文心一格绘画工具禁止商业用途，版权归百度所有。AI 技术提供方使用受版权保护的数据或素材时，必须获得权利人许可，否则可能侵犯复制权、改编权和信息网络传播权等。

3. 道德伦理与法律风险

AI 创作提高了效率，但也可能带来道德和法律问题。AI 可能影响人类伦理和价值，生成内容虽逼真，却可能包含错误或有害信息。由于语言模型难以区分事实与虚构，可能导致伦理判断受损。此外，AI 技术易被滥用，用于不当目的，如抄袭、恶搞，甚至威胁安全和公共利益。AIGC 生成的信息可能违反社会规范，需要制定伦理和社会规范框架来引导其健康发展，同时保护知识产权和公众利益。

4. 数据处理、隐私与安全风险

保护用户隐私的关键在于合规的数据处理。以 ChatGPT 为例，其训练和应用阶段涉及大量数据处理，数据质量直接影响模型成熟度和内容质量。目前，数据收集阶段的风险较大，需确保个人信息处理的合法性、正当性和必要性。数据清洗和标注阶段要减少个人信息和敏感信息，降低风险。例如，GPT-3 模型训练使用了 45TB 数据，但随着技术发展，数据需求增加，成本上升，合成数据应运而生，可大幅度降低成本和难度。合成数据同样需保护个人信息，遵守相关管理规定。在数据安全方面，准确性、保密性和合规性是三大要素。AIGC 依赖的海量数据可能面临泄露、误用风险，内容真实性也需验证，企业需采取技术手段保护数据安全。

5. 其他技术风险

鉴于技术迭代迅猛，AIGC 面临诸多不可预知的风险，这些风险往往在使用过程中才得以充分暴露。因此，在应用 AIGC 技术时需持谨慎态度，在技术演进过程中持续完善安全措施，强化监管力度，并提升透明度，力求最大限度地降低潜在风险的发生概率，确保 AIGC 技术的健康发展，保障用户的安全与权益，最终实现科技与人类社会的和谐共进。

1.4.4 AIGC 监管政策

为了应对 AIGC 带来的安全风险问题，监管部门需加强对人工智能技术的监管，并及时采取有效措施，防止其不利影响的扩散。同时，科技公司应承担起社会责任，积极探索并应用人工智能技术，为社会带来更多正面影响。

事实上，针对人工智能治理问题，众多国家已启动相关政策规范的制定工作。

1. 美国提出人工智能技术五大原则

2022 年，美国发布的《人工智能权利法案蓝图：让自动化系统为美国人民服务》针对大数据和人工智能技术的影响，提出了五大原则，具体如下：

1）建立安全有效的系统原则。
2）避免大数据算法歧视原则。
3）保护数据隐私原则。
4）保持通知和解释的原则。
5）保持可替代性原则。

2023 年 4 月，美国商务部国家电信与信息管理局发布《人工智能问责政策征求意见稿》，就 ChatGPT 等人工智能工具是否需接受审查、新人工智能模型发布前是否应经过认证程序等问题征询意见。该征求意见稿涵盖人工智能审计、风险评估、认证等内容，旨在构建合法、有效、可信的人工智能系统。

2. 英国发布人工智能新监管框架提案

2023 年 3 月底，英国政府发布《一种支持创新的人工智能监管方法》新监管框架提案，旨在"营造清晰、有利于创新的监管环境"，使英国成为全球建立基础人工智能公司的优选地之一。同时，该提案明确要求在不损害安全和隐私的前提下推进创新。

具体而言，英国针对人工智能领域的监管框架主要基于五大关键原则：

1）安全、保障和稳健性，确保人工智能系统在整个生命周期内稳健、可靠且安全运行。
2）适当的透明度和可解释性，保证人工智能系统得到合理解释并保持足够透明。
3）公平性，避免人工智能系统损害个人或组织的合法权益，防止歧视或不公平市场结果。
4）问责制和有效治理，确保人工智能系统受到有效监督，并建立明确的问责机制。
5）可竞争性和补救，允许当事方对可能产生有害结果的人工智能工具提出异议。

3. 欧盟发布《人工智能法案》草案

该草案依据不同风险等级对人工智能应用进行分类监管。一方面，多数人工智能应用将被归为低风险类别，无需承担法律义务；另一方面，少数存在不可接受风险的应用将被直接禁止使用。介于低风险和禁止使用之间的是第三类应用，即存在明确潜在安全风险但可管理的应用。

此外，欧盟议会针对大模型提出更严格的监管要求，具体如下：

1）版权信息披露，要求模型开发商披露构建系统时使用的所有材料的版权信息。
2）公平竞争，禁止生成式人工智能模型提供方单方面对中小企业和初创企业施加不公平合同义务。
3）保障合法权利，确保隐私、非歧视等基本权利。
4）降低风险，模型发布前需在独立专家参与下进行风险评估。

2023 年 4 月，欧盟数据监管机构表示，正在组建工作组，协助各国应对与人工智能聊天机器人相关的隐私问题。

4. 我国发布《生成式人工智能服务管理暂行办法》

2023 年 7 月，我国发布了首部针对生成式人工智能产业的规范性政策——《生成式人工智能服务管理暂行办法》，包含 24 条内容，涵盖算法备案、数据、模型、隐私保护、监管和法律责任等方面。该政策旨在促进生成式人工智能的健康发展，维护国家安全和社会公共利益，同时保障合法权益。政策鼓励技术创新和应用，同时要求服务提供者遵守法律法规，尊重知识产权，保护个人隐私，并建立投诉举报机制。此外，数据处理活动必须合法，使用数据需获得同意或符合法定条件，并提高数据质量。通过这些措施，以推动技术的健康有序发展，服务于经济社会，同时防范风险，确保在法治框架内运行。

拓展阅读　几位人工智能的奠基人

1. 约翰·麦卡锡

1956 年，约翰·麦卡锡（见图 1-31）在达特茅斯会议上，他首次提出了"人工智能"这一概念，因此被誉为"人工智能之父"。1971 年，因在人工智能领域的杰出贡献，麦卡锡被授予图灵奖。

1956 年，麦卡锡提出"人工智能"概念，确立了研究目标，由此人工智能成为计算机科学的一个分支。1958 年，他与明斯基在 MIT 创建了首个 AI 实验室，并发明了 LISP 语言，对 AI 领域产生了深远影响。同年，麦卡锡提出计算机分时处理方式，推动了人工智能研究。他参与开发的 CTSS 和 MULTICS 系统是世界上最早的分时系统。1962 年，麦卡锡回到斯坦福大学，建立了第二个 AI 实验室，并参与了基于 PDP-1 的分时系统开发。他提出的"情景演算"理论在 AI 研究中具有重要意义。

图 1-31　约翰·麦卡锡

2. 马文·明斯基

马文·明斯基（见图 1-32）于 1946 年入读哈佛大学物理专业。他选修了包括电气工程、数学和遗传学在内的多门课程，并在心理学系进行过研究。之后，明斯基转向数学专业，并于 1950 年从哈佛毕业，进入普林斯顿大学继续深造。

马文·明斯基是人工智能领域的先驱，与麦卡锡共同提出人工智能概念并建立 MIT 人工智能实验室。作为首位获得图灵奖的人工智能学者，他对虚拟现实和机器人三大定律有重要贡献。1951 年，明斯基开发了首个神经网络模拟器 SNARC，并以此为基础完成了关于神经网络与脑模型的博士

图 1-32　马文·明斯基

论文。他开发的机器人 Robot C 是模拟人类活动的先驱。1958 年，明斯基加入 MIT，与麦卡锡共同推动了人工智能计划。在 MIT 人工智能实验室，他深入研究了机器感知和智能，并撰写了多部重要著作，包括《感知器》。2003 年，MIT 人工智能实验室与计算机科学实验室合并为 CSAIL，孵化了多家知名公司，包括 Boston Dynamics 和 Meka Robotics，这两家公司后来被谷歌收购。

3. 克劳德·香农

香农（见图 1-33），被誉为"信息论之父"，1936 年在密歇根大学取得电子工程和数学学位，后在麻省理工学院深造。他的硕士论文揭示了电话交换电路与布尔代数的联系，并用二进制表示电路状态，为数字电路理论打下基础。布尔代数的逻辑运算可由电路系统中的逻辑门实现，二进制与十进制的转换为数字表达提供了方式，Unicode 编码则让全球文字能转化为二进制。数字化技术让信息如图像、声音、视频等以二进制形式存储，而电子技术的进步和半导体、集成电路的发展推动了个人计算机和手机等设备的发明，改变了人类生活。香农的信息论是数字化时代的基石，支撑了计算机、互联网、电信、电视等产业的发展。

图 1-33 香农

4. 西蒙与纽厄尔

1975 年，图灵奖授予了卡内基·梅隆大学的赫伯特·西蒙（见图 1-34）和艾伦·纽厄尔（见图 1-35）。他们从师生关系发展为长期合作伙伴，共同研究 42 年，直至纽厄尔去世。这是图灵奖首次同时颁发给两位学者。西蒙是多学科领域的著名学者，对我国的学术界有深远影响，多次访华交流，并于 1994 年成为中国科学院外籍院士。

图 1-34 赫伯特·西蒙　　图 1-35 艾伦·纽厄尔

艾伦·纽厄尔是计算机科学和认知信息学领域的杰出科学家。他曾在兰德公司工作，并在卡内基·梅隆大学的多个学院担任教职。

艾伦·纽厄尔在兰德公司与美国空军合作开发早期预警系统，激发了他对人类思维的兴趣。他与赫伯特·西蒙合作，开发了人工智能早期程序设计语言 IPL，引入表处理方法，开发了启发式程序。

1.5 习题

1. 填空题

1）人工智能（AI）是研究、开发用于_____、_____和_____人的智能的理论、方法、技术及应用系统的一门新的技术科学。

2）人工智能的核心在于_____人类意识、思维的信息处理过程。
3）按照人工智能实现"智能"的方式，可以将其分为_____、_____和_____。
4）按照智能水平高低，可以将人工智能分为_____、_____和_____三种。
5）1950年，_____发表了一篇具有划时代意义的论文名为《计算机器与智能》。
6）_____年，人们制造出了世界历史上的第一台电子计算机ENIAC。
7）_____达特茅斯会议标志着"人工智能"这门新兴学科的正式诞生。
8）人工智能界主要的研究学派有_____、_____和_____学派。
9）1986年鲁梅尔哈特等人提出_____算法，使得_____的理论研究取得了新突破。
10）_____年被称为生成式人工智能的突破之年。
11）_____年，美国作曲家制作了历史上第一支由计算机创作的音乐作品《伊利亚克组曲》。
12）_____年，世界上第一款可进行人机对话的机器人"伊莉莎"诞生。
13）机器学习根据数据有无标签分为_____、_____、_____和_____四种类型。
14）机器学习的数据全部_____的情况称为监督学习，机器学习的数据_____的情况称为无监督学习。
15）强化学习主要包括_____、_____、_____和_____四个元素以及一个环境的状态。
16）_____实质上是对人类大脑生物神经系统神经元的模拟。
17）1958年，计算科学家罗森布拉特提出由两层神经元组成的神经网络，取名为_____。
18）BP神经网络由_____、_____和_____组成，每一层都由若干个神经元组成。
19）BP神经网络的工作过程，由信息的_____和误差的_____两个阶段组成。
20）CNN和传统的神经网络相比，具有_____、_____和_____三大特点。
21）一个典型的CNN主要由_____、_____和_____构成。

2. 简答题

1）简述图灵测试的具体内容。
2）什么是生成式人工智能？
3）简述人工智能、机器学习、深度学习以及生成式人工智能之间的相互关系。
4）简述AIGC的主要应用领域。
5）简述AIGC面临的风险与挑战。

第 2 章

大模型基础

> **知识目标**
>
> 1. 掌握大模型的定义、分类及涌现能力。
> 2. 了解大模型的发展历程及我国大模型的发展概况。
> 3. 熟悉大模型的核心技术及大模型的三要素。
> 4. 了解大模型未来发展方向。
>
> **素养目标**
>
> 1. 通过对大模型概念及其未来发展方向的学习，培养学生探索未知、追求真理、勇攀科学高峰的责任感和使命感。
> 2. 通过学习大模型核心技术，培养学生的科学精神和科学思维方法，提升学生正确认识问题、分析问题和解决问题的能力。
> 3. 通过学习辛顿等科学家的事迹，培养学生的奋斗精神和开拓创新精神。

案例导入 2024 年诺贝尔物理学奖揭晓

2024 年，诺贝尔物理学奖授予了美国科学家约翰·霍普菲尔德（John J. Hopfield）和英裔加拿大科学家杰弗里·辛顿（Geoffrey E. Hinton）（见图 2-1），以表彰他们在人工神经网络和深度学习领域的开创性贡献。这一奖项不仅推动了机器学习技术的显著进步，也为物理学研究领域注入了新的活力。

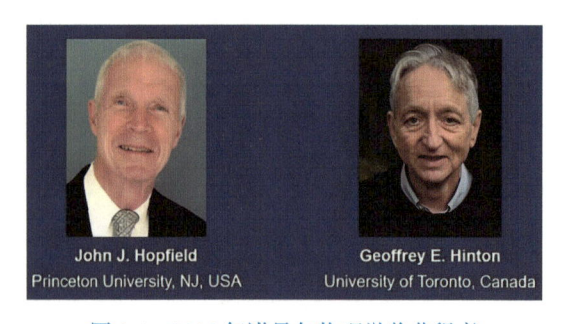

图 2-1　2024 年诺贝尔物理学奖获得者

约翰·霍普菲尔德提出了著名的 Hopfield 网络，成功地将物理学中的自旋相互作用原理应用于神经网络，用于模拟记忆的存储和重构。这一网络模型的诞生，使得科学家们能够更深入地理解和模拟大脑的信息处理机制，为认知科学和神经科学的发展提供了坚实支撑。

杰弗里·辛顿被誉为"AI 教父"，他在深度学习领域的开拓性贡献包括玻尔兹曼机、多层感知机和反向传播算法等一系列重要发明。

此奖项标志着人工智能技术在科学研究中的重要性日益凸显。它不仅是对获奖者个人成就的高度认可，更是对科学界的一次深刻启示：在未来的科学探索中，技术与学科的交叉融合将成为常态，而 AI 作为这一融合过程中的核心驱动力之一，将推动科学研究不断突破传统框架，实现更为深远、广泛的创新。

以深度学习模型 AlphaFold2 为例，该模型在蛋白质结构预测领域取得了举世瞩目的成就。其强大的预测能力能够精准解析约两亿种已知蛋白质的复杂结构，为全球超过 200 万科研人员提供了强大的研究工具。华为云盘古药物分子大模型也展现出巨大潜力，将药物研发周期大幅度缩短至一个月以内，同时使成本降低 70%。这一突破性成果不仅极大地提升了药物研发效率，也为未来的医药创新奠定了坚实基础。

2.1 认识大模型

随着 2022 年年底 ChatGPT 的推出，大模型技术呈现出爆发式的增长态势，在自然语言处理、计算机视觉、语音识别等多个领域均取得了显著的突破性进展。大模型技术的涌现，标志着人工智能领域迈入了一个全新的发展阶段。

2.1.1 大模型的定义

大模型通常指的是具有超大规模参数或经过超大规模数据训练的深度学习模型。这些模型能够处理和分析海量数据，学习并理解复杂的模式和关系，生成精确且细致的预测或结果。

大模型是一种神经网络模型，其特点包括参数量大、训练数据量大、计算能力要求高、泛化能力强、应用广泛等。大模型的"大"主要包含两层含义。一方面，它指的是模型的参数量。在这些模型中，参数量通常极为庞大，可达数十亿、数百亿甚至数千亿、数万亿，远超传统模型百万级、千万级的参数规模，这使得模型能够学习和表示复杂模式。例如，智谱 AI 公司的 GLM-4 模型参数量达到千亿级别，OpenAI 的 GPT-3 拥有 1750 亿个参数，而 GPT-4 的参数量估计约为 1.8 万亿，是 GPT-3 的 10 倍以上。庞大的参数量使大模型能够存储和处理更复杂、更丰富的信息，从而在理解自然语言、图像内容等方面表现出色。

另一方面，"大"也指训练数据的规模。为了训练大模型，需使用海量数据，这些数据可来自互联网、书籍、新闻等。通过对这些海量数据的学习，大模型能更好地理解人类语言的复杂性和多样性，从而在实际应用中展现出更高的智能水平和更强的泛化能力。

在大模型中，"通用"一词描述的是模型的应用范围。通用大模型在训练时使用了来自各领域的数据，具备较强的通用任务解决能力，能够处理多种类型的任务，具有强大的泛化能力。大模型的泛化能力强，意味着它们能在多种不同任务和领域中表现出良好性能，这种泛化能力使大模型的应用范围更加广泛，涵盖自然语言处理、计算机视觉、语音识别、机器翻译、文本生成等多个领域。

大模型最初应用于自然语言处理领域。随着 OpenAI 推出拥有 1750 亿个参数的 ChatGPT，激发了全球对大模型应用的研究热潮：微软将 ChatGPT 接入其搜索引擎 Bing；谷歌推出语言大模型 PaLM 和对话模型 Bard；在我国，百度公司的文心大模型、华为公司的盘古大模型、科大讯飞公司的星火认知大模型、京东集团的言犀大模型、阿里巴巴公司的通义大模型、腾讯公司的混元大模型等，加速引爆了我国大模型的研究和应用热潮。

当前，大模型发展呈现两大"快速"特征：一是大模型技术的快速迭代；二是大模型应用生态的快速丰富。首先，大模型技术的快速迭代体现在模型参数规模、结构设计和训练方法等方面的不断创新和优化。例如，OpenAI 的 GPT-3 在 2020 年推出时，以其 1750 亿参数量震惊业界，而短短几年后，GPT-4 的参数量已达到 1.8 万亿，规模的扩大显著提升了模型性能。同时，谷歌的 BERT 模型通过采用 Transformer 架构，深刻变革了自然语言理解。此外，微软的 DeepSpeed 训练优化技术使大模型训练成为可能，大幅度缩短了模型迭代周期。

其次，大模型应用生态的快速丰富表现在多个层面。例如，GPT-3 被用于撰写文章、生成代码、提供客服对话等，而谷歌的 T5 模型在文本摘要、问答系统和语言理解任务中表现卓越。在计算机视觉领域，OpenAI 的 DALL·E 模型能根据文本描述生成逼真图像，英伟达的 GANverse3D 则能从单张图片生成 3D 模型。这些应用不再限于实验室研究，而是已渗透到人们的日常生活中，如智能助手、内容审核系统和在线教育平台等。

这两个"快速"特征相互促进，技术迭代为应用生态丰富提供强大动力，而应用生态丰富又推动技术进一步发展。然而，这种快速发展也带来诸多挑战。例如，大模型的可解释性仍是一大难题，用户难以理解模型决策过程，这在医疗、金融等敏感领域尤为重要。数据隐私保护也是紧迫问题，大模型训练需要海量数据，可能包含个人隐私信息。此外，大模型资源消耗巨大，需大量计算资源，并产生显著环境影响。因此，如何平衡模型性能提升与这些挑战之间的关系，成为未来大模型发展必须面对的重要课题。

总的来说，大模型的发展正以前所未有的速度推动人工智能领域进步，但同时也需谨慎对待其带来的挑战。

2.1.2 大模型的分类

大模型可以根据不同的标准和特征进行分类，以下是一些常见的分类方式。

1. 根据大模型的数据模态分类

大模型根据其数据模态可分为单模态和多模态（或称为跨模态）两类。

单模态模型使用单一类型的数据进行模型训练和预测。例如，仅输入文本数据来训练语言模型，或仅输入图像数据来训练图像分类模型。单模态模型只能处理单一模态的任务，如纯语言、纯视觉或纯音频任务。这类模型包括 ChatGLM、GPT-2 等。

多模态大模型能够接受多种类型的数据输入（如图像、文本、音频等）进行训练和预测。多模态大模型能够执行一种或多种模态任务（如文本、图像、视频、语音等），具备强大的跨模态理解和生成能力。这类模型包括 OpenAI 公司的 GPT-4 多模态大模型、谷歌公司的 Gemini 多模态大模型、清华大学与智谱 AI 联合发布的 CogVLM 多模态大模型等。

2. 根据模型生成方式分类

根据模型生成方式的不同，大模型可以分为文本生成大模型、图像生成大模型、音频生成大模型和视频生成大模型。

按模态转化方式分类，大模型可分为文生图类大模型、图文互生类大模型、文生音类大模型、音生文类大模型、文生视频大模型、图生视频大模型等。

3. 根据模型是否开源分类

根据模型是否开源，大模型可分为两大类：闭源大模型和开源大模型。

闭源大模型的源代码、模型数据及训练过程方法是私有的，通常由专业组织或公司开发和维护。这类模型的商业化程度较高，产品完善度和模型性能有更好的保障，通常需付费使用。典型例子包括OpenAI的GPT-4、百度的文心千帆和阿里的通义等。

开源大模型的源代码、模型数据和训练过程等内容是公开可用的，使用者可免费下载、使用、修改、分享和重构。不同开源模型可能规定不同的开放范围和使用场景，不一定完全开放，如杭州深度求索发布的DeepSeek大模型。相对闭源模型，开源模型可降低二次开发门槛，促进各领域广泛应用和普及。更重要的是，开源模型能借助开发者社区的创新和改进，利用集体智慧，实现更快发展。Meta的LLaMA及基于LLaMA扩展的诸多模型是生成式预训练大模型的典型代表，它是一种基于开放数据集进行自监督预训练的大模型。

4. 根据模型的应用场景分类

根据模型的应用场景，大模型还可分为通用大模型、行业大模型和垂直大模型。

通用大模型（General-purpose Large Models）具有广泛适用性，通常在大量多样化数据集上预训练，能处理多种任务，如文本理解、生成、翻译、问答等。例如，OpenAI的GPT系列、百度的文心一言、阿里巴巴的通义大模型等。

行业大模型（Industry-specific Large Models）针对特定行业或领域定制，在通用大模型基础上，针对行业数据和需求进一步训练和优化。例如，医疗领域模型用于辅助诊断和治疗建议，金融领域模型用于信用评分和风险管理等。

垂直大模型（Vertical Large Models）针对特定任务或应用场景开发，在狭窄领域内具有极高的专业性和性能。例如，专门用于语音识别的DeepSpeech模型，专门用于图像识别的YOLO（You Only Look Once）模型。

总的来说，通用大模型注重广泛适用性，行业大模型注重特定行业应用，垂直大模型则专注于特定任务的性能优化。随着技术发展，这些模型间的界限可能变得更加模糊，模型可能同时具备多种特性。

2.1.3 大模型的涌现能力

涌现现象在生活的诸多领域中被广泛观察到。例如，蚁群在觅食时，能够自动发现从蚁群到达食物的最短路径。这种智能表现并非源于某些个体蚂蚁的聪明才智，而是众多蚂蚁聚集成蚁群后所展现出的集体智能（见图2-2）。这种行为仅在许多蚂蚁聚集成蚁群后才显现出来，我们将这种现象称为涌现。

图 2-2　蚁群智能

在人工智能领域，涌现能力指的是模型在处理任务时，由于海量参数和神经元之间的相互作用与协调而产生的新特性和新能力。具体而言，当模型的参数扩展到一定规模时，会突然表现出一些之前未明确训练过但模型能够自动学会的技能。

涌现能力在大模型中的表现形式多样。例如：在语言理解与生成方面，大模型能够更精准地理解上下文，生成更连贯的文字；在逻辑推理方面，随着模型规模的增大，大模型能够处理抽象问题，掌握隐含的规则或常识；在数学运算方面，大模型展现出卓越的逻辑推理和复杂数学运算能力，如解决方程、推导复杂问题等；在多语言翻译方面，模型能够在不同语言间流畅切换并生成准确文本。此外，大模型还能够在艺术、文学等领域生成具有创造性的内容，如创作诗歌、小说等。

涌现能力具有两个显著特点：一是突现性，即涌现能力似乎瞬间从无到有，表现出突现的特性；二是不可预测性，研究者难以预测具体在何种规模的模型中这种能力会显现。

涌现能力是大模型特有的一种能力，在小模型中并不存在，而是随着模型规模的增大而突然显现。这种能力的出现并非偶然，而是有其深刻的内在逻辑。首先，更复杂的神经网络结构是大模型涌现能力的重要基石。随着模型规模的扩大，神经元之间的连接逐渐丰富和深化，形成了一个错综复杂但有序的网络结构。这样的结构使模型能够更好地挖掘输入数据中的高层次特征，将原始数据转换为富含语义信息的特征向量，从而提升模型的表现力。

其次，更多的参数意味着模型具备更强的表达能力。大模型通常拥有数以亿计的参数，这些参数为模型提供了巨大的自由度，使其能够对输入数据进行各种复杂的非线性变换。在自然语言处理领域，大语言模型正是凭借这种强大的表达能力，通过对海量文本数据的深度训练，学习到语言背后的抽象特征和规律，从而生成流畅、自然的文本内容。

最后，更强的数据驱动能力是大模型涌现能力的关键所在。大模型的训练过程往往需要海量数据支持，这使得它们能够充分吸收和利用数据中的信息，学习到更为普遍和鲁棒的特征与规律。这种数据驱动的学习方式不仅提升了模型在训练任务上的表现，更重要的是赋予了模型在面对新任务时的强大适应能力和泛化能力。

大模型的涌现能力是 AI 领域的一个重要发现，它不仅改变了我们对大模型能力的理解，也为未来的技术发展指明了方向。随着研究的深入，我们有望揭开更多关于涌现能力的秘密，并利用这些能力解决更复杂的问题。大模型的涌现能力无疑将成为推动人工智能发展的关键力量。

2.2 大模型的发展

大模型技术正以史无前例的速度迅猛发展，从早期的简单神经网络，到如今拥有数百亿、数千亿乃至数万亿参数的复杂系统，其发展轨迹充分见证了人工智能领域的深远变革。

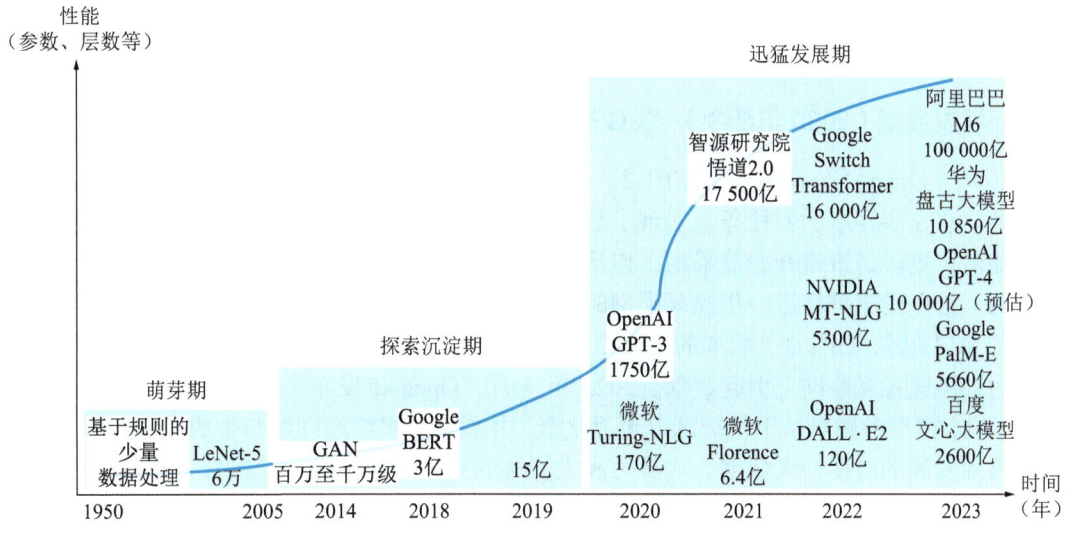

2.2.1 大模型的发展历程

大模型的发展历程是一个从理论探索到技术突破，再到广泛应用的逐步演进过程。其发展主要经历了三个阶段：萌芽期、探索沉淀期和迅猛发展期，如图 2-3 所示。

图 2-3 大模型的发展历程

1. 萌芽期（1950—2005 年）：以 CNN 为代表的传统神经网络模型阶段

1956 年，计算机专家约翰·麦卡锡首次提出"人工智能"这一概念，标志着 AI 模型发展的起点。最初，这些模型基于小规模的专家知识，随后逐步演化为基于机器学习的方法。1980 年，卷积神经网络的雏形诞生，开启了传统 CNN、RNN（循环神经网络）等神经网络模型的时代。1998 年，现代卷积神经网络的一个重要里程碑——LeNet-5 基本结构出现，推动机器学习方法从早期的浅层学习向深度学习转变，为自然语言生成、计算机视觉等领域的深入研究奠定了坚实基础。

在这一转变阶段，研究者主要集中于 AI 理论探索和基础算法的开发。早期的 AI 研究者尝试模拟人脑的信息处理方式，孕育了神经网络的初步形态。尽管受到计算能力和数据量的严重限制，研究者仍致力于开发能够自动学习和自适应的模型。在技术和资源的双重限制下，大规模模型的开发和应用尚未实现。尽管这一时期的模型通常简单且规模较小，但它们为后续复杂模型的开发奠定了重要的基础。

2. 探索沉淀期（2006—2019 年）：以 Transformer 为代表的全新神经网络模型阶段

2013 年，自然语言处理领域迎来了 Word2Vec 模型的诞生，首次提出了将单词转换为向量的"词向量模型"，极大地提升了计算机理解和处理文本数据的能力。2014 年，被誉为"21 世纪最强大算法模型之一"的生成对抗网络（GAN）问世，标志着深度学习正式进入生成模型研究的新纪元。2017 年，谷歌颠覆性地推出了基于自注意力机制的神经网络结构——Transformer 架构，为预训练大模型的崛起奠定了坚实基础。2018 年，OpenAI 和谷歌分别发布了 GPT-1 与 BERT 大模型，这标志着预训练大模型成为自然语言处理领域的主流技术。

在这一探索期内，以 Transformer 为代表的全新神经网络架构为大模型的算法基础提供了强有力的支撑，显著提升了大模型的性能表现。模型从浅层学习逐步过渡到深度学习，尤其在自然语言处理（NLP）和计算机视觉（CV）等领域取得了显著进展。Transformer 模型的提出彻底改变了 NLP 领域的规则，为处理复杂语言结构和语义理解开辟了新的途径。这一时期的模型在规模上实现了显著增长，同时结构变得更加复杂，功能更加强大。然而，模型的复杂度及其对数据的依赖性也带来了新的挑战，包括高昂的训练成本、对算力的巨大需求，以及数据质量和偏见等问题。

3. 迅猛发展期（2020 年至今）：以 GPT 为代表的预训练大模型阶段

2020 年，OpenAI 公司推出了 GPT-3。该模型的参数量高达 1750 亿，成为当时全球最大的语言模型。它在零样本学习任务上实现了显著的性能提升，展现出小模型所不具备的语境学习能力。随后，更多的策略开始被采用，包括基于人类反馈的强化学习（RLHF）、代码预训练、指令微调，这些措施旨在进一步提高模型的推理和任务泛化能力。

2022 年 11 月，GPT-3.5 版本的 ChatGPT 问世，其凭借逼真的自然语言交互和多场景内容生成能力，迅速在互联网上引起轰动。2023 年 3 月，OpenAI 发布了超大规模多模态预训练大模型 GPT-4，模型参数量从千亿级跃升至万亿级，并展示了多模态理解与生成多种内容的能力。在这一迅猛发展的时期，大数据、大算力和大算法的完美结合，极大地提升了大模型的预训练能力、生成能力以及多模态多场景的应用能力。例如，ChatGPT 的巨大成功就得益于微软 Azure 的强大算力、维基百科等海量数据的支持，以及基于 Transformer 架构，坚持使用 GPT 模型和基于人类反馈的强化学习进行精细调整的策略。

在这一时期，基于更大的数据集、更强的计算能力和算法创新这三大关键要素，GPT-4 等大模型使 AI 能力实现了巨大飞跃。这些模型不仅在规模上达到了前所未有的水平，而且展示出了令人震惊的语言理解和生成能力。它们能够处理复杂的推理任务，并具备理解和生成图像、音频、视频的多模态能力，甚至在特定领域能与人类专家相媲美。

2023 年 11 月，OpenAI 公司发布了处理速度更快、费用更低的 GPT-4 Turbo 模型，并宣布用户无须任何代码即可构建属于自己的 GPT，并将其发布至 GPT Store，这一举措促进了 GPT 生态系统的进一步完善。2024 年，OpenAI 公司发布了文生视频大模型 Sora。该模型能够准确理解用户指令中所表达的需求，并以视频形式进行展示。由 Sora 模型创作的视频不仅包含复杂的场景和多个角色，而且对角色的动作、瞳孔、睫毛、皮肤纹理等细节进行了精细刻画。

然而，大模型的训练和部署代价巨大，需要大量的数据和计算资源，同时也引发了关于数据隐私、模型偏见及算法透明度等问题的讨论。此外，这些模型的复杂度和庞大的规模也使得它们的维护和更新更加困难，这对研究人员和开发者而言是一个巨大挑战。

2.2.2 我国大模型的发展

1. 我国大模型发展的重要里程碑

近年来，该领域取得了显著进展，以下是一些重要的里程碑和发展情况。

2018年，百度推出了基于知识增强的预训练语言表示模型ERNIE，标志着国内在NLP大模型领域的重大突破。

2019年，阿里巴巴的达摩院发布了基于Transformer架构的自动纠错模型，应用于语音识别领域，能够自动纠正识别结果中的错误，尤其是替换错误。

2020年，华为推出了ModelArts平台，提供了一系列预训练模型，包括自然语言处理和计算机视觉领域的大模型。

2021年，腾讯发布了AI Lab的Angel 3.0，这是一个高性能的分布式机器学习平台，支持大规模模型的训练。

2022年，智谱AI推出了GLM模型，这是一个拥有千亿参数的通用预训练语言模型。

2023年3月16日，百度正式发布大语言模型及生成式AI产品"文心一言"。这一事件标志着国产大模型"混战"的序幕拉开。

随着百度发布"文心一言"，科大讯飞、商汤、昆仑万维、奇点智源、知乎联合面壁智能等公司也纷纷推出各自的大模型产品，如"星火认知大模型""商汤日日新""天工"3.5和"知海图AI"等。

2025年初，杭州深度求索公司（DeepSeek）凭借其名为"DeepSeekV3"的大语言模型引发全球瞩目。官方数据显示，该模型在多项评测中超越了头部开源模型，性能上与全球顶尖的闭源模型GPT-4o不相上下。令AI界震惊的是，这款大模型的训练成本极低。官方技术论文披露，DeepSeekV3在预训练阶段仅使用2048块GPU训练了2个月，总花费仅为557.6万美元，而GPT-4o的训练成本约为1亿美元。凭借独特的技术架构和算法优化，DeepSeek大幅度降低了模型研发与运维成本，实现了低成本高回报。

大模型如"雨后春笋"般涌现，据统计，2023年1—7月，共有64个大模型发布（见图2-4），国内大模型呈现爆发式增长态势。根据赛迪顾问发布的《2023大模型现状调查报告》，截至2023年7月底，中国累计已有130个大模型问世，"百模大战"局面已然形成。进入2024年以来，国产大模型进入发展加速期，大模型数量迅速增加，应用场景不断拓展，产业落地和商业化探索成为新的竞争焦点。

数据来源：赛迪顾问，2023.07

图2-4　2023年1—7月大模型发布数量

2. 我国对大模型发展的政策支持

我国高度重视人工智能技术的发展，并出台了一系列政策以支持 AI 研究和应用。

大模型的快速发展离不开政策支持。我国在 2024 年初发布的《政府工作报告》提出，要深化大数据、人工智能等研发应用，开展"人工智能+"行动，打造具有国际竞争力的数字产业集群。在此背景下，各地积极布局人工智能产业，抢抓发展先机。

北京印发了《北京市推动"人工智能+"行动计划（2024—2025 年）》，明确到 2025 年底，形成 3~5 个先进可用、自主可控的基础大模型产品，100 个优秀的行业大模型产品和 1000 个行业成功案例，并围绕机器人、教育、医疗等五个领域组织实施一批综合型、标杆性重大应用工程。

上海发布了《上海市促进工业服务业赋能产业升级行动方案（2024—2027 年）》，聚焦人工智能在生产制造、研发设计中的落地应用，推动工业大模型发展，促进制造业全流程智能化。

2024 年 12 月 18 日，深圳发布了《深圳市打造人工智能先锋城市的若干措施》，明确提出将发放最高 5 亿元的"训力券"，降低人工智能模型研发和训练成本，支持企业和科研机构的开发。

杭州印发了《支持人工智能全产业链高质量发展的若干措施》，从算力设施建设、模型开放生态、赋能实体经济、全产业链发展、人才队伍支撑五个方面提出 14 项具体举措。

在企业端，各行各业都在积极拥抱生成式人工智能带来的智能化升级浪潮。在交通、能源、制造、化工等多个领域，高科技企业与传统行业积极合作，投入大量资源，共同研发各行业专用的生成式人工智能大模型，探索如何利用这项新兴技术赋能实体经济的创新发展。

2.3 大模型核心技术

在大模型领域，ChatGPT 无疑是 2023 年的标志性词汇，它象征着变革浪潮的起点。GPT-4 更是晋升为行业的关键标准，被全球业界奉为能力标杆和发展目标。其核心技术包括以下五项：

1）Transformer 架构巧妙融合了注意力机制，催生出众多性能卓越的模型。
2）通过对模型进行精细微调，优化其性能，使其在各类具体任务中展现出卓越表现。
3）结合基于人工反馈的强化学习，优化模型生成的内容，使其更契合人类偏好。
4）对大模型进行有效压缩，降低应用部署的门槛。
5）引入安全与隐私保护技术，确保生成结果的可靠性和有效性。

大模型技术正引领一场真正意义上的人工智能革命，预示着一系列重大成就与突破的诞生。

2.3.1 Transformer 架构

在 Transformer 问世之前，大多数深度学习模型主要基于循环神经网络（RNN，主要用于序列数据处理）和卷积神经网络（CNN，主要用于图像处理）。特别是 RNN 在处理语音、时间等序列信息方面的特性，使其在自然语言处理领域得到广泛应用。然而，这些网络机制存在两个主要缺点：

1）长距离信息会被弱化，即距离越远，模型对信息获取的难度越大。

2）串行处理机制导致计算效率低下，因为依赖于前层网络的计算和输出结果，难以进行并行化运算。

2017年，谷歌公司提出了基于自注意力机制的Transformer模型，标志着大模型时代的开始。

注意力机制概念的提出最早是受到人类视觉的启发——主要在于捕捉重点区域的信息。具体而言，人在观察物体时，通常会先进行快速的整体扫描，随后将注意力集中在重点区域，投入更多关注，同时忽略其他信息。这种机制最初在计算机视觉领域得到应用，用于捕捉图像中的特征，后来在自然语言处理领域也广泛应用并取得显著成效。

与CNN和RNN相比，注意力机制有效缓解了长距离信息依赖问题。其核心原理是在计算过程中考虑单词之间的全连接关系，通过数值表示词与词之间的相关性。例如，数值越大，表示两个词的相似度越高。在文本处理场景中，网络结点的计算会考虑所有输入词的信息；由于模型中各结点间存在全连接关系，任意两个词之间的相互作用不受距离限制，从而能够有效捕捉长距离信息。即使在处理长文本或语句时，模型也能保持对重点信息的关注。此外，注意力模型支持并行计算，各计算步骤不依赖于前一步骤的结果，因此能高效处理序列数据，尤其在GPU架构上表现尤为出色，大幅度提升了模型的运行效率。

注意力机制包括自注意力（Self-attention）机制和交叉注意力（Cross-attention）机制等。自注意力机制是Transformer架构的核心，它在同一句子内部不同词之间实现注意力机制的计算，使模型能更好地理解和处理长距离信息的依赖关系。

将多个自注意力机制组合便形成了多头注意力（Multi-head Attention）机制。在这种机制中，注意力层被分割为多个部分，独立学习输入数据的不同部分。这种设计使模型能同时关注序列中的多个位置，捕捉更丰富的信息。例如，在文本翻译中，指示代词"它"的具体含义通常由句子本身的含义确定，通过多头注意力机制扩展模型的关注能力，可以更好地理解不同句子中"它"的具体含义。

从Transformer的结构来看，主体分为编码器和解码器两部分，注意力机制与神经网络层叠加使用。该结构模拟大脑理解自然语言的过程。编码过程是将语言转化为大脑所能理解的形式，即将自然语言序列映射为某种数学表达；解码过程则是将大脑中的内容表达出来，将数学表达重新映射为自然语言序列。

编码器的核心是多头注意力机制，它关注输入序列中不同位置的相关程度，并通过连接前馈神经网络，帮助模型更好地挖掘相关特征，拟合训练数据。解码器在结构上与编码器相似，最大的不同是采用了带遮盖的自注意力（Masked Self-attention）机制，这在预测信息时非常重要。在训练模型预测能力时，遮盖未来信息，仅依赖先前的输出，而看不到未来的输出。

随着Transformer结构在多种任务中的成功应用，研究人员开始探索其各种变体。这些探索主要集中在单独使用编码器或解码器部分，以适应不同类型的任务。其中，最著名的两个模型是OpenAI的GPT和谷歌的BERT，两者均基于Transformer架构，GPT模型仅采用了解码器部分，而BERT模型仅采用了编码器部分。国内智谱AI的ChatGLM大模型、百度的文心大模型、科大讯飞的星火认知大模型等也是基于Transformer架构构建而成。Transformer架构已成为当下人工智能技术领域的主流架构。

2.3.2 模型微调

在AI领域，特别是在自然语言处理和计算机视觉方面，基于Transformer架构并通过大规模数据集训练出的模型被称作"预训练模型"。这类模型具备一定的通用性和泛化能力，但在完成具体任务时能力有限。为克服这一局限，可以采用微调技术。该技术通过在较小的目标数据集上训练或调整模型参数，使模型更精准地适应特定任务，从而提升其在该任务上的性能。微调技术在机器翻译、语音识别、推荐系统等多个领域均得到广泛应用。例如，在自然语言处理任务中，借助微调，模型能更高效地理解和处理中文等非英文文本，包括掌握语言习惯和句法结构等。

1. 模型微调的意义

通常而言，微调对大模型性能优化与应用具有两方面重要意义。

1）进一步强化模型能力。已训练出的模型在性能上通常远超从零开始搭建的模型。以谷歌推出的 BERT 大语言模型为例，其在自然语言处理领域已展现出卓越性能。可以利用微调技术，在 BERT 模型基础上进行优化，使其适应特定目标任务（如新闻舆情抽取等），从而避免重复开发基础模型。

2）适配小数据集任务。在目标任务数据集较小的情况下，从头训练一个拥有数千万参数的大模型并不现实，因为大模型对数据的需求量巨大。通过冻结基础模型的初始层数，并利用小数据集训练其余部分参数，这种方法不仅能利用大模型提取浅层基础特征的能力，还能优化其处理深层抽象特征的能力。

在微调过程中，模型权重的调整是一项精细且谨慎的工作。通常，需根据目标任务和数据集的具体情况，逐步优化模型权重。这不仅需关注模型在特定任务上的表现，还需保持一定程度的泛化能力。如此操作可避免破坏预训练模型学到的有价值模式和特征，以更好地适应现有任务特性。

目前，大模型微调技术主要包括全参数调整和局部参数调整两种策略。全参数调整涉及对模型所有层参数的全面调整，这种策略在目标任务与预训练任务差异显著或数据量充裕的场景中更为适用。局部参数调整则通常仅调整模型的部分层，这种策略在目标任务与预训练任务较为接近或数据量有限的场景中更为适用。

局部参数调整的优势在于减少了对整体预训练知识的干扰，并降低了对计算资源的需求。以 ChatGPT 为例，预训练大模型的参数规模不断增大，导致在消费级硬件上进行全面微调变得不切实际。此外，全量微调还可能导致模型多样性损失和灾难性遗忘问题，因此通常需要采用高效的微调技术来优化模型性能。

在局部参数调整技术方面，LoRA 通过极少的参数量实现大模型的间接训练，取得了显著效果。LoRA 适用于各类大型预训练模型，尤其适用于需要快速适应新任务的场景。例如，在 GPT 系列模型上，采用 LoRA 技术后，GPT 系列模型能更高效地适应不同的下游任务。

2. 模型微调面临的挑战

随着大模型技术的不断进步，模型微调在实践中仍面临诸多挑战，包括微调能力、数据问题和安全风险等方面。

1）预训练模型架构的复杂性导致微调难度增加。大规模预训练模型通常具有复杂的架构，并包含数亿个参数。在微调过程中，必须深入理解模型的结构和特性，以便有效调整模型参数，以适应特定任务。例如，GPT-3 模型拥有海量参数，针对此模型进行微调时，需要深入掌握模型的细节，并设计合理的训练策略。若微调操作不当，可能会导致模型性能下降或产生过拟合现象。

2）缺乏高质量数据集是模型微调的另一大难题。数据的质量和多样性对微调效果至关重要。在实际应用中，获取足够的高质量标签数据通常极具挑战性，尤其是在特定领域或任务中。例如，在医疗领域，使用大模型进行疾病诊断时，需要大量的医学图像及其对应的标签数据。然而，由于隐私和伦理问题的限制，获取这些数据可能非常困难。

3）模型微调还面临潜在的安全风险。经过微调的模型可能更容易遭受对抗性攻击，恶意行为者通过操纵输入数据，使模型产生错误的输出。例如，在金融行业，当微调大模型用于风险评估或欺诈检测时，必须考虑到金融数据的特殊性和敏感性。因此，针对金融领域的特性，设计专门的微调策略和评估方法显得尤为重要。

2.3.3 基于人类反馈的强化学习

基于人类反馈的强化学习（Reinforcement Learning from Human Feedback，RLHF）的训练目标是生成更符合人类偏好的结果。ChatGPT 的核心技术之一正是基于人类反馈的强化学习。相较于 GPT-3，这一训练策略的调整在改善模型性能、提升数据处理效率等多个方面产生了显著影响。

关于强化学习，其经典应用案例是人工智能围棋机器人 AlphaGo 战胜当时世界排名第一的围棋选手李世石。AlphaGo 的原理在于让模型不断与环境进行交互和反馈，通过奖励或惩罚机制，使模型持续调整行动策略，最终找到最优策略，实现最大化奖励的目标。

RLHF 技术在模型训练过程中融入了人类的评价和指导，从而使模型能更好地理解人类意图，并生成更符合人类偏好的结果。具体措施包括：结合人工反馈数据，帮助大模型更精准地理解和生成自然语言，提升其执行特定任务的能力；缓解语言模型中的偏差问题，允许人类纠正并引导模型朝更公平、包容的方向发展；帮助模型更准确地理解和处理复杂的数据模式，尤其是在需要专业知识的领域（如医疗诊断、法律分析等）。

RLHF 技术的基本思想是利用预先训练好的语言模型，收集人类对其输出结果的排序或评价，将这些反馈作为强化学习的信号，引导模型优化其输出。

下面以 ChatGPT 训练过程为例，介绍 RLHF 技术包含的三个主要步骤。

1）预训练语言模型。首先对模型进行初步的监督微调，使其具备基本的对话或生成能力。基于 GPT-3.5，采用有监督学习方式，微调后形成一个初始模型。训练数据部分源自 OpenAI 公司采集的用户对话数据，部分由标注师人工生成的多轮对话数据组成。

2）训练奖励模型。在 RLHF 的训练过程中，首先收集人类对模型输出的评价或排序数据。模型训练时，接收一系列文本数据，并返回一个奖励结果，该结果数值反映了人类的偏好。

3）利用强化学习算法对模型进行调整，使其输出更加符合人类期望的结果。在这一阶段，ChatGPT 开始应用海量的无标签数据，这些数据来源于抓取的网页、论坛和百科等。海量数据被输入到预训练模型，通过第二步训练得到的奖励模型对输出内容进行评分，结合近端策略优化算法，鼓励模型输出更高质量的内容，从而实现对语言模型的训练。通过引入强化学习算法，对收集到的用户与机器人的对话反馈数据进行进一步训练，使模型更好地理解用户意图，提供更为准确和有用的回答，从而提升用户体验。

2.3.4 模型压缩技术

近年来，如 ChatGPT、LLaMA 等大模型在人工智能领域取得了显著进展，并迅速引起了广泛关注。然而，这些大模型通常包含数十亿、数百亿乃至数千亿的参数，因而需要庞大的计算资源和存储空间，这在很大程度上限制了它们的应用范围。为了应对这一挑战，业内开始探索在不显著影响模型性能的前提下对大模型进行压缩，以减少其占用的空间并满足计算需求。现行的模型压缩技术主要包括权重剪枝、模型量化和知识蒸馏等方法。

（1）权重剪枝

在训练过程中，权重剪枝方法通过评估参数的重要性，删除那些对模型性能影响较小的参数。这样可以在保持模型性能的同时，大幅度缩小模型规模，使整体架构更加精简。例如，在 ResNet 大模型中，采用权重剪枝技术，删除了模型中冗余的连接和神经元，从而有效缩小了模型规模。

（2）模型量化

在深度学习中，模型参数通常以浮点数（float32）形式存储。模型量化技术可以将浮点数（float32）转换为整数（int8）甚至更低精度的数字格式，显著缩小模型规模。然而，模型量化会导致一定的信息损失，可能影响模型精度。通常，模型量化技术会与权重剪枝技术结合使用。例如，在 ChatGPT 大模型中，结合模型量化和权重剪枝技术，删除了不重要的参数，并将参数转换为整数表示，从而大幅度减少了模型的存储空间。

（3）知识蒸馏

在知识蒸馏过程中，利用大模型（即老师模型）生成软标签（即概率分布），随后训练一个小模型（即学生模型）来拟合这些软标签。这样可以将大模型的复杂知识转化为小模型的简化表示，实现模型压缩。例如，在 BERT 模型中，通过知识蒸馏技术，训练了一个较小的学生模型。该模型通过模仿 BERT 模型的预测来学习，从而实现了模型的压缩。

随着技术的不断进步，越来越多的压缩技术（如低秩分解和神经网络剪枝等）被研发并应用于各类大模型。这些技术在自然语言处理、推荐系统、智能监控、医疗影像诊断等多个应用场景中发挥着重要作用。通过采用大模型压缩技术，可以显著缩小模型的存储空间，加快推理过程，并降低模型在边缘设备或其他低功耗环境中的部署门槛，从而有效扩大 AI 技术的应用范围。

然而，大模型压缩技术目前仍面临诸多挑战。这些挑战不仅涉及技术层面，还涵盖实际应用和性能权衡等多个方面，具体如下：

1）模型精度与性能提升的平衡。在压缩大模型的过程中，如何保持模型的精度和性能是一个核心难题。压缩技术可能导致模型信息损失，进而影响其预测或生成结果的准确性。例如，自动驾驶系统依赖大模型进行环境感知和决策，压缩这些模型时，必须确保精确度的损失不会影响车辆的安全性能。研究者尝试采用启发式算法或筛选规则来确定可剪枝的参数，并在模型量化过程中引入更多信息，以提升量化后的模型性能。

2）进一步优化计算资源。尽管压缩技术能够缩小模型存储空间并降低计算复杂度，但在实际应用中，如何进一步优化计算资源仍是一个挑战。特别是在资源受限的环境中，例如智能手机设备的计算资源有限，通过剪枝和动态网络等技术组合优化，可以缩小模型规模、降低计算复杂度，并在保证性能的前提下减少模型的计算成本。

3）开发通用压缩框架。不同模型和应用场景对压缩技术的需求各异，因此开发一种具有通用性的压缩框架成为一项重要挑战。这需要对不同模型结构、任务需求有深入的理解，并设计出能够灵活应对各种情况的压缩策略。例如，智能音箱通常需要处理多种语言和场景的任务，开发一款适用于不同模型结构和任务需求的通用压缩框架尤为重要，以确保对不同语言的识别精度。

2.3.5 安全与隐私保护技术

在大数据和 AI 技术迅猛发展的背景下，大模型的安全与隐私保护技术显得尤为重要。这些技术旨在确保模型的输出既安全又实用，同时避免侵犯隐私、传播偏见或被恶意利用，是大模型可靠、有效运行的基石。

1. 技术内容

技术内容包括与人类对齐、有害内容屏蔽和过滤、数据脱敏和匿名化、责任和透明度机制等，旨在缓解模型中潜在的安全风险和隐私问题。

1）与人类对齐：确保大模型的行为、决策和输出与人类的价值观、道德准则保持一致。通过在大模型架构和算法中融入人类价值观和伦理原则，利用约束条件引导模型行为，并通过人类用户的反馈和评估不断调整和优化模型，使其更好地符合人类期望。大模型开发人员通过与社会科学、伦理学等领域的专家合作交流，深入理解并纳入多元化和包容性的价值观，确保训练数据反映人类社会的多样性和包容性，避免偏见和歧视。例如，OpenAI 的 GPT 系列模型，特别是 GPT-3 及其后续版本，在训练过程中采用 RLHF 技术，通过收集人类用户反馈来优化输出，以便更好地理解人类语言，生成更符合人类期望的内容。

2）有害内容屏蔽和过滤：识别并过滤不合规、不良、不真实、不友好的内容。基于深度学习和自然语言处理技术（包括关键词匹配、语义分析、情感分析、图像识别等），通过训练模型识别并过滤有害内容。这些技术可识别和过滤文本、图像、音频、视频等多种形式的内容，并根据预设规则和标准进行过滤。它们能自动检测并过滤模型生成的有害内容，如仇恨言论、误导性信息或不当言辞。像谷歌、微软、Facebook 等公司，在其大模型产品中均应用了有害内容屏蔽和过滤技术，使其在生成关于政治或宗教话题的回答前，自动评估潜在影响，避免生成可能导致社会冲突或误解的语句，为用户提供更安全、健康的使用环境。

3）数据脱敏和匿名化：旨在确保数据的可用性和安全性，同时降低个人隐私泄露风险。数据脱敏方法包括替换、过滤、加密、遮蔽、删除敏感字段等，旨在保持数据分析结果准确的同时，降低数据敏感性及个人隐私泄露风险。例如，将数据中的真实姓名替换为随机生成的名字，可在不影响模型学习语言模式的前提下保护个人隐私。数据匿名化方法包括数据泛化、交换、干扰和假名化等，将敏感的用户隐私信息转换为无法与特定人员关联的匿名数据，是一种更彻底的隐私保护方法。例如：谷歌在训练大模型时对搜索查询的用户进行匿名化处理，以保护用户隐私；腾讯在其大模型服务中，尤其在云服务和数据分析解决方案中，采用数据脱敏和匿名化技术，以符合数据保护法规并保护用户隐私。

4）责任和透明度机制：这是确保大模型可靠性和公正性的关键。该机制通过公开模型的架构、参数和训练过程，并提供模型决策的可视化工具，记录和审计模型的决策过程，确保模型行为的可解释性。常用技术包括特征重要性分析和局部线性近似，分别通过分析每个特征对模型输出的影响程度，以及在某个输入点附近进行线性近似，来解释模型的决策。这些技术确保大模型不仅在技术上实现目标，还能在道德和社会责任上符合人们的期望。例如，谷歌在 GPT 系列中提供了模型决策的可视化工具，公开了模型的部分结构和参数，使用户在模型提出建议或结论时能看到支持该建议的证据或逻辑路径，从而更好地理解和评估模型的输出。

2. 存在的不足

当前，大模型在安全技术方面着重强调了与人类对齐和隐私增强等工作，然而，随着大模型的广泛应用，其安全风险的影响范围也在逐步扩大。这些风险主要涉及算法和数据问题，导致输出内容可能包含敏感话题等。从实践应用的角度来看，大模型的安全技术仍存在一些不足，具体如下。

1）与人类对齐技术的不足。以 RLHF 为例，首先存在所谓的"对齐税"，即模型为额外记忆人类偏好，可能会遗忘之前学到的知识。其次，奖励坍塌问题突出，即 RLHF 应用的奖励机制存在质疑：是否有一个统一且泛化的奖励模型来衡量模型性能的好坏。再次，单一指标成为唯一衡量标准，易导致测度结果的片面性，可能出现过度优化的问题。

2）隐私增强技术的局限性。目前，业内有四大类十余种隐私增强技术，包括数据混淆、数据加密处理、联网和分布式分析、数据责任化。数据混淆存在信息泄露、放大偏差和缺乏用例的问题；数据加密处理则面临数据清理不足、信息泄露和高计算成本的挑战；联网和分布式分析需依赖稳定的网络连接，且存在信息泄露风险；数据责任化则受限于用例狭窄、配置复杂和技术合规性问题。

3）数据预处理技术的不足。当前的数据预处理，无论是数据清洗、数据集成、数据变换，还是数据归约和特征选择，均需耗费大量时间和精力。另外，数据清洗可能丢失有用信息，数据集成可能导致数据冲突，数据变换可能引入偏见和信息丢失问题，而不当的方法选择则可能影响数据归约和特征选择的输出结果。

4）大模型安全测评技术的不足。目前，大模型安全测评技术涵盖风险评测、智能体评测和静态评测等。风险评测难以全面评估大模型在特定场景下的风险，且不易深入挖掘风险的内在原因。智能体评测缺乏专门的环境来评估智能体的潜在风险。静态评测的测试样本长时间不变，导致数据过时。

2.4 大模型的三要素

大模型是算力、算法、数据三者相结合的产物，这三要素构成了大模型的核心基础。算力作为大模型的基础设施，其规模直接决定了大模型在数据处理能力上的强弱。算法是大模型解决问题的核心机制，不同的算法提供了多样化的解题路径。数据是大模型进行算法训练的基石，只有在海量数据的支持下，大模型的算法才能不断优化和提升。

2.4.1 算力

1. 算力的核心作用和面临的挑战

大模型的计算过程极为复杂，需依赖大量算力支撑。算力主要由高性能计算设备（如 GPU、TPU）及分布式计算架构提供。例如，在深度学习中，模型训练需进行大量矩阵运算，GPU 凭借其高效的并行计算能力，显著缩短了训练时间。TPU 专为人工智能计算设计，处理深度学习任务时展现出更高效率和性能。例如，谷歌的 TPU 在其大模型训练和运行中发挥了关键作用。

大模型的预训练、微调及日常运营均离不开算力支持。高性能计算是大模型高效输出的核心动力，尤其在训练和推理两个阶段表现突出。

在训练阶段，高性能计算大幅度提升模型训练速度。大模型训练需处理海量数据和参数，高性能计算通过并行和分布式计算加速这一过程。若无高性能计算支持，训练将极为缓慢，甚至难以完成。

在推理阶段，高性能计算提升大模型的响应速度和并发处理能力。大模型需处理输入文本，高性能计算提供更快的计算速度，增强并发处理能力。若无高性能计算支持，大模型的响应速度将下降，并发处理能力受限。

大模型的出现将人工智能推向新高度，众多企业纷纷布局大模型领域，随之而来的是算力需求的激增。庞大的算力需求需依赖成熟、稳定的高性能计算解决方案。

随着大模型不断发展，算力需求持续增长。近年来，大模型参数量几乎每年提升一个数量级，如 GPT-4 参数量是 GPT-3 的 16 倍，达 1.8 万亿个；多模态数据的引入更使数据量飞速膨胀。这意味着掌握大模型需具备强大算力。

芯片是决定算力的关键，当前数据训练需高性能芯片完成模型神经网络的构建。OpenAI 测算显示，自 2012 年起，全球 AI 训练计算量平均每 3.43 个月翻倍，远超摩尔定律。未来若算力不足，将限制大模型进一步发展，包括规模扩大和性能提升。此外，算力基础设施投入成本高昂，建立支持大规模大模型训练的计算集群需购置大量高性能设备，并构建相应的冷却、供电等基础设施，需巨额投资。

2. 腾讯云的高性能计算集群

2023 年 4 月，腾讯云发布新一代高性能计算集群。通过对处理器、网络架构、存储性能等方面的优化，腾讯云成功解决了大集群场景下的算力损耗问题，能够为大模型提供高效能的智能算力支撑。

该集群采用腾讯云自主研发的服务器，搭载高性能处理器 H800 GPU。服务器配备 3.2TB 超大互联带宽。在"混元"大模型的训练过程中，基于上一代高性能计算集群，数据训练时间为 11 天。而在新一代高性能计算集群的支持下，同等数据集的训练时间缩短至 4 天。

在网络层面，计算结点间需实现海量数据交互，通信性能对大模型训练效率具有显著影响。腾讯云自主研发的星脉网络，具备 3.2TB 超大通信带宽，突破了业界此前的通信带宽上限。测试结果表明，相较于前代网络，星脉网络可使集群整体算力提升 20%，确保超大算力集群维持卓越的吞吐性能。

在存储层面，大量计算结点同时读取数据集时，需尽量缩短加载时长。腾讯云自主研发的文件存储和对象存储架构拥有 TB（Terabyte，太字节）级吞吐能力和千万级 IOPS（Input/Output Operations Per Second，每秒的读写次数），能够满足大模型训练的大数据存储需求。

在底层架构层面，新一代高性能计算集群集成了 TACO Train 训练加速引擎，能够优化通信策略和模型编译，大幅度降低算力成本。

2.4.2 算法

算法是大模型的核心，它决定了模型的学习能力和泛化能力。不同的算法提供了不同的解决问题路径，模型如何从数据中学习知识、如何进行推理和预测等，均由算法决定。例如：卷积神经网络在图像识别方面展现出强大的学习能力，能够自动提取图像特征；循环神经网络及其变体（如 LSTM、GRU）在处理序列数据（如自然语言处理中的文本序列）方面具有独特优势，能够捕捉序列中的长期依赖关系。优秀的算法可以使模型在训练数据上学习到有效模式，并将其应用于未见过的数据，即具备良好的泛化能力。例如，Transformer 架构算法的引入显著提升了自然语言处理任务的效果，它能够处理长序列数据，并在多种自然语言处理任务（如机器翻译、文本分类、文本生成等）上表现出色。

从发展历程来看，算法模型经历了以下三个发展阶段。

（1）小模型

小模型基于特定领域的数据进行训练，能够完成特定领域的任务。然而，由于数据来源有限，小模型难以提升任务完成的精准度。同时，受限于算力不足，小模型在其他领域进行数据训练的成本较高，导致其通用能力较差。

（2）大模型

Transformer 模型的出现大幅度提升了算法在识别和处理文字、图像等内容的能力，但也使得模型体积增大。只有具备强大算力支撑的企业才能训练 Transformer 模型。ChatGPT 的成功展示了 Transformer 模型的魅力，也揭示了其巨大的潜力。例如：特斯拉在自动驾驶视觉模型中引入 Transformer 模型，旨在融合不同摄像头模组间的信息；英伟达研发了用于 Transformer 模型的计算引擎，大幅度提升了 AI 算力。

（3）模型开放与迭代

ChatGPT 在算法方面更为先进，基于 Transformer 模型进行训练，拥有独特的训练逻辑，如 RLHF、RM（奖励模型）等。而基于 RLHF 技术，用户可以向 ChatGPT 提供更详细的反馈信息。例如，直接表明对策略的评价，并提出具体的改进方法，从而提高 ChatGPT 的学习速度和理解任务的准确性。RM 用于计算行为奖励值，基于 RM，ChatGPT 能够从不同行为中获得不同的奖励值，并据此不断优化决策，以获得更高的奖励值。

基于以上训练逻辑，ChatGPT 改变了以往仅依靠堆积数据量以提升训练效果的方式，为 AI 算法的发展勾勒出更加清晰的路径。未来，AI 算法的发展将进一步加速，模型开放和快速迭代将成为 AI 算法模型的发展趋势。

2.4.3 数据

数据主要应用于预训练和模型微调阶段。在模型预训练阶段，需要大规模、类别丰富且高质量的数据；而在模型微调阶段，则需要聚焦垂直领域、更加专业的高质量数据。

1. 数据是模型的原始材料和基础

数据为大模型提供了学习和训练的素材。大模型通过对大量数据的学习，识别其中的模式、规律和特征，从而能够处理各种任务。例如，在自然语言处理的大模型中，需要大量的文本数据，如新闻文章、学术论文、小说等。这些文本数据蕴含丰富的语言知识，如语法、词汇、语义等。大模型通过学习这些文本数据，能够生成自然流畅的语言，回答各种问题。在图像识别的大模型中，则需要大量的图像数据，如风景图片、人物照片、物体图片等。大模型通过学习这些图像数据，能够识别图像中的物体、场景、人物等内容。

2. 数据的规模、多样性和质量影响模型性能

（1）数据的规模

大模型通常需要海量数据来进行训练。大规模数据有助于模型学习到更广泛的模式和特征。一般来说，数据量越大，模型学习到的模式和规律就越准确，泛化能力也越强。例如，OpenAI 为了让 GPT-3.5 能够像人类那样流畅交谈，提供了多达 45TB 的文本语料，这使得 GPT-3.5 在语言处理任务上表现出色。如果数据量过少，模型可能只能学习到非常有限的模式，在处理未见过的情况时表现不佳。

（2）数据的多样性

1）多领域数据：数据涵盖多个不同领域至关重要。以医疗领域为例，大模型的数据不仅要有医学研究论文、病例数据，还可能需要包含药品信息、医疗器械等相关数据。不同领域的数据能让模型从多个角度理解事物的特征和关系。例如，在训练一个通用的人工智能大模型时，除了科学技术领域的数据，还需要社会科学、文化艺术等领域的数据，这样模型才能对各种不同类型的知识和现象有全面的理解。

2）多类型数据：包括结构化数据（如表格数据）和非结构化数据（如文本、图像、音频等）。对于图像识别大模型，需要收集大量图像数据，同时可能还会结合一些相关的文本描述数据（如图片的标签、说明等）。非结构化数据能提供丰富的信息，但处理起来相对复杂。而结构化数据可以为模型提供精确、有规律的信息，两者结合能提高模型的准确性。

（3）数据的质量

1）准确性：数据的准确性直接影响模型的学习结果。如果训练数据中存在错误信息，模型可能会学习到错误的模式。例如，在训练一个金融预测大模型时，如果提供的数据存在错误，模型基于这些错误数据进行学习后，在实际金融预测中就可能得出错误的结论。

2）完整性：数据应尽可能完整，避免缺失重要信息。以训练一个气候预测大模型为例，如果部分地区的气候数据缺失，模型在学习全球气候模式时就可能出现偏差，从而影响其对气候变化趋势预测的准确性。

2.5 大模型的发展方向

当前，由 ChatGPT 引发的大模型研究热潮正从语言模型领域扩展至能够感知环境、自主决策的通用人工智能方向。以下介绍大模型的几大主要发展方向。

2.5.1 多模态大模型的跨越式突破

多年前，"多模态"就已作为人工智能未来的重要发展方向，成为该领域研究的焦点。所谓多模态，顾名思义，即多种模态的融合。具体而言，"模态"是由德国物理学家赫尔姆霍茨提出

的一种生物学概念，指的是生物通过感知器官和经验来接收信息的通道，如人类的视觉、听觉、触觉、味觉和嗅觉等。从人工智能和计算机视觉的角度来看，模态即感官数据，涵盖图像、文本、视频、音频等常见数据类型，还包括通过无线电、传感器等获取的数据。

对于人类而言，多模态意味着多种感官的融合；而对于人工智能，多模态则是指多种数据类型与多种智能处理算法的结合。每种模态都有其独特优势，而将这些数据有效融合，不仅能实现比单一模态更优的效果，还能完成单一模态无法达成的任务。相较于单模态、单任务技术，多模态技术能够实现模型间、模型与人类、模型与环境的多重交互。当前备受瞩目的AIGC通过文本生成图像甚至视频，便是多模态人工智能的典型应用。此外，输出多模态信息的生成任务，如根据文字描述自动生成图文视频并茂的展示文稿，跨模态理解任务，如为视频自动配以语义字幕，跨模态逻辑推理任务，如根据几何图形输入给出相关定理的文字证明，均属多模态人工智能的应用范畴。

目前，我们最为熟悉的多模态技术仍是文生图或文生视频，但这已充分展示了人工智能在整合和理解不同感知模态数据方面的巨大潜力。例如：在医疗领域，通过结合图像、录音和病历文本，可提供更精准的诊断和治疗方案；在教育领域，将文本、声音、视频融合，可呈现更具互动性的教育内容。

随着技术进步，人工智能预计将增强多模态能力，特别是在机器人和自动驾驶领域。机器人能利用多模态系统快速准确地重建环境，而自动驾驶汽车通过整合多模态数据能实时感知交通状况并做出决策。多模态人工智能能处理多种信息类型，更符合人类的信息处理方式，提供灵活的交互和广泛的任务执行能力，成为智能助手。如多模态大模型 Gemini 和 Sora，能处理大量数据并推动技术发展。多模态人工智能在多个领域提供智能服务，基于大模型的知识迁移和共享能力，将推动应用创新，引领人类进入通用人工智能时代。

2.5.2　AI 智能体

智能体作为大模型应用发展的重要方向，旨在实现自主规划任务、开发代码、调用工具以及优化路径等功能。AI智能体是由大模型驱动的智能程序，能够独立进行决策，自动调用工具以完成给定任务，从而降低了大模型的使用门槛。用户无需掌握特定的提示词设计方法，只需直接下达指令，AI智能体便能自行规划解决方案并完成任务。

AI智能体的核心架构如图2-5所示，图中展示了其应具备的三大关键能力：首先，AI智能体需具备规划与决策能力，能够将一项复杂任务分解为多个子目标及多项小任务；其次，AI智能体需具备记忆能力，能够保存任务和对话中的上下文信息，确保信息的连贯性和准确性；最后，AI智能体需具备工具使用能力，能够借助各类工具扩展自身功能，以适应更广泛的场景应用。

目前，大量自主人工智能产品已纷纷面世，例如哥伦比亚大学推出的面向科学研究的GPT Researcher，以及具备联网搜索功能的AutoGPT等。这类产品通常以大模型为核心，依托模型进行思考规划并获取信息。以AutoGPT为例，当接收到用户输入的信息时，它会自动将用户需求分解为多个子任务，逐一完成并输出结果。在这种处理方式下，用户无须输入更多、更复杂的提示词，而是依靠大模型的"主观能动性"来解决问题，从而有效降低大模型产品的使用门槛。此外，AutoGPT的联网搜索功能也能有效弥补大模型知识滞后的问题。AI智能体通过互联网实时获取最新信息，为用户提供更加准确和全面的信息服务。

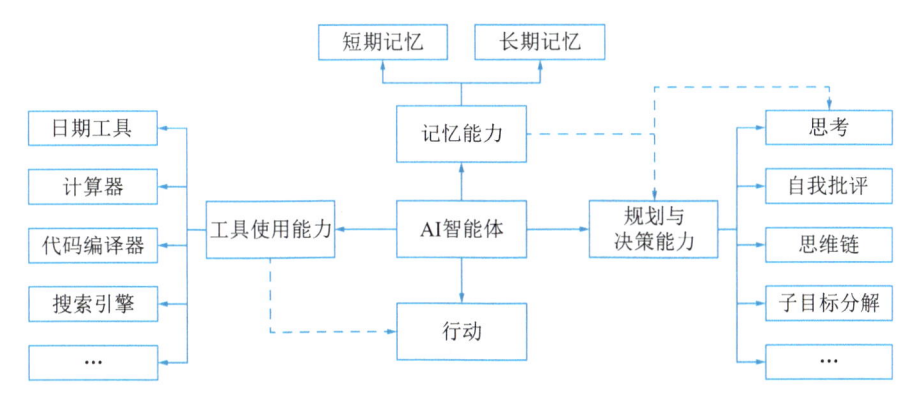

图 2-5　智能体的核心架构

2.5.3　具身智能

具身智能的概念最早由图灵于 1950 年提出。他认为，像人类一样能够与环境交互感知、具备自主决策和行动能力的机器人是人工智能的终极形态。

MBA 智库百科对具身智能的定义是，创建软硬件结合的智能体（可以简单理解为各种不同形态的机器人），使它们能在真实的物理环境下执行多样化任务，以推动人工智能的进化。

具身智能与 GPT-4 的不同之处在于，GPT-4 主要处理数字世界的信息，通过输入图像或文本等，经过处理后生成图片、文字、音频、视频等输出，与外部进行交互和联系，但不直接对周围的客观物理环境产生影响。而具身智能既要处理数字世界的信息，也要处理与物理世界的交互，通过自身传感器搜集环境信息，将外部输入的物理信号转换为数字信号进行处理，并将数字计算后的输出转化为机械行动。GPT-4 等模型属于被动学习，即机器学习的内容取决于我们提供的数据（如人类标签或生成的数据）。而具身智能则是一种全新的自主学习模式，能够自我感知和理解物理世界，具备类似于人类的感知和理解能力。从这个角度看，具身智能对 AI 未来发展的价值远大于传统的人形机器人。

作为大模型技术发展的一个热门方向，具身智能正逐渐从理论走向实践，从实验室转移到现实世界。该领域的核心在于将智能系统与物理实体结合，通过感知、认知和交互来理解并影响周围环境，如机器人或其他自动化系统。具身智能的发展使大模型技术不再局限于虚拟世界，而是能够与真实世界的物理环境和物体直接交互。依托大模型强大的数据处理和分析能力，具身智能将引领一个更加智能化、互动化的未来。

目前，具身智能已成为各国的研究重点。它能够将人工智能所能执行的任务扩展到更多领域，例如使机器人智能地执行无人驾驶、家政服务等任务（理想状态下，机器人通过观看人类扫地、擦地的视频即可学会做家务）。

由于具身智能涉及多种跨模态/多模态任务，许多研究人员正尝试将大模型作为机器人的"大脑"，以完成更多任务。智元机器人（AgiBot）于 2025 年 3 月发布了智元启元大模型（Genie Operator-1，GO-1）。GO-1 是全球首个面向具身智能的通用基座大模型，它借助人类和多种机器人数据，让机器人获得了革命性的学习能力，可泛化应用到各类的环境和物品中，快速适应新任务，学习新技能。同时，它还支持部署到不同的机器人本体，高效地完成落地，并在实际的使用中不断地快速进化。

在另一项研究中，微软公司的研究团队也在探索如何将 ChatGPT 与机器人融合，通过

ChatGPT 指导机器人完成复杂操作。斯坦福大学的李飞飞团队发布的 VoxPoser 系统将大模型接入机器人（图 2-6），并将人类指令转化为对机器人具体的行动规划，展现出优异的零样本学习能力，能够实现生活场景中的避障操作。

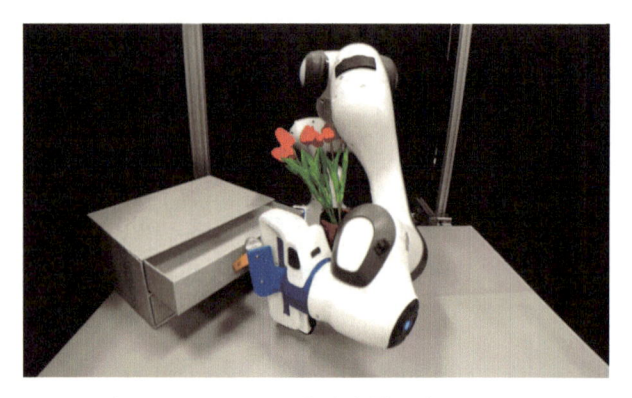

图 2-6　VoxPoser 系统将大模型接入机器人

2023 年 10 月，谷歌公司发布了通用大模型 RT-X，并开放了训练数据集 Open X-Embodiment（已在 GitHub 网站上开源）。RT-X 模型由控制模型 RT-1-X 和视觉模型 RT-2-X 组成。该模型在特定任务（如搬运物品等）上的工作效率是同类机器人的 3 倍，并且能够执行未经训练的动作。新方法实现了零样本的日常操作任务轨迹合成，即机器人即使面对从未见过的任务，也能一次性完成，无须任何示范。其可操作的物体范围广泛，无须事先划定，无论是开瓶子、按开关还是拔充电线，均能顺利执行。

2023 年 5 月，北京市科委、中关村管委会等部门联合印发了《北京市促进通用人工智能创新发展的若干措施（2023—2025 年）（征求意见稿）》，提出探索具身智能、通用智能体和类脑智能等通用人工智能新路径，推动具身智能系统的研究及应用，旨在突破机器人在开放环境、泛化场景、连续任务等复杂条件下的感知、认知和决策技术。

2.5.4　生物智能

生物智能是一个跨学科的研究领域，融合了生物学、计算机科学、认知科学等多个学科的知识和方法。它有望推动硅基生命与碳基生命的融合，为人工智能的发展提供新思路。通过模拟生物神经网络的结构和功能，大型模型能够更深入地理解和学习生物智能的机理，实现更高级别的智能行为。

以生物神经网络为例，研究者通过模仿生物大脑中神经元之间的连接和通信方式，构建出具有强大学习和推理能力的神经网络模型。例如：模型正则化优化技术 Dropout 受神经动力学内在随机性的启发；注意力机制与神经网络的结合受人类注意力系统的启发，这种结合使神经网络能够动态地关注或忽视输入的不同方面，进而进行有效的决策计算；遗传算法受生物进化论的启发；智能算法系列（如蚁群算法、鱼群算法）则受生物群体行为和集体智慧现象的启发。

目前，生物智能仍处于发展初期，主要应用集中在生物医学科研领域。脑机接口和数字孪生大脑预计将成为生物智能最先取得突破的两个重要方向。

1. 脑机接口成为生命进化的新形态和新高度

早在 1973 年，美国科学家 J. Vidal 就提出了一个概念，即通过安装在头部的电极捕捉和分析大脑产生的电信号。这些信号在经过数字化和解码后，可以转换成计算机或其他设备能理解的命令信号，从而实现与计算机及其他设备的交互。目前，这一技术已被广泛应用于医疗健康领域，其终极目标是促进硅基器件与碳基生命的融合，开创生命进化的新形态和新高度。例如，通过脑机接口，人们可以仅凭思维来控制外部设备，帮助残疾人恢复日常生活功能。2024 年，特斯拉旗下的脑机接口公司 Neuralink 已成功完成首例人类大脑植入手术，目前患者恢复情况良好。同时，清华大学与宣武医院的团队也成功进行了首例无线微创脑机接口临床试验，使脊髓损伤患者实现了自主控制喝水，这被视为脑机接口康复领域的突破性进展。脑机接口的应用还可扩展至智能家居和智能办公等场景，例如用户可以通过脑机接口直接控制家居与办公设备的开关和调节功能，这极大地提高了生活的便利性和工作效率。生物智能能够学习并适应用户的习惯，提供更加个性化的服务。

2. 数字孪生大脑为决策提供强有力的支持

通过大量的神经影像学和神经生物学数据，结合人工智能技术来模拟或模仿生物脑功能，从而形成类脑人工智能系统。其核心原理包括数据采集、数据建模和数据分析，通过这一流程实现对现实世界中物理实体或系统的全面、实时数据采集。基于数据和模型，系统能够模拟和预测物理实体的行为，进而为决策提供有力支持。此外，数字孪生大脑还具备强大的学习和优化能力，能够不断地优化模型，以提高预测和决策的准确性。例如，复旦大学类脑智能科学与技术研究院已搭建了数字孪生脑平台，其与原脑的相似度高达 90%。研究人员通过对比生物脑与数字孪生脑之间的决策模式的差异，为类脑人工智能的发展提供更多有力的支持。

2.5.5 大世界模型

随着人工智能的持续发展，AI 领域涌现出众多新兴技术和研究方向。其中，李飞飞创办的 World Labs 凭借其独特的"空间智能"和"大世界模型"（Large World Model，LWM）理念，迅速成为业界焦点。

1. 空间智能的核心概念

空间智能是 World Labs 的核心技术之一，也是未来 AI 发展的重要方向。李飞飞将空间智能定义为一种在 3D 世界中感知、理解和行动的能力。与当前的大语言模型（LLM）不同，空间智能更侧重于 AI 在物理空间中与环境交互、推理和生成内容的能力。具体而言，空间智能涵盖以下几个方面。

1）视觉化为洞察：通过计算机视觉技术，AI 不仅能"看见"物体，还能洞察其背后的物理特性和空间关系。

2）看见成为理解：AI 不仅需识别图像中的物体，还需理解物体在空间中的位置、形状和动向等。

3）理解导致行动：基于理解，AI 能推断在三维世界中进行合理互动和操作的方式。

2. 大世界模型的核心概念

大世界模型是 World Labs 的另一核心项目。大世界模型旨在创建一个能感知、理解、推理和生成三维世界的模型，允许人类与其互动。通过这种方式，大世界模型可应用于虚拟现实、增强现实及自动驾驶等领域。

1）3D 世界生成：大世界模型利用深度学习模型生成逼真的三维环境，既能模仿现实世界，也能创造完全虚拟的宇宙。

2）人机交互：与传统 AI 模型不同，大世界模型不仅能在虚拟世界中生成三维物体，还能与之交互，为机器人技术、自动驾驶、AR/VR 等领域提供新的可能性。

在三维生成方面，AI 技术已取得显著进展。如今的 AI 能通过简单文本提示生成复杂图像和视频，而大世界模型的目标是在此基础上，进一步增强 AI 对空间感知和物理规律的理解，使其不仅能处理二维图像，还能应对三维场景。

3. 大世界模型的优势

大世界模型属于新兴人工智能范畴。与传统生成模型相比，大世界模型能模拟游戏和三维环境，具备诸多独特优势。首先，大世界模型生成的场景更为持久，一旦生成便会持续存在，即使用户视线移开再回来，场景也不会改变。其次，用户可实时控制和移动场景，细致观察细节，甚至窥视角落里的物体。这种实时性和互动性使大世界模型在众多应用场景中展现出显著优势。

2.6 大模型的构建过程

大模型的训练近年来已成为人工智能领域的核心技术之一，尤其在自然语言处理、计算机视觉等任务中，如 GPT、BERT 等模型的成功，无不依赖于其复杂的训练过程。以下将介绍构建大模型的主要过程。

1. 明确训练目标

在训练大模型之前，首先要明确模型解决的具体问题。唯有如此，才能选择合适的模型和训练数据，进而设计出高效且符合需求的系统框架。以金融任务为例，假设项目目标是在有限的硬件资源下构建财务问答系统，由于该任务主要涉及文字处理与生成，可选择参数规模适中的开源大模型。在数据准备方面，可使用人工标注的公司年报和金融知识等数据，这些数据与项目目标高度相关，能显著提升模型的训练效果。

2. 数据准备

大模型的训练需依赖大量数据，以从中学习模式和规律。数据的质量和数量直接影响模型的性能，以下是数据准备的关键步骤。

1）数据收集：大模型通常依赖广泛的文本数据。像 GPT-3、BERT 这样的大模型，会从互联网上抓取大量公开可用的数据，涵盖百科、新闻、社交媒体、图书等多种文本来源。

2）数据预处理：收集到的数据需进行清洗和整理，如去除重复信息、纠正拼写错误、过滤不相关或低质量的数据；还需将文本转换为模型可理解的格式，如将文字转换为数字表示。

3）分词和标记化：语言模型会将输入文本进行分词，转化为"词片段"或"子词"，这一过程称为标记化。例如，"学习"可被拆解为"学"和"习"，或按更小的单元处理。这是大模型理解语言的第一步。

3. 模型选择

根据训练目标和数据类型，选择适合的机器学习模型架构。例如，对于自然语言处理任务，常用的模型架构包括 Transformer 等。这些架构各有特点和优势，需根据实际需求进行选择。

4. 模型训练

大模型的训练通常分为预训练和微调两个阶段。

1）预训练：模型在大量无标签数据上进行训练，以学习数据中的内在规律和特征。在预训练阶段，模型通过海量无标签数据进行自监督学习。例如，BERT 采用掩码语言模型（Masked Language Model）任务，通过随机掩盖输入文本中的部分词，让模型预测这些被掩盖的词，从而学习丰富的语义表示。

2）微调：预训练后的模型在特定任务上进行微调，如情感分析、机器翻译或文本分类，使用带标签的数据进行训练。这一步骤使预训练的大模型能适应各种下游任务。

训练完成后，使用测试集对模型进行评估，通过准确率、召回率、精确率等评价指标来衡量模型性能。

5. 模型部署

将训练好的模型应用于实际问题中，如通过自有 API 或第三方平台 API 实现模型部署。部署前需将模型保存为可执行格式，然后可将其部署到移动设备、服务器、云端等平台进行实时推理。

拓展阅读 一代宗师杰弗里·辛顿

杰弗里·辛顿是人工智能领域的杰出科学家，被誉为"深度学习之父"和"AI 教父"（图 2-7）。

辛顿是深度学习的奠基者，对人工神经网络领域做出了重大贡献，包括开发反向传播算法、玻尔兹曼机和深度信念网络。辛顿的职业生涯始于 1978 年，他在多伦多大学等机构工作，并培养了多位深度学习领域的杰出人物，如 Ilya Sutskever、Yann LeCun 和 Yoshua Bengio，此三人共同获得 2018 年图灵奖。2024 年，他因在人工神经网络领域的基础性发现与约翰·霍普菲尔德共同获得诺贝尔物理学奖，成为首位同时获得图灵奖和诺贝尔奖的科学家。

图 2-7　杰弗里·辛顿

辛顿曾在谷歌担任副总裁，积极推动深度学习技术在实践中的应用。凭借其在学术界和工业界的双重背景，辛顿的研究成果得以高效转化为实际生产力。

辛顿对 AI 安全问题始终保持高度关注。他积极探讨 AI 风险问题，并公开支持其学生参与

OpenAI 的高层人事变动，这一举动充分展现了他对技术伦理的深切关怀。

2.7 习题

1. 填空题

1）大模型指的是具有超大规模_____或者经过超大规模_____训练的深度学习模型。

2）通用大模型在训练时使用了来自各种领域的数据，具有较强的_____解决能力，它能够处理各种类型的任务，具有很强的_____能力。

3）大模型发展具有两大"快速"特征：一个是大模型技术快速_____；另一个是大模型的_____快速丰富。

4）大模型按其数据模态可以分为_____、_____两类。

5）根据模型是否开源，可将大模型分为_____大模型和_____大模型两大类。

6）根据模型的应用场景，大模型还可以分为_____、_____和_____。

7）涌现能力具有_____和_____两个显著特点。

8）大模型的发展主要经历了_____、_____和_____三个阶段。

9）2017 年，谷歌公司提出了基于_____的 Transformer 模型，这标志着大模型时代的开始。

10）基于 Transformer 架构并通过大规模数据集训练出的模型被称为_____模型。

11）大模型微调技术主要包括_____和_____两种策略。

12）基于人类反馈的强化学习的训练目标是生成更符合_____的结果。

13）基于人类反馈的_____是 ChatGPT 的核心技术之一。

14）现行的模型压缩技术包括_____、_____和_____等方法。

15）大模型的三要素是_____、_____和_____。

16）算法是大模型的_____，它决定了模型的学习能力和泛化能力。

17）算力是大模型的_____，其规模决定了大模型在_____的强弱。

18）_____是大模型进行算法训练的基石，有了海量_____的支持，大模型的算法才能不断优化和提升。

19）具身智能指的是通过创建_____的智能体，使它们能在真实的物理环境下执行多样化任务。

20）空间智能定义为一种能够在_____中进行感知、理解和行动的能力。

2. 简答题

1）简述大模型"大"的含义。
2）简述大模型发展的特征。
3）简述大模型的涌现能力。
4）大模型的五项核心技术是什么？
5）简述 AI 智能体应具备的三大关键能力。
6）简述大模型的构建过程。

第 3 章

大模型行业赋能

知识目标

1. 熟悉大模型在行业赋能中的关键作用。
2. 了解大模型在智慧城市、智慧医疗、智能制造及智慧金融等领域的应用。
3. 掌握国产行业大模型的具体应用情况。

素养目标

1. 通过大模型在行业赋能中的实际应用,培养学生积极探索的精神、勇攀科学高峰的责任感与使命感。
2. 通过国产大模型在行业中的广泛应用,培养学生对专业的热爱之情,以及报效祖国的深厚情怀。
3. 通过大模型在行业赋能中的典型案例分析,培养学生精益求精、追求卓越的大国工匠精神。

案例导入　盘古大模型解决行业难题

华为盘古大模型(见图 3-1)是华为在人工智能领域的一项重要成果。它于 2021 年首次公布,由华为云、鹏城实验室联合开发。盘古大模型由多个不同类型的大模型构成,目前发展成为包括基础大模型(L0)、行业大模型(L1)、行业细分场景模型(L2)三大阶段的成熟体系。

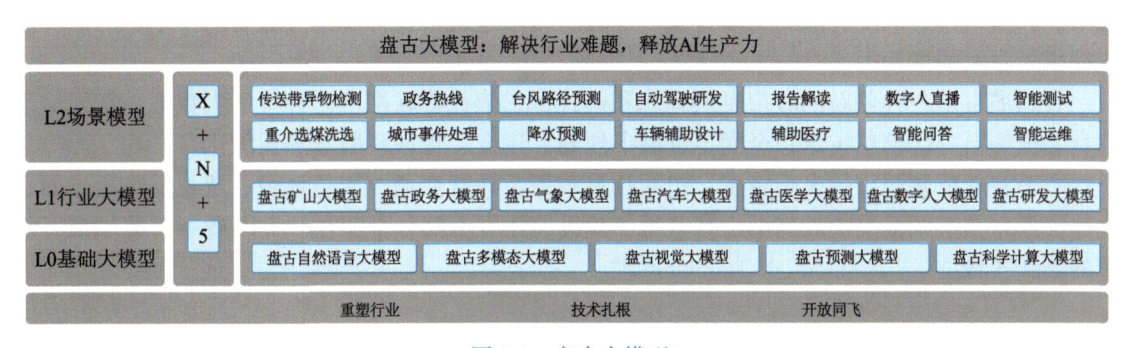

		盘古大模型:解决行业难题,释放AI生产力					
L2场景模型	X + N + 5	传送带异物检测	政务热线	台风路径预测	自动驾驶研发	报告解读	数字人直播	智能测试
		重介选煤洗选	城市事件处理	降水预测	车辆辅助设计	辅助医疗	智能问答	智能运维
L1行业大模型		盘古矿山大模型	盘古政务大模型	盘古气象大模型	盘古汽车大模型	盘古医学大模型	盘古数字人大模型	盘古研发大模型
L0基础大模型		盘古自然语言大模型		盘古多模态大模型	盘古视觉大模型	盘古预测大模型	盘古科学计算大模型
		重塑行业		技术扎根		开放同飞	

图 3-1　盘古大模型

基础大模型涵盖盘古自然语言大模型、盘古视觉大模型、盘古多模态大模型、盘古科学计算大模型和盘古预测大模型。

盘古自然语言大模型在 CLUE 榜单中表现突出，2021 年总排行榜及多个子任务排名第一，得分 83.046，接近人类水平。在 NLPCC2018 文本摘要任务中，该模型以 Rouge 平均分 0.53 的成绩领先业界。盘古视觉大模型是首个具备图像判别和生成能力的 AI 模型，也是业界最大的视觉模型，其小样本学习能力在 ImageNet 上领先。盘古科学计算大模型是首个应用于气象领域的 AI 模型，能进行气象数据分析、预测和可视化，其预报精度超过传统方法且速度提升 1000 倍，提供秒级天气预报，预测范围为 1 小时至 7 天。

在 2022 年华为全联接大会上，华为云推出了盘古气象、矿山、OCR 大模型。2024 年，盘古大模型 5.0 版本（见图 3-2）发布，它提供多规格模型，从 PanguE 系列的十亿级参数，到 PanguP 系列的百亿级参数，再到 PanguU 系列的千亿级参数，以及 PanguS 系列的万亿级参数超级大模型，支持跨领域多任务，助力企业 AI 应用。

图 3-2　盘古大模型 5.0 版本

3.1 大模型 + 智慧城市

近年来，随着科技的迅猛发展，城市化进程不断加速，众多城市纷纷启动智慧城市建设的探索。大模型作为人工智能的关键分支，在智慧城市建设中发挥着至关重要的作用，为这一进程提供了强大的推动力。

智慧城市是一种创新的城市发展理念和模式，它依托物联网、云计算、大数据、空间地理信息集成等新一代信息技术，全面推进城市规划、建设、管理和服务的智能化。

本节将从智慧城市的多个维度，包括智慧政务、智慧交通、智慧环境、智慧安防等方面，阐述大模型在不同场景中如何助力智慧城市建设，并展示部分企业在"大模型 + 智慧城市"领域的创新实践。

3.1.1　智慧政务——华为盘古政务大模型

1. 政务大模型的应用场景

大模型技术在智慧政务中的应用具有深远意义，它不仅能够提升政府工作效率，还能优化公共服务，加强社会治理，推动政府数字化转型。政务大模型在政务领域的应用场景十分广泛，涵盖了政府工作的多个方面，具体如下。

（1）政务咨询类应用

大模型在智慧政务的政务咨询领域扮演着关键角色。它可以被用于构建专业知识助手，针对财务、环保等专业化程度较高的行业领域，提供精确的问答服务。这不仅有助于提升企业和公众的办事体验，还能显著提高工作效率。例如，企业在办理环保相关手续时，可向政务大模型咨询具体的政策要求及流程步骤，大模型能够迅速且准确地给出答复，从而节省企业获取信息的时间。通过这种方式，大模型为公众开辟了便捷的政务信息获取途径，有效减少了信息不对称现象，进一步提高了政务服务的质量和效率。

（2）辅助办理类应用

大模型能够全面学习政务服务知识和办件数据，构建对政务服务事项及企业群众办事意图的精准理解能力。例如，借助无差别综合窗口助手，精准识别企业群众的办事意图，为窗口工作人员提供全流程辅助。这使得政务服务更加精准、智能、高效、便捷。当群众前来办理业务时，大模型可辅助工作人员快速判断业务类型、所需材料等，减少办理业务的时间，降低错误率，提升政务服务的满意度。

（3）城市治理类应用

在城市治理方面，大模型可聚焦于民意诉求的快速响应、问题的智能分类、事件工单的高效处置等需求，开发特色应用。通过这种方式，能够提升城市事件的处置效率，提高城市治理的智能化水平。例如，大模型可对市民反馈的城市治理问题进行智能分类，如市容环境、公共设施损坏等类别，然后快速分发给相应部门处理，提高问题解决的速度和效率。

（4）机关运行类应用

运用大模型技术，通过人机协同方式，可减少公务人员日常简单重复的劳动，使其更好地聚焦于工作职责，提高工作效率。例如，通过知识管理，对政策文件、规范制度等材料进行分级分类、标签化处理，形成海量知识库，辅助政策制定、规范查阅等工作。公务人员在制定政策或查阅相关规范时，可借助大模型快速定位所需文件和信息，避免在大量文件中手动查找的烦琐过程，节省时间和精力。

（5）辅助决策类应用

基于大模型的逻辑推理、数学计算等能力，通过智能问答的方式，可快速了解相关领域的发展情况，为相关决策提供参考。在面对复杂的城市发展问题时，如城市规划、资源分配等，大模型可对历史数据和现状进行分析，提供多种决策方案及其可能的结果，助力决策者做出更为科学合理的决策，推动城市治理朝着科学化、智能化的方向发展。

2. 案例—华为盘古政务大模型

华为盘古政务大模型致力于构建城市 AI 算力基础设施，显著提升政务视频、政务交互、政务治理等场景的算法训练效能和内容生成质量，有力推动城市智能化升级，带动数字经济快速增长，实现高效政务办公、便捷政务服务与精准城市治理。

华为盘古政务大模型构建了以下场景解决方案，助力政务和城市智能化一步到位。

1）政务服务：依托大模型的语义理解、知识问答、文本生成等核心能力，赋能政务智能问答、政务办事助手、数字营商助理三大场景，实现更精准的匹配识别和更智能的归类。

2）政务办公：全流程赋能，轻松实现六大能力，包括生成公文草稿和标签、智能校对和语义纠错、生成摘要和草拟批示意见等。

3）城市活动保障：大模型化身"效率派"，3 分钟生成预案初稿、3 分钟形成报告初稿、实时统计最新数据、应用数字人技术，显著缩短活动周期、降低人员成本，高效、高质量达成活动目标。

4）城市治理：充分利用大模型的泛化能力，单个摄像头"扫描"所有事件，排查效率提升 80%。深度优化工单分派、事件分析等环节，精准匹配责任部门，智能辅助发现和解决问题。

5）城市事件感知、城市数字孪生：为城市"体检"，识别多种城市部件的异常问题，及时发现潜在风险并上报，同时实现云端自动建模，使城市建模全周期缩短 40%、成本降低 30%。

截至目前，华为盘古政务大模型已陆续在广州市、深圳市、长沙市等多个城市落地应用。在此基础上，华为云推出"城市一朵云 3.0"（见图 3-3），在全国 150 多个城市设立政务云运营中心，共建"一城一云"。

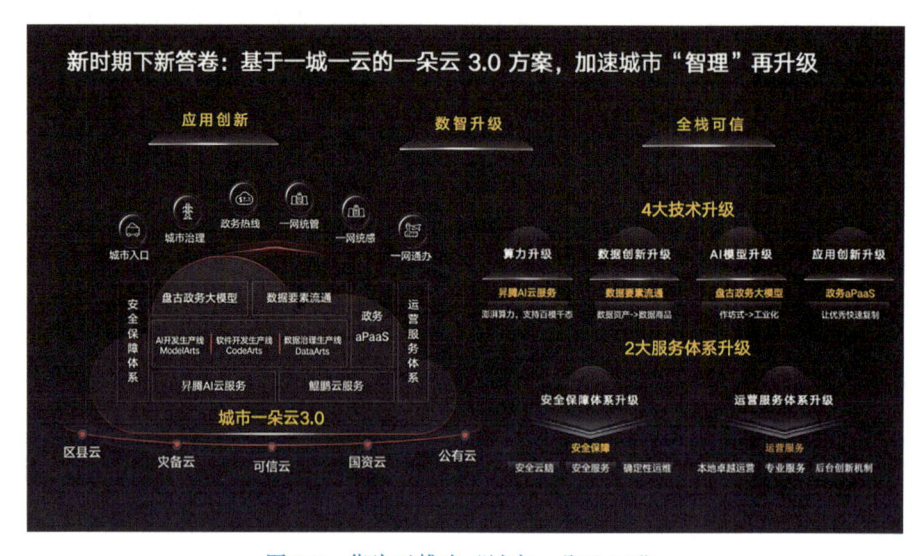

图 3-3 华为云推出"城市一朵云 3.0"

3.1.2 智慧交通——TransGPT 交通大模型

1. 交通大模型的应用场景

智慧交通是构建智慧城市不可或缺的一环，它基于智能交通系统发展而来。智能交通的起源可追溯至 20 世纪 60 年代，当时城市化进程加速，交通需求急剧增长，传统的交通管理手段已无法应对日益复杂的城市交通问题，如交通拥堵、事故频发和能源消耗等。于是，人们开始探索新的交通解决方案。随着计算机技术、数据处理能力和通信技术的进步，智能交通系统的构想逐步形成并得以实施。

在 20 世纪 70 年代和 80 年代，智能交通系统在全球范围内初步应用，如高速公路的电子收费系统（ETC）和交通信息的实时发布系统等。进入 20 世纪 90 年代，GPS 导航、车辆定位系统、交通流预测模型等技术的成熟，进一步推动了智能交通系统的发展。

智慧交通在智能交通的基础上，融合了物联网、云计算、大数据和移动互联等高新技术。通过这些技术收集和整合交通信息，提供实时数据下的交通信息服务，实现了人、车、路之间的紧密协作与和谐统一，发挥了协同效应。这不仅显著提升了交通运输效率，还增强了交通安全性，改善了运输环境，并提高了能源利用效率。

新技术如"互联网+"、智能网联、大数据和人工智能在道路交通领域的应用推动了智慧交通的发展。我国政策如《数字交通"十四五"发展规划》和《交通运输领域新型基础设施建设行动方案（2021—2025年）》促进了这些技术与交通行业的融合。大模型在智慧交通中提升了交通管理效率、安全性和智能化水平。

在交通管理效率方面，大模型整合多源数据进行动态交通流量分析，优化信号灯配时，减少车辆等待时间。例如，北京和上海的智能交通试点路口通过大模型技术改善了拥堵状况，缩短了车辆平均等待时间。

在车辆调度方面，大模型根据实时客流情况预测客流量，调整公共交通发车间隔和运营线路，提高运营效率。在物流运输中，大模型优化调度方案，提高配送效率，降低成本。

在交通安全保障方面，大模型利用交通数据进行事故预警，识别危险情况并及时发出预警信息。它还能在交通事故发生时快速规划救援路线，协调救援资源分配，提高救援效率。

在推动交通智能化发展方面，大模型在智能停车管理中实时掌握空位信息，为驾驶人提供停车引导，减少寻找停车位的时间，缓解交通拥堵。在自动驾驶技术中，大模型处理复杂路况信息，提高自动驾驶的安全性和可靠性。

2. 案例—TransGPT 交通大模型

2023年7月28日，北京交通大学携手中国计算机学会智慧交通分会及足智多模公司等机构，正式发布了国内首个综合交通大模型——TransGPT。这一基于Transformer架构的文本大模型，融合了多模态结构与实时场景数据调用模式，构建了一个以综合交通大模型为基础设施、辅以交通细分行业应用的架构体系。

据悉，TransGPT（TransGPT-7B）通过使用34.6万条文本数据进行领域内预训练，并辅以5.8万条对话数据进行微调，具备交通情况预测、智能咨询助手、公共交通服务、交通规划设计、交通安全教育、协助管理、交通事故报告与分析、自动驾驶辅助系统等多项功能。

该模型不仅能够协助相关部门生成城市导入交通方案的最优解，还能为红绿灯等基础交通设施的管理系统提供有力支持。用户只需提供出发地和到达地信息，即可获取相关交通规划信息，并进行一系列出行路线规划。此外，TransGPT经过驾驶法律条文的训练，用户可向模型咨询详细的政策解读信息，并获得丰富的安全教育内容，从而助力相关行业从业者开展交通安全教育。

令人振奋的是，TransGPT对学术研究完全开放，只需通过邮件申请并获得官方商用许可，即可免费商用。作为国内首个通用常识交通大模型，TransGPT具有里程碑意义，为道路工程、桥梁工程、隧道工程、公路运输、水路运输、城市公共交通运输、交通运输经济、交通运输安全等行业提供了宝贵的通用常识。

3.1.3 智慧环境——三监联动大模型

1. 环境大模型的应用场景

智慧环境是指通过现代信息技术和数据分析方法，对环境质量进行实时、连续、自动监测，以提高监测效率，降低人力成本，并为环境管理提供科学依据。随着大数据、云计算和人工智能等技术的迅猛发展，智能监测技术在环境保护领域的作用日益凸显。大模型作为一种先进的人工智能技术，凭借其强大的数据处理和分析能力，在智慧环境建设中扮演着重要角色。大模型在智慧环境建设中的应用主要体现在以下几个方面。

（1）环境监测与预警

智慧环境大模型能够整合大量传感器数据和卫星影像等多源环境数据，实现对环境的全方位监测。在空气质量监测方面，通过对海量空气质量数据的深度学习，模型可准确预测空气质量变化趋势，为污染源防控和应急预案的制定提供有力依据。在水质监测方面，模型可实时掌握水质状况，预测水质变化趋势，为水资源保护和水污染防治提供科学支持。在土壤污染监测方面，智慧环境大模型能够深入挖掘和分析土壤污染数据，发现污染源，预测污染扩散趋势，为土壤修复和环境保护提供技术支撑。此外，一旦监测到环境指标超出正常范围，模型就能及时发出预警，为应对环境风险赢得宝贵时间。

（2）资源优化与管理

大模型在资源优化与管理方面发挥着重要作用。在能源管理方面，智慧环境大模型可处理海量能源数据，通过分析能源消耗模式、供需关系等因素，为能源优化配置提供有效方案，提升能源利用效率，助力节能减排。例如，预测不同季节、不同时段的能源需求，从而合理规划能源供应和分配。在水资源管理方面，通过分析水资源的分布、使用情况及相关环境因素，优化水资源调配，提升水资源的可持续利用能力，如通过分析气象数据预测降雨情况，结合当前水资源储量和使用需求，制定合理的水资源调配计划。

（3）环境规划与决策支持

智慧环境大模型能够分析历史环境数据、人口流动、土地利用及经济发展等因素，预测环境未来的发展趋势，从而协助决策者制定更科学合理的环境规划方案。例如，在城市规划中，考虑环境承载能力，合理规划工业布局、绿地面积、人口密度等，以实现城市的可持续发展。同时，在制定环境政策时，基于大模型对环境现状和发展趋势的分析结果，提供科学依据，评估不同政策措施可能产生的环境影响，从而选择最优政策方案。

（4）环境灾害预测与应对

在自然灾害方面，如洪水、干旱、森林火灾等，智慧环境大模型可结合气象数据、地理数据等多源信息，预测灾害的发生概率、规模和影响范围。例如：通过分析历史降水数据、地形地貌数据及植被覆盖情况，预测洪水发生的可能性和淹没区域，提前做好防洪准备；通过分析气象干旱指数、土壤湿度等数据，预测干旱的发生和发展趋势，以便及时采取应对措施。在应对突发环境事件时，如化学品泄漏、核事故等，模型可快速评估事件的影响范围和危害程度，为应急救援和污染控制提供决策支持。

2. 案例—北京建成全国首个大气环境监测大模型

三监联动大模型是北京市生态环境部门在大气污染防治领域开发的一种综合性大模型，涵盖监管、监测、监察三方面的联动工作机制（图3-4）。

三监联动大模型拥有强大的数据库，经过智能算法分析，能够对各类污染源进行全方位、全时段监控。该模型接入了空气质量监测、各类污染源数据等50余类多源数据，构建起"天上看、地上巡、数据联、电量核"的新一代监测体系，其数据基础极为雄厚。北京市生态环境监测中心副主任沈秀娥介绍道：卫星遥感"天上看"能够智能识别裸地、黑臭水体等 10 余类目标，识别精度高达 90%；走航车"地上巡"对挥发性有机物（VOCs）进行边走边测，实现"秒级响应—智能溯源—闭环监管"，5700 余条路网的道路尘负荷水平也能一目了然。

图 3-4 三监大模型

同时，用电量、工地台账、餐饮企业台账、重型柴油车等经济社会运行数据被联入生态环境监测网络，经过智能算法分析，实现对各类污染源全方位、全时段监控。新型监测网络确保了监测数据的"真、准、全、快、新"，为"三监"联动提供了强大的大数据支撑，智慧感知问题线索。

此外，大模型还录入了环保领域的标准、法规、论文、研究报告等超过 100 万份文件，构建了坚实的知识底座，为智能精准研判提供科学支撑。

三监联动大模型自主研发了单车排放超标、企业产治不同步等 26 类问题线索挖掘算法，动态追踪高值冒泡、超标排放和违规行为。

例如，通过远程在线监控技术，三监联动大模型可以掌握全北京市 18 万辆重型柴油车的行驶路线和排放状况，一旦车辆出现超标排放，即可将车辆信息和超标线索推送至执法部门，实现精准快速执法。同时，利用设施用电监控技术，将全市千余家重点涉气企业和 6000 余个监测点位纳入监测，一旦发现生产设施电表在运行而治污设施电表无动静的情况，将被系统捕捉记录。智能解析技术可对 2000 多个工地、上万个摄像头捕捉到的全流程施工环节视频图进行解析，精准捕捉环境违法行为。

3.1.4 智慧安防——依图科技天问大模型

1. 安防大模型的应用场景

当前，随着人工智能在安防领域的深度应用，安防行业呈现出"无 AI，不安防"的发展趋势。AI 在人体分析、车辆分析、目标跟踪监测、异常行为分析等方面发挥着关键作用，广泛应用于各类安防场景。

大模型的爆发，为安防行业提供了更强大的智力支持，助力构建全流程智能化安防系统。其具备出色的泛化能力，能够更好地适应新样本，及时收集、分析样本信息，提升模型精度，从而更有效地应对各种复杂的安防场景。

（1）公共安全领域

1）事件监测与预警。在城市治安方面，智能安防大模型可对公共场所（如广场、商业街等）的监控视频进行实时分析。例如，能识别人群中的异常行为，如突然奔跑、打斗等，通过分析监控画面自动生成事件描述文字信息，再依据安防系统检测到的异常生成预警信息，通知相关人员（如附近巡逻警察）。

在反恐防暴方面，大模型可协助分析监控数据中的可疑人员和物品。例如，综合分析人员外貌特征、行为轨迹以及携带物品特征等多方面信息，提前发现潜在恐怖威胁。

2）犯罪侦查辅助。在刑事案件侦查中，智能安防大模型可深度分析案发现场周边监控视频。例如，通过人脸识别技术在海量视频数据中快速锁定嫌疑人，并根据嫌疑人行动轨迹推测其可能藏匿的地点。同时，大模型还可分析案件相关语音、文字等信息，为侦查人员提供更多线索和证据。

（2）交通管理领域

1）交通违规监测。智能安防大模型可实时监控道路上车辆行驶情况。例如，在城市交通管理领域，360智脑·视觉大模型等技术可实现对车辆违规行驶（如闯红灯、超速、违规变道等）的实时监测和自动报警，有效提升交通安全管理效率和水平。对于交通路口监控视频，大模型可分析车辆和行人交互情况，识别危险交通行为，如车辆不礼让行人等，并及时发出预警。

2）交通流量优化。通过分析交通流量数据（包括道路上车辆数量、行驶速度等信息），智能安防大模型能够预测交通拥堵的发生。例如，依据不同时间段和路段的历史交通数据，结合实时路况信息，为交通管理部门提供交通流量优化方案，如调整信号灯时长、引导车辆绕行等。

（3）企事业单位安全管理

1）人员与车辆出入管理。在企业园区或单位办公区域，智能安防大模型可与门禁系统相结合，通过人脸识别和车牌识别技术，快速准确识别人员和车辆身份，确保只有授权人员和车辆方可进入。同时，大模型能够记录人员和车辆的出入时间、行动轨迹等信息，便于安全管理和事后查询。

2）内部安全监控。对于企业内部办公区域、生产车间等场所，智能安防大模型可监控内部人员的工作状态和行为。例如，防止员工在生产车间违规操作等行为。此外，在一些对安全要求较高的单位（如金融机构），大模型还能监控内部网络安全，防止数据泄露等安全事件的发生。

（4）民用安防领域

1）家庭安全监控。在家庭安防方面，智能安防大模型可应用于智能门铃、智能摄像头等设备。例如，智能门铃通过人脸识别和语音交互技术，帮助用户识别访客身份，实现远程开锁和实时监控。家庭中的智能摄像头可实时监控家中情况，当检测到异常情况（如陌生人闯入、火灾烟雾等）时，及时向用户手机发送预警信息。

2）社区安全管理。在社区层面，智能安防大模型可监控社区内公共区域（如小区道路、停车场、花园等），通过分析社区人员活动情况，提升社区安全性。例如，识别社区内可疑人员，防止盗窃、破坏等行为的发生，同时管理社区内车辆停放，避免乱停乱放影响交通和居民生活。

2. 案例—依图科技天问大模型赋能安防

依图科技多年来一直专注于人工智能技术在安防领域的探索与实践。早在2019年，依图科技便着手研究以Transformer为核心的大模型，并成功将图像感知、视频感知与大模型深度融合，显著推动了AI安防技术的跨越式进步。

2023年底，依图科技发布了天问多模态大模型。该模型不仅具备对话和思考能力，还能实现自我进化，为公共安全、智慧城市、智慧交通、内容审核、智慧园区等多个领域带来了颠覆性的变革。

依图科技的天问大模型借助深度学习和大数据分析，能够实时解析视频内容，及时发现并高效处理各类突发事件，真正实现"眼见为实，先知先发，急事快行"。在应急管理领域，天问大模型展现了其卓越的技术优势。它代表了从传统判别式模型向生成式模型的跨越，使得复杂场景下的风险识别更为精准，为应急管理提供了更加可靠的技术支撑。

依图科技在城市级治理平台上低功耗和规模化的最佳实践，为安防行业开辟了新的发展路径。通过大模型技术的应用，依图科技不仅提升了安防系统的智能化水平，更推动了关键技术向实际生产力的转化。

随着天问多模态大模型的推出，我们正式步入了 AI 安防 2.0 时代。这一时代的安防系统将更加智能化、自动化，能够更从容地应对各种复杂场景的挑战。AI 安防 2.0 时代的应急管理将更加高效、精准，为社会的安全与稳定筑起更为坚实的防线。

3.2 大模型 + 智慧医疗

智慧医疗是一种新型的医疗服务模式，旨在通过先进的信息化手段，为患者提供更加便捷、高效的医疗服务。大模型作为一种基于深度学习的人工智能模型，其特点是结构复杂、参数量庞大，能够在大量的训练数据上进行自我学习和调整，从而达到高度准确的结果，这使其非常适合用于处理复杂的医疗问题，在智慧医疗中的应用也越来越广泛。

3.2.1 智能诊断和决策支持——华佗 GPT

1. 诊疗大模型的应用场景

AI 大模型能够辅助医生进行智能诊断和决策支持。通过对海量医疗数据和病例资料的学习与分析，AI 大模型能够识别并预测潜在的疾病类型及患者病情变化，为医生提供更加精准和及时的诊断与治疗方案。大模型具备强大的学习能力，能够对涵盖不同地区、年龄段、性别及各类疾病患者的病历资料进行深度学习。无论是常见的感冒、发烧等轻微病症，还是复杂的心血管疾病、癌症等重症，大模型均能从中汲取知识。例如，在学习心脏病患者病历时，它能够分析出不同类型心脏病患者的症状差异，如冠心病患者常表现为心绞痛，而心肌病患者则多出现呼吸困难等症状。通过这种全面的学习，大模型能够为医生提供关于疾病诊断和治疗方案的宝贵建议。

医生借助 AI 大模型，可对患者的医疗数据进行深度分析，快速、准确地诊断出疾病类型和病情状况，并制定个性化的治疗方案和建议。此外，AI 大模型还能通过对大量病例的学习，预测类似病例的病情变化和发展趋势，从而进一步提升诊断和治疗的准确性。

2. 案例—AI 大模型让就医过程更舒心

深圳市大数据研究院与香港中文大学（深圳）联合研发的第二代华佗 GPT，成功通过了 2023 年 10 月的国家执业药师考试。在此之前，该模型已顺利通过多类医疗资格考试，并在各项考试及专业评测中均表现卓越。

这一成果不仅凸显了华佗 GPT 在医疗领域的杰出实力，更充分展示了 AI 技术在医疗领域的巨大潜力。截至 2023 年 11 月，已有数十万用户体验了华佗 GPT 的便捷服务（图 3-5），其卓越性能在国内外同行业产品中处于领先地位。

面对"看病难"的现实困境，如头疼脑热等小病需就医、科室选择困难、医院资源紧张等问题，华佗 GPT 通过提供初步问题解答或指引，如指导患者前往相应科室就诊或给出日常保健建议，将有效优化医疗资源配置，提升诊疗效率。

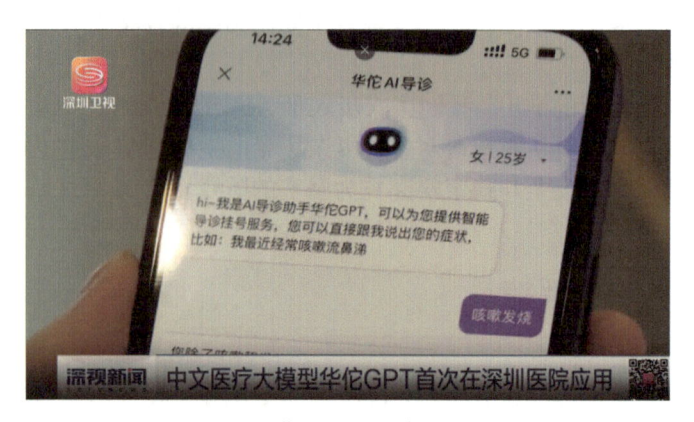

图 3-5 华佗 GPT 的便捷服务

华佗 GPT 作为国内首款类 ChatGPT 的医疗大模型，自 2023 年 2 月在中华医院信息网络大会上发布以来，备受业界关注。该模型具备实现更智能、更精准在线诊疗咨询的潜力。未来，华佗 GPT 有望满足基本的分诊需求，完成 30%～40% 的初步诊断工作，尤其在心理诊断与治疗领域将发挥显著作用。

3.2.2 药物研发——盘古药物设计平台

1. 药物研发大模型的应用场景

药物研发一直是一个漫长、复杂且成本高昂的过程。传统的药物研发模式通常从基础的化学实验起步，科学家们需不断合成新的化合物，并对其进行一系列测试，包括细胞层面和动物层面的实验，最终才能进入人体临床试验阶段。这一过程耗费大量的人力、物力和时间。例如，开发一种新的抗癌药物可能需耗时十几年甚至数十年，投入数亿元资金。此外，失败风险极高，许多在前期实验中表现良好的化合物，进入人体临床试验后可能因各种原因被证明无效或具有严重副作用。

大模型在药物研发领域的出现，为这一传统且充满挑战的领域带来了新的希望。大模型可用于发现新的药物分子并预测其效果。通过学习大量药物分子结构及其与生物靶点间的相互作用信息，大模型能分析已知药物分子的结构特点，识别出与治疗效果相关的结构部分。基于这些信息，大模型可预测具有类似结构或特定结构组合的新分子是否具有潜在治疗效果。

例如，在研发针对某种特定病毒的抗病毒药物时，大模型可先对现有抗病毒药物分子进行分析。这些药物分子虽化学结构各异，但均对病毒有一定抑制作用。大模型会找出这些分子结构中的共性部分，如特定官能团或原子排列方式。随后，它会在庞大的化学分子库中搜索具有类似结构特征的新分子。一旦发现潜在新分子，大模型就可进一步预测其与病毒靶点的结合能力，评估其抗病毒效果。此方法较传统化学实验更快且成本更低。传统化学实验需通过大量合成和筛选工作寻找可能的药物分子,而大模型可在计算机上快速进行虚拟筛选,大幅度缩短研发周期,且因无需过多实际化学合成和前期动物实验,成本显著降低。这使得药物研发企业能在更短时间内以更低成本探索更多研发方向,增加发现有效药物的机会。

像晶泰科技的 XpeedPlay 平台利用大模型技术,超高速生成苗头抗体,加速药物研发流程;腾讯云深(iDrug)平台已具备小分子药物与大分子药物的加速发现能力;西安交通大学第一附属医院与华为云合作,使用盘古大模型进行药物研发,发现了一类新型抗生素——肉桂酰菌素,这是自 1987 年以来首次发现的一类全新抗生素,借助华为云盘古辅助制药平台,实现了大规模虚拟筛选,并优化分子结构,验证药效团。

2. 案例—华为云 AI 推动超级抗菌药 Drug X 研发加速

据统计,2019 年,全球约 120 万人因抗生素耐药性(AMR)引发的细菌感染死亡,超过艾滋病毒(HIV)致死人数。每年因 AMR 导致的死亡人数正逐渐超过癌症。为应对细菌耐药性危机,急需开发新抗生素。然而,新药研发成本高、耗时长,且成功率低,是医药界面临的难题。

华为云与中国科学院上海药物研究所合作,利用深度学习技术,对 17 亿小分子化合物进行预训练,生成了 1 亿个结构新颖的小分子库。盘古药物分子大模型集成了多个药物研发关键功能,极大提升了新药研发效率,并在多项药物发现任务上达到最优性能。

西安交通大学第一附属医院的刘冰教授发现了超级抗菌药 Drug X,有望成为近 40 年来首个新靶点、新类别的抗生素。Drug X 能有效对抗"超级耐药菌"。通过华为云的盘古药物设计平台,刘教授将研发周期从数年缩短至一个月,并将成本降低 70%。

刘教授团队利用盘古药物设计平台的预测功能,成功筛选出具有潜在药效的小分子,并通过分子优化功能提高其与目标蛋白的结合力,减少对正常细胞的毒副作用。同时,利用属性预测功能实时评估化合物的成药性和其他相关指标。

3.2.3 医学影像分析——龙影大模型

1. 医学影像分析大模型

在医疗诊断中,医学影像分析扮演着至关重要的角色。医学影像,包括 X 光片、CT 扫描、MRI 等,蕴含着大量关于人体内部结构和病变状况的信息。然而,解读这些影像往往需要深厚的专业知识和丰富的实践经验。传统上,医生需投入大量时间和精力细致观察和分析这些影像,以探寻潜在的病变迹象。此外,由于医生的经验和水平各异,影像解读过程中难免会出现一定误差。

在医学影像分析领域,大模型展现出显著的优势,能够自动识别和分析各类医学影像,从而显著提升诊断的准确性。那么,大模型是如何实现对医学影像的自动识别和分析的呢?其关键在于通过对大量标注完备的医学影像数据进行深度学习。这些标注影像涵盖了各种疾病状态下的影像特征,例如肿瘤患者的影像中肿瘤的大小、形状、位置、密度等,以及正常组织与病变组织之间的边界特征。

通过深度学习这些影像数据,大模型能够精准识别影像中的各类结构和特征模式。例如,在胸部 X 光片分析中,大模型能迅速识别肺部的轮廓、心脏的大小和位置等正常结构。面对病变情况,如肺炎患者,大模型能准确识别肺部的炎症区域,并根据炎症区域的密度、范围等特征评估肺炎的严重程度。对于肺部肿瘤患者，大模型不仅能精确检测肿瘤的位置、大小、形状等信息，还能与已学习的不同类型肿瘤影像特征进行对比，初步判断肿瘤的性质，是良性还是恶性。

在 CT 扫描和 MRI 影像分析中，大模型同样发挥着不可或缺的作用。它能更清晰地识别脑部血管结构、肝脏内部病变等复杂的人体内部结构和病变情况。这种自动识别和分析能力不仅大幅度提升了诊断的准确性，还显著缩短了医生解读影像的时间，使医生能够更迅速地为患者制定治疗方案。

2. 案例一"小君"医生！全球首个中文数字放射科医生诞生

通过分析磁共振图像，能够诊断超过百种疾病，生成一份病例的诊断意见平均仅需 0.8 秒。近日，全球首个中文数字放射科医生——"小君"医生正式面世。"小君"医生的研发依托于全球首个专为医学影像诊断设计和构建的人工智能大语言模型——龙影大模型（RadGPT）（图 3-6），由首都医科大学附属北京天坛医院与北京理工大学携手合作，共同推出。

图 3-6　龙影大模型

医学影像技术是 20 世纪医学的重要进步，目前是疾病诊断和治疗的关键手段。但放射科医生短缺，工作量大。为解决这一问题，北京理工大学开发了龙影大模型，它利用百万医学影像数据和专业经验，通过人工智能训练而成。该模型基于中文处理，采用微调技术，在保护隐私的同时提升性能。其核心功能是快速分析 MRI 图像并生成诊断意见。基于此模型的"小君"医生能对多种疾病提供诊断，准确率超 95%，处理速度快，能全天候工作，减轻放射科医生的压力。

3.2.4　健康管理系统——大医大语言模型

1. 健康管理大模型的应用场景

现代社会中，人们越来越重视健康，但传统健康管理方法往往缺乏个性化。大模型通过分析个人生活习惯和基因信息，能够提供定制化的健康管理方案。这些方案考虑了饮食、运动、睡眠习惯和遗传因素，旨在预防疾病并提升生活质量。例如，针对有心血管疾病家族史的肥胖风险人群，大模型会推荐减少高热量食物摄入、增加运动量、保持规律睡眠，并建议定期进行心血管检查。此外，大模型还能根据个人的实时健康数据，如体重、心率、血糖水平等，动态调整健康管理计划。对于血压偏高的人群，它会建议增加富含钾的食物摄入，如香蕉、土豆，同时提醒减少盐分摄入，以避免高血压风险。针对血糖管理，模型会依据个人的胰岛素敏感性和日常活动量，推荐合适的碳水化合物摄入量及种类，如推荐全谷物而非精制谷物，以保持血糖稳定。

除了生活方式的调整，大模型还强调心理健康的重要性。它会根据个人的压力水平和情绪状态，提供放松技巧，如冥想、瑜伽或简单的深呼吸练习，帮助缓解压力，提升整体福祉。对于长期焦虑或抑郁倾向的个体，大模型可能建议寻求专业心理咨询，或推荐一些经过验证的自我帮助资源。

在疾病预防方面，大模型利用先进的算法预测个人未来可能面临的健康风险，如骨质疏松、阿尔茨海默病等，并提出预防措施。这可能包括特定营养素的补充、定期的健康筛查，或是生活方式的微调，以降低患病概率。

大模型鼓励用户参与健康管理过程，通过设定可实现的目标和跟踪进度，增强个人对健康管理的责任感和积极性。通过定期的健康评估报告，用户能直观看到自己的进步，进一步激励持续的健康行为改变。

大模型通过深度个性化、动态调整及全面关怀的健康管理方案，不仅满足了个人多样化的健康需求，还有效促进了健康行为的形成，为构建更加健康、积极的生活方式提供了强有力的支持。

2. 案例——大医大语言模型

"大医"是商汤科技研发的医疗健康大语言模型，以千亿参数规模的大语言模型"商量"为基模型，利用超 200 亿 token 的高质量医学知识数据训练而成。它覆盖 20 余个细分医疗场景使用需求，具备检索增强框架、长程记忆存取、智能工具调用等多元能力，拥有行业领先的医疗问答能力，能够处理各类复杂医学任务。在专业医学任务评测中，大医大模型在电子病历生成、线上问诊、导诊、随访、辅助诊断决策等多项医疗任务中表现超越 GPT-4。

面对日常健康咨询，大医大模型可以充当"体检咨询助手""健康管家"等角色，提供疾病风险预测、检验检查分析、体检咨询、健康问答等健康管理服务，经过多轮对话后给出健康咨询建议。基于该能力，大医大模型能够帮助传统大健康领域企业实现服务模式的全面数智化革新，借助 AI 的辅助让高质量、个性化的健康管理服务走进每个家庭，极大提升用户健康管理的便利性。

3.2.5 大模型与机器人手术——AI 脑部手术机器人

1. 手术机器人的应用场景

在当今医疗科技迅猛发展的时代，手术机器人已逐渐成为外科手术领域不可或缺的重要工具。伴随着人工智能技术的持续进步，大模型的出现更是为手术机器人的发展注入了崭新活力。

在手术机器人的演进历程中，早期的代表如达·芬奇机器人手术系统，已为外科手术带来了深远变革。该系统主要由控制台和操作臂构成，采用主-仆式远距离操作模式。这种模式不仅使医生能在相对舒适的环境中实施手术，还有效避免了医生直接接触手术区域可能引发的感染风险。然而，随着医疗技术对更高标准的不断追求，手术操作的精确性与平稳性成为新的目标。大模型的出现，为达成这一目标提供了全新可能。大模型能够对手术过程中的各类数据进行深入分析，包括患者的生理数据、手术器械的操作数据、手术视野的图像数据等。

例如，在眼科手术中，操作的精确性要求极高，微小的偏差都可能对患者的视力造成严重影响。大模型通过分析患者的眼部结构数据、眼球运动数据等，为操作臂提供更精准的指导。而操作臂配备的三维立体成像系统能在术中放大手术视野，犹如为医生配备了一台高倍放大镜。

在精细手术中，医生的手可能会因长时间操作或紧张等因素产生颤抖，这对手术精确性构成巨大挑战。而在大模型加持下的手术机器人，能够通过精确控制机制，消除这种颤抖带来的不利影响。它可根据预设的操作轨迹和当前手术状况，对操作臂动作进行微调，使手术操作更加准确和稳定。这种精确性与平稳性的提升，不仅有助于提高手术成功率，还能减少患者术后并发症，加速康复进程。

在高度复杂和精密的脑科手术领域，传统手术方式面临诸多挑战。大脑结构复杂，神经和血管密集，手术空间狭小，稍有不慎便可能造成严重神经功能损伤。然而，大模型加持的手术机器人为脑科手术带来了突破性进展。大模型可整合大量脑科病例数据，涵盖不同类型的脑部病变、患者个体差异、手术成功与失败经验等。手术机器人则利用其高精度操作臂和先进成像系统，将大模型提供的信息转化为实际手术操作。例如，在脑肿瘤切除手术中，大模型根据患者的脑部结构和肿瘤位置、大小等信息，为手术机器人规划最佳手术路径。手术机器人依照此路径，在大模型的实时监控和调整下，精确切除肿瘤，同时最大限度地保护周围神经和血管。这种创新手术方式不仅提升了脑科手术的成功率，也为其他复杂疾病的手术治疗提供了全新思路和方法。

2. 案例—基于紫东太初的 AI 脑部手术机器人

在 AI + 手术机器人领域，基于紫东太初的"AI 脑部手术机器人"（见图 3-7）MicroNeuro 实现了在脑部手术领域的重大突破。它不仅能显著提升脑部手术的精准度，还能在几乎不损伤正常脑组织的前提下，进行稳定、精准、可视化的智能化微创手术。MicroNeuro 依托全球首个三模态大模型紫东太初和柔性机器人两大核心技术，在柔性手术器械的触觉感知及精准运动控制等多项技术的应用上均处于世界领先水平。

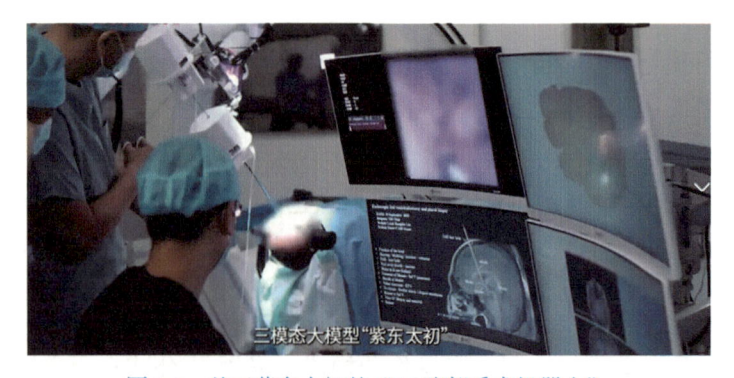

图 3-7 基于紫东太初的"AI 脑部手术机器人"

借助基于昇腾 AI 和昇思 MindSpore AI 框架的紫东太初大模型，MicroNeuro 在 VR（Virtual Reality，虚拟现实）数字孪生技术的辅助下，使大脑内部结构清晰可见，助力柔性机器人实现对纤细柔性手术工具在颅内的精准操控，将手术误差控制在 1mm 以内。未来，这一成果有望在临床场景中得到广泛应用，辅助全球医生更及时、准确地诊断病情。

3.3 大模型 + 智能制造

智能制造（Intelligent Manufacturing，IM）是一种由智能机器和人类专家共同组成的人机一体化智能系统，它在制造过程中能进行智能活动，如分析、推理、判断、构思和决策等，通过人与智能机器的合作共事，扩大、延伸和部分地取代人类专家在制造过程中的脑力劳动。它把制造自动化的概念更新，扩展到柔性化、智能化和高度集成化。

3.3.1 大模型赋能智能制造——海尔卡奥斯工业大模型

1. 智能制造大模型的应用场景

大模型在智能制造领域扮演着至关重要的角色，涵盖了多个关键方面，能够从多维度赋能智能制造。

（1）助力实现柔性生产

1）快速适应新任务。大模型通过学习海量数据，能够迅速捕获制造业领域的知识，并将其抽象为通用表示。例如，得益于先前学习的丰富制造知识，在面对新的生产任务时，大模型能够快速理解任务需求，并生成高质量的解决方案，从而助力生产系统灵活调整生产流程和工艺参数，实现柔性生产。

2）辅助复杂决策。大模型可根据实时生产数据，优化生产计划。例如，在多产品混线生产的场景中，大模型能够综合考虑订单数量、设备状态、原材料供应等因素，动态调整生产计划，合理安排不同产品的生产顺序和时间，提升设备利用率和生产率。同时，大模型还能预测设备故障，提前安排维护，减少设备停机时间，进一步保障生产的连续性和稳定性，降低生产成本。

3）实现自主学习。大模型能够持续学习新数据，不断完善自身知识库。在智能制造环境中，生产数据持续更新，涵盖新的产品设计、工艺改进、设备运行状态等。大模型能够吸收这些新数据，不断优化决策模型和算法，从而使智能制造系统持续提升生产率，适应不断变化的生产环境。

（2）推动个性化生产

1）了解客户需求。大模型能够助力智能制造系统深入理解用户的个性化需求。在当前市场需求日益多样化和个性化的趋势下，企业必须精准把握每位用户的独特需求。大模型通过对用户历史数据的深度学习，分析其购买行为、偏好及反馈等信息，预测用户喜好，并生成个性化的产品推荐。

2）实现快速产品定制。大模型可辅助智能制造系统高效实现产品定制。它通过学习产品设计知识，涵盖不同产品的结构、功能、外观等关键设计要素，在接收到客户的个性化需求时，能迅速生成符合要求的产品设计方案。这有助于缩短产品开发周期，降低成本，使企业更灵活地应对市场个性化需求。

3）精准营销。大模型通过学习用户数据，深入分析用户行为，精准预测用户需求。企业可借助大模型的这一优势，精准定位目标用户，并开展有针对性的营销活动。例如，在新产品发布时，大模型可根据用户需求预测，将产品信息精准推送至最有可能购买的用户群体，从而提升营销效果和资源利用效率。

（3）提升生产环节效率和质量

1）智能装配方面。

① 智能装配规划：依据产品设计和装配工艺要求，大模型借助大数据分析和人工智能技术，优化装配计划。确定装配顺序、工序及方法，并生成装配工艺说明书。在处理复杂产品装配时，大模型综合考虑产品结构特点、零部件配合关系、装配难易程度等多重因素，制定最优装配方案。

② 智能装配执行：通过物联网和工业互联网技术，大模型实现装配设备的智能化与互联互通。利用大数据分析和人工智能技术，实时监控和分析装配过程，及时发现并预警异常情况。例如，在装配机器人操作中，大模型可实时分析机器人运动轨迹、装配力等数据，判断偏差或异常，及时调整装配参数和工艺，提升装配质量和效率。

③ 装配质量检测：大模型运用机器视觉、传感器及人工智能技术，实现装配质量的自动检测和在线检测。通过故障诊断和分析，快速定位装配缺陷，及时采取纠正措施。建立装配质量数据模型，分析质量趋势和变化，为装配工艺改进提供数据支持。例如，在汽车发动机装配中，使用大模型检测各零部件装配精度，可及时发现装配不到位或零部件缺陷。

2）视觉检测方面。在生产线视觉检测中，大模型凭借强大的特征提取和学习能力，快速适应不同产品和环境，提升检测的准确性和鲁棒性。例如，在电子元器件生产线上，产品种类繁多且尺寸微小，大模型通过学习不同元器件外观特征，可准确识别缺陷，如焊点不牢固、引脚弯曲情况等。

大模型可同时处理多种检测任务，降低开发和维护成本，提高生产率。传统视觉检测系统需针对不同任务开发多个模型，而大模型通过单一模型就可实现多功能检测，如外观缺陷和尺寸标准检测。

借助迁移学习，大模型可快速构建针对特定产品或任务的定制化检测模型，缩短开发周期。生产新产品时，大模型利用已有类似产品检测知识，快速调整参数，适应新检测需求，减少重新开发时间和成本。

3）产品质量预测方面。大模型可提升产品质量控制，降低生产成本。通过分析生产过程中的大量数据，建立产品质量与生产参数、原材料特性、设备状态等因素的关系模型，预测质量波动情况。在质量问题出现前就采取预防措施，如调整生产参数、更换原材料供应商等，以避免不合格产品生产，降低废品率和返工成本。

4）智能仓储方面。大模型可实现智能仓储，提高仓库管理效率。分析货物出入库数据、库存水平、仓库布局等信息，优化存储位置和出入库流程。例如，根据出入库频率，将常出入货物安排在靠近出入口位置，提升存取效率。同时，预测库存需求，提前安排补货计划，避免库存短缺或过剩。

5）能源优化方面。大模型可降低能耗，提升生产率。在智能制造工厂中，分析设备能耗数据、生产任务安排、环境温度等因素，优化设备运行参数和生产计划，减少能源消耗。例如，针对高能耗设备，根据任务轻重缓急，合理安排运行时间，避免空转，减少能源浪费。

2. 案例—海尔卡奥斯工业大模型

海尔卡奥斯工业大模型（COSMO-GPT）是一个专注于工业领域的大型人工智能模型，它能够理解和执行工业语言、工艺及机理，生成工业执行指令并进行工业机械控制。以下是该模型的一些具体应用案例。

（1）生产线故障诊断

在过去，当生产线发生故障时，操作人员需接收到设备报警信息后赶赴现场，查找问题设备，并制定维修方案，整个处理周期通常超过 4 小时。然而，自从海尔将卡奥斯工业大模型应用于工厂后，该模型已学习掌握生产线上各类设备的故障代码及相应处理方案。如今，当生产线出现问题时，卡奥斯工业大模型能迅速识别出具体生产线、故障设备及其故障类型，并提供维修建议。此举大幅度缩短了维修时间，显著提升了生产率。

（2）工艺优化

卡奥斯工业大模型深入参与生产各个环节，助力工艺优化。以注塑机行业为例，卡奥斯独创的专家算法库模型调度实现了智能参数推荐，有效降低了设备能耗 5%～10%，提升了节拍效率 4%～9%，整体生产效益得到显著改善。

（3）智能柔性装配

在工业信息生成应用场景中，卡奥斯成功研发国内首套智能柔性装配系统，通过数据驱动实现人、机、料、法的协同作业。在海尔洗衣机工厂的实际应用中，该系统使工艺设计环节效率提升 30%，换产调试环节效率提升 50%。

（4）工业指标优化

卡奥斯工业大模型具备工艺自动成链、工序推荐、数据异常监控等多元功能，在工业指标优化应用场景中发挥重要作用。这些功能有力支撑了企业高效的生产管理和质量控制。

（5）用户需求交互问答系统

在工业问答应用场景中，COSMO-GPT 针对用户多样化需求，提供用户需求交互问答系统，辅助设计、推荐、分析等工作。此举使企业能更快响应市场需求，大幅度提升用户满意度。

海尔卡奥斯工业大模型的应用案例充分展示了其在提升生产率、优化工艺流程、实现智能装配、监控工业指标及满足用户需求方面的卓越能力。这些应用不仅提高了企业的生产率和产品质量，更为企业带来了更高的用户满意度和市场竞争力。

3.3.2 大模型赋能工业机器人——通义千问伙伴计划

工业机器人作为现代工业生产中不可或缺的一部分，其智能化水平直接影响着生产率和产品质量。随着人工智能技术的迅猛发展，尤其是大模型技术的兴起，为工业机器人的智能化升级注入了新的动力。

大模型技术已成为机器人智能化的核心驱动力。当大模型与机器人深度融合时，尽管机器人的外观形态并未发生显著变化，但其内在的智能化水平却得到了质的飞跃。大模型赋予机器人更强的环境适应能力和自我学习能力，使其能够更从容地应对复杂的工业场景，从而提升生产的灵活性和效率，有力推动制造业向智能化、数字化方向迈进。

1. 机器人的结构

通常情况下，机器人的结构包括机械系统、控制系统、驱动系统和感知系统四大部分，如图 3-8 所示。

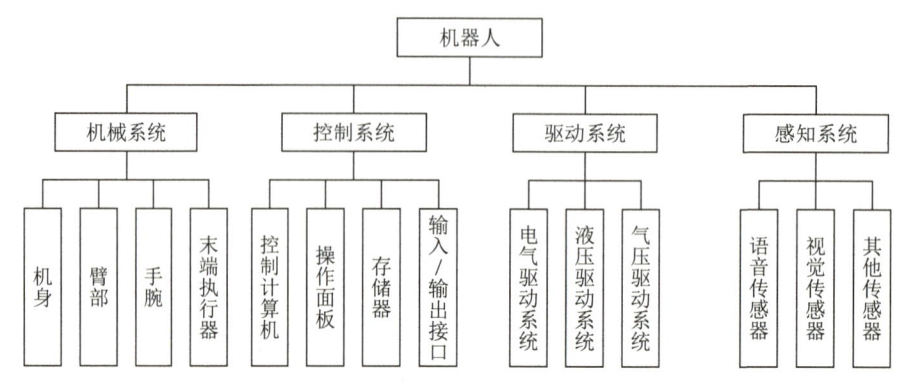

图 3-8 机器人的结构

1）机械系统。机器人的机械系统由机身、臂部、手腕和末端执行器组成，形成一个多自由度的结构。末端执行器直接装在手腕上，可以是手爪或作业工具。机械系统相当于人的身体部分。

2）控制系统。控制系统负责根据程序和传感器信息控制机器人执行任务。它由计算机硬件和软件组成，包括人机交互系统和控制算法。控制系统相当于人的大脑。

3）驱动系统。驱动系统负责驱动机械系统动作，分为电气、液压、气压驱动系统及它们的综合系统。电气驱动系统普遍使用步进电机、直流伺服电机和交流伺服电机。液压驱动系统适合重载搬运，但结构复杂。气压驱动系统用于手爪开合，具有简单、快速、成本低的优点。

4）感知系统。感知系统由内部和外部传感器组成，用于获取机器人内外信息并反馈给控制系统。内部传感器检测关节状态，外部传感器检测与环境的交互状态，使机器人能灵活识别环境。感知系统相当于人的五官。

2. 大模型接入工业机器人

工业机器人依赖于多种技术的融合，包括计算机视觉、传感器融合、语音识别和机器人力学。这些技术使机器人能够感知环境、处理感官输入，并与物体和人类进行物理交互。

当大模型如 ChatGPT 接入机器人时，相当于为机器人注入了 AI 的灵魂。嵌入大模型的机器人能够利用自然语言处理技术和深度学习架构（如 Transformer 架构），理解人类语言，感知并生成上下文，从而更准确地理解并执行各种任务。

3. 案例—通义千问伙伴计划：构建 AIGC 生态合作的新范式

"通义千问"是达摩院自主研发的超大规模语言模型，具备强大且丰富的语言模型能力，汇聚"知识、情感、记忆、个性"四位一体的对话能力。它能够提供文本分析、文本创作、逻辑推理、多模态理解、多语言支持等多种场景能力。通过自然语言理解和语义分析，"通义千问"能够响应人类以自然语言方式发出的指令，执行各类任务，在不同领域为用户提供服务和帮助，如回答问题、创作文字、编写代码、提供多语言翻译服务、进行文本润色和文本摘要，以及扮演角色进行对话等。

在 2023 年第六届数字中国建设峰会上，阿里云智能集团展示了将"通义千问"大模型集成到工业机器人中，允许用户通过钉钉发送指令远程控制机器人。演示视频显示，工程师通过钉钉发送指令后，大模型理解并编写代码，使机器人识别环境、抓取水杯并递给工程师。此前，机器人仅限于执行固定任务，而大模型的引入使得通过自然语言指挥机器人成为可能。大模型在工业机器人开发中简化了代码生成和调试过程，并能创造新功能，如自主编排抓取和移动动作。在应用阶段，大模型提供推理决策能力，将文字指令转化为机器人可执行代码，提升工作效率。

"通义千问伙伴计划"是阿里云于 2023 年 4 月 26 日在阿里云合作伙伴大会上发布的一项重要计划。该计划旨在面向生态开放以通义千问为代表的模型能力和训练底座，与产品生态伙伴展开在行业模型方向的 MaaS（模型即服务）产品的集成与被集成合作，为用户提供基于 AIGC 领域研究成果在行业中的最新技术应用与解决方案。

3.3.3 大模型赋能人形机器人——宇树科技的人形机器人

目前，传统机器人已步入成熟阶段，整个机器人产业正加速向"智能化"方向迈进。借助机器视觉、自然语言理解等人工智能技术的进步，生成式人工智能的迅猛发展与 AGI 的曙光初现，为人形机器人和"具身智能"注入了新的希望。

具身智能被视为人工智能的终极形态，它们通过物理身体进行感知，借助智能体与环境的交互来获取信息、理解问题、做出决策并付诸行动。简而言之，具身智能既可以被理解为大型模型披上了机器人的"外壳"，也可以被视为机器人生出了大型模型的"大脑"。

1. 人形机器人

人形机器人（Humanoid Robot）是一种模仿人类外观和行为的机器人，也称仿生人。其主要特征是拥有与人类相似的机体结构，能够模拟人类的动作、语言及行为。过去，人形机器人仅存在于科学幻想领域，常见于电影、电视、漫画和小说等作品中。然而，随着机器人技术的不断进步，如今已能设计出高度功能化和高拟真度的人形机器人。例如：部分人形机器人拥有逼真的皮肤、头发和身体形态，能够精准模拟人类的动作和行为；另一些则具备人类的情感和反应，如能表达喜、怒、哀、乐等情绪。除了外观上的高度拟真，人形机器人在功能上也在不断向人类活动靠近。例如，它们可以模拟人类的行为，包括行走、握手、做面部表情等。此外，人形机器人还能学习人类的语言，并具备一定的交流能力，能够与人类进行互动。

2. 政策支持

深圳市于 2023 年 5 月发布《深圳市加快推动人工智能高质量发展高水平应用行动方案（2023—2024 年）》，明确提出孵化高度智能化的生产机器人，并加速组建广东省人形机器人制造业创新中心，以推动人工智能技术的创新和应用。上海市于 2023 年 5 月印发《上海市推动制造业高质量发展三年行动计划（2023—2025 年）》，明确指出瞄准人工智能技术前沿，构建通用大模型，面向垂直领域发展产业生态，建设国际算法创新基地，加快人形机器人的创新发展。北京市于 2023 年 8 月印发《北京经济技术开发区机器人产业高质量发展三年行动计划（2023—2025）》，明确提出对标国际一流产品，发挥龙头企业的引领作用，协同高等院校、科研院所开展人形机器人整机及关键零部件的技术攻关。同时，该计划还设定了到 2025 年的具体目标，包括经济技术开发区机器人研发投入的复合年增长率达到 50%，创建 50 个机器人应用场景示范项目，规模以上工业企业机器人密度达到 360 台/万人，产值规模达到 100 亿元。图 3-9 展示了服务机器人。

以上行动方案和计划的制定与实施，旨在推动人工智能、制造业及机器人产业的高质量发展，加速科技创新与应用，提升产业竞争力和经济社会效益。

3. 应用前景

随着人形机器人和 AI 大模型技术的持续突破，其在制造业中的应用前景极为广阔。未来，人形机器人将进一步优化其小型化、高效率和精确化的特性，广泛应用于汽车、电子、航空航天等领域，显著提升制造业的智能化和自动化水平。通过深度学习制造工艺体系和数据信息，人形机器人将逐步具备更强大的语音交互、视觉识别、运动规划和决策能力，能够更智能地执行复杂的生产任务，为企业带来更高的生产效益和经济效益。

图 3-9 服务机器人

人形机器人与 AI 大模型的结合，将推动制造业逐步向数字化、网络化、智能化的方向发展，促进制造业与人工智能技术的深度融合，为制造业创新与发展带来更多机遇，提升制造业竞争力。

4. 案例—春晚机器人扭秧歌的科技"秘籍"

2025 蛇年春晚，一场由张艺谋执导，杭州宇树科技与新疆艺术学院联袂呈献的创意融合舞蹈《秧 BOT》惊艳亮相。舞台大幕徐徐拉开，16 个来自杭州宇树科技的人形机器人——宇树 H1 "福兮"，身着花袄、手持花绢，随着节奏明快的舞步，与真人舞蹈演员共同演绎了"AI 机器秧歌"。

这场大型 AI 驱动的全自动集群人形机器人表演，展现了科技与传统文化的完美碰撞与融合。表演一开始，伴随着欢快的秧歌调和节奏鲜明的锣鼓声，机器人方阵迅速从紧凑的长方形队形扩展至整个舞台，其间机器人动作整齐划一，令人不禁赞叹"训练有素"。

据悉，凭借高精度 3D 激光 SLAM 自主定位与导航、多智能体协同规划、先进的组网方案等尖端技术，宇树 H1 不仅能在舞台上实现精准定位和稳定连接，使动作和队形达到"复制、粘贴"般的精确效果，同时其强大的集群协同控制系统还能使它们及时根据舞台变化做出相应调整（见图 3-10）。

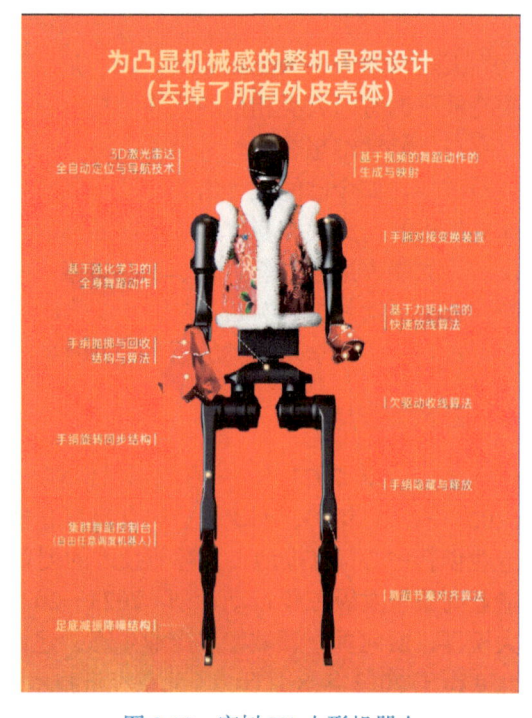

图 3-10 宇树 H1 人形机器人

除了脚下队列的整齐划一，"手上功夫"的灵巧多变更是这次机器人演出的一大亮点。扭胯、挑帘、甩手、摆臂、转手绢，形式丰富且活泼灵动的扭秧歌动作被机器人演绎得栩栩如生，而这一切离不开一项"秘密武器"——AI驱动全身运动控制技术。

作为能够完成原地空翻的全尺寸电驱人形机器人，宇树H1的最大关节转矩可达360N·m，这使其能够完成许多真人表演者都难以实现的高难度动作。同时，宇树H1还配备了360°全景深度感知技术，宛如拥有多双眼睛，能将周围环境尽收眼底，这为其完成"转手绢""丢手绢"等精细动作提供了强大的适应性和稳定性。

作为一场人与机器人同台演绎的艺术呈现，如何将音乐和舞蹈的节奏韵律完美展现，是机器人表演的关键。据悉，宇树H1凭借先进的AI算法得以"听懂"音乐，不仅能紧跟音乐节奏，还能根据音乐实时调整动作，使舞蹈既稳健又美观，而非简单的机械舞动。表演行至高潮，只见机器人齐刷刷地缓缓"藏手绢"、快速"亮手绢"、摆臂"转手绢"，一套动作如行云流水，伴随着背景音乐中的唢呐声，传达了扭秧歌的洒脱韵律和欢快氛围（图3-11）。

如此精彩的"人机共舞"在春晚舞台上并非首次亮相。此前，同样出自杭州宇树科技之手的机器牛"犇犇"，便曾在2021年牛年春晚与表演者携手共舞（图3-12），其可爱的外形和灵巧的动作当即吸引了众人的目光。

图3-11　机器人表演　　　　　　　　　图3-12　2021年牛年春晚机器牛表演

随着人形机器人技术的创新突破，科技与文化艺术之间的跨界融合正越发频繁地"闪耀舞台"。

3.4 大模型 + 智慧金融

近年来，金融机构面临市场竞争加剧、人力成本上升、市场监管趋严等多重挑战。金融机构迫切需要借助AI、大数据等数字技术加速转型，提升金融服务质量和企业竞争力。

自2023年以来，随着生成式人工智能技术的突破性进展，金融机构积极探索大模型在金融领域的落地应用。目前，大模型及相关产品在计算机视觉、智能语音与对话式AI、机器学习、知识图谱、自然语言处理等细分领域和垂类功能方面逐渐完善。这些技术能够与金融业务场景高度匹配，满足金融机构数字化转型的需求，成为推动金融业数字化升级的必然选择。

大模型在金融业拥有广阔的应用前景，能够贯穿前台、中台、后台的各个环节，助力核心业务线实现流程再造和质量效率提升。目前，金融领域的大模型已在投资研究、风险控制、营销和服务等数字化经营的关键环节得到广泛应用，并取得了显著成效。

3.4.1 投研助手——浦发银行投研助手

1. 投研大模型的应用场景

投研领域普遍被视为大模型最有可能率先实现广泛应用的场景。目前，该领域的工作主要依赖行业分析师和客户经理的知识与经验。然而，这种方式存在较高的信息和技术壁垒。通过应用金融大模型，挖掘海量的专业知识、投资标的信息及大量投研数据，可以有效实现信息对称。这不仅有助于投研人员更精准地理解客户需求，还能提升他们的分析水平和工作效率。

1）用户需求洞察：在投资咨询方面，借助大模型提供的数据集特征，投资顾问能够梳理出不同客群在投资决策时的风险偏好及顾虑因素，从而使与客户的沟通更加高效和有针对性。

2）金融市场及数据分析：大模型能够协助金融机构对海量数据进行分析，揭示隐藏的规律和趋势，帮助投资经理更深入地理解和分析市场数据，发现潜在的投资机会，并提供相应的投资建议。

3）投资研究助手：大模型在处理大量文本时，擅长要点抽取与关键信息整理，这一能力使其成为专业投资顾问进行桌面资料研究的强大助手。

2. 案例一浦发-百度：投研助手在审计制度场景的应用

浦发与百度合作搭建审计知识库，通过"大模型 + 向量数据库"构建了审计领域的制度搜索服务。向量数据库积累了自有的审计制度知识资产，同时采用了对话引导的问答交互方式。审计人员只需通过简单的提问，即可快速且准确地查找所需的知识。这一解决方案发挥了浦发银行丰富多样、高质量的知识资产优势，为审计人员提供了专业且时效性强的研究助手服务，如图 3-13 所示。

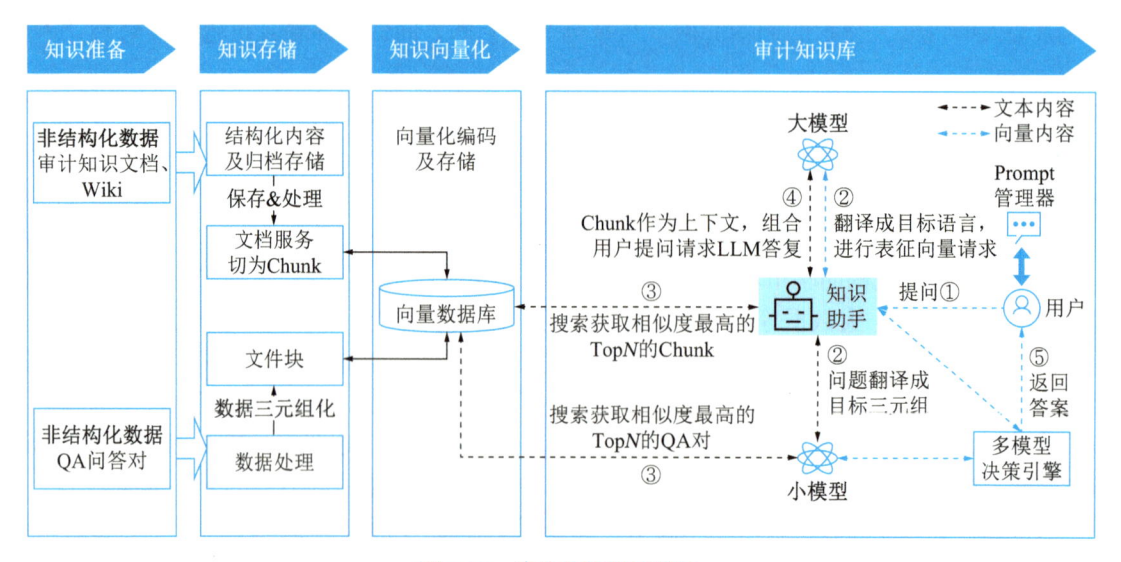

图 3-13 浦发银行投研助手

3.4.2 风控合规——度小满轩辕风控大模型

1. 风控大模型的应用场景

以往，金融风险的检测和分析主要依赖于人工及风控模型。该过程涉及大量交易数据的分析和风险案例的研究，对风控人员的专业素养和经验要求极高。然而，随着新型信贷欺诈和恶意攻击的复杂性、多样性日益增加，传统的风控方法已难以应对。大模型技术凭借其强大的学习能力和处理海量数据的能力，为解决这些问题提供了新的途径。

1）智能欺诈检测与分析：金融风控大模型不仅能深度学习已有的风控策略和各类交易数据，有效识别新型欺诈行为和风险，还能根据实际情况动态调整风控策略，进一步提升风控效果，提供更精确的欺诈预警，为金融安全构筑坚实防线。

2）高效查询合规文件：以往翻查各类合规文件需耗费大量时间，而大模型的处理能力使得文件的及时更新与条款检索变得简单快捷，有效提升营商风险管理水平。

3）合同文本生成与检查：在金融法律文书及合同模板的管理上，人工操作烦琐且易出错。大模型可根据业务需求自动生成基础合同，并对风险条款进行标注，以提醒风控人员进行条款说明，确保金融业务合规。

4）安防与身份识别：依托 CV 大模型的视觉感知与内容分析技术，对银行网点、券商开户中心、保险承保柜台等线下业务渠道进行实时监测与管控，将分析结果应用于业务风险预警或辅助决策等。

2. 案例—度小满：轩辕风控大模型

度小满轩辕风控大模型与原有的触发式风控决策引擎相结合，通过深入理解客户的历史信息及精准洞察其需求，构建出小微企业及其企业主的精准画像。该模型能够全面分析企业的经营能力和状况，紧密追踪小微客户的需求及风险变化，提供精准的授信服务，有效降低小微金融的风险成本，如图 3-14 所示。

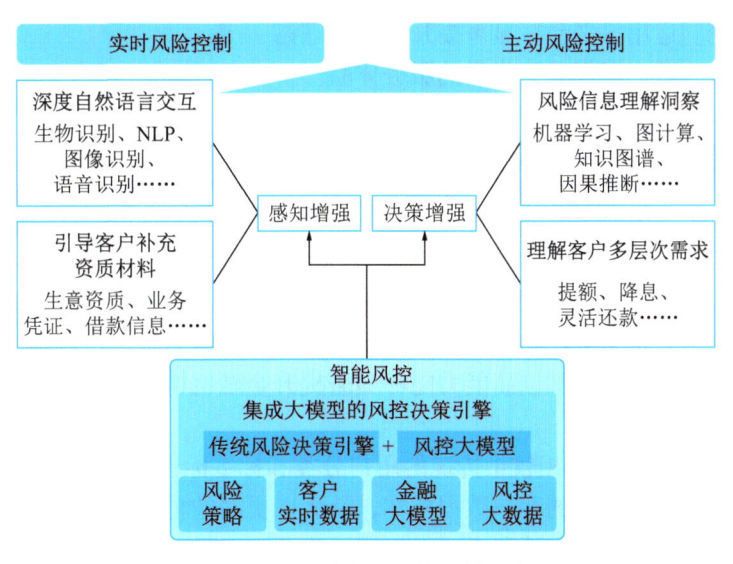

图 3-14 度小满轩辕风控大模型应用

此外，度小满轩辕风控大模型还通过引导客户提供有针对性的资质材料，并与风控决策引擎协同作用，生成新的决策方案，显著提升客户融资需求的满足率。据官方介绍，引入轩辕风控大模型可使银行信贷风险降低 25%。

3.4.3 理赔助手——众安科技智能保险系统

1. 理赔大模型的应用场景

在保险理赔等业务流程中，应用大模型能显著提升效率。借助图像识别和自然语言处理等先进技术，大模型能够自动完成理赔的初步核定、定损、赔付等环节，有效缩短理赔周期，提升理赔效率。

1）智能化处理进件：利用大模型的识别和分类能力，可迅速完成大量材料的自动识别与判断，大幅度提高工作效率，同时提升资料审核的精准度。

2）文件要点提取：借助大模型自动提取文件中的关键信息，减少人工甄别的工作量，并通过人工二次核查，使保单承保、理赔等业务流程更加顺畅。

3）客户信息的自动录入：通过大模型实现保单资料的自动录入和分析，显著提高数据录入的准确性和处理效率。

2. 案例—众安科技：利用智能保险系统实现自动化理赔处理

众安科技基于大模型技术研发了新一代财险核心业务平台，如图 3-15 所示。该平台具备智能识别理赔医疗票据的功能，能够自动填充并解析医疗票据内容，覆盖各类医疗票据，满足不同地区和医疗机构的需求。此外，平台还能依据产品条款、医疗票据内容及客户信息，自动识别客户风险及理赔责任，并智能理算案件明细数据，生成赔付结论。运用该平台，显著提升了保险理赔的效率和准确性，为客户提供了更优质的服务体验。

图 3-15　众安科技智能保险系统

3.4.4 智能营销——言犀大模型

1. 营销大模型的应用场景

目前，广泛应用的 CRM 或智能营销管理系统，主要基于现有产品的营销数据进行深入分析，并提供多样化的分析结果。然而，这些系统通常不对分析结果进行评判，也不提供改进建议。相比之下，大模型的生成和创新能力能够显著提升金融机构在精准获客和个性化营销服务方面的能力。

1）精准客群细分与获客：相较于传统的用户分类和标签标注方法，大模型能够帮助金融机构在更短的时间内分析更广泛的客户数据样本，从而以更高的精度识别目标客群，发现并吸引那些可能对新产品感兴趣的潜在消费者。

2）自动生成营销文案：与传统的人工撰写营销文案相比，引入大模型后，文案撰写工作变得轻而易举。通过提示词引导，大模型可以根据金融产品特性和目标客群标签高效创作文案，或为营销策划提供灵感。

3）个性化营销内容创造：在传统依赖人工撰写文案和制作图片的时代，实现用户"千人千面"的精准营销几乎是一项不可能完成的任务。而引入大模型后，通过大量营销物料的预训练，大模型能够为每位用户设计专属内容，使得个性化营销成为现实。

2. 案例—京东云：依托言犀大模型加速推进数智营销创新

大模型与营销的深度融合，催生了全新的营销模式。京东科技凭借言犀大模型的技术支撑，成功开发了 AI 增长营销平台。此平台整合营销内容生成、精准营销获客、个性化服务与导购、全旅程洞察分析等营销全链路，从而构建更智能、更高效、更协同的十大 AI 营销产品（图 3-16），不仅能帮助品牌商家更好地理解和服务目标用户，还助力全营销流程降本增效。

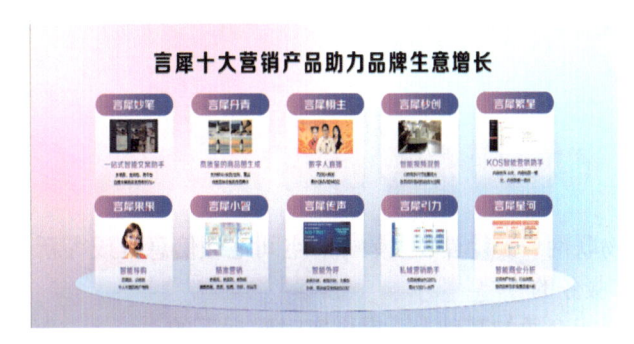

图 3-16　言犀十大营销产品

在电商领域，京东云 AIGC 内容营销平台凭借京东全品类丰富的商品数据积累和强大的大模型支持，能够更精准地理解商品特征，从而协助商家自动生成商品图片、卖点等营销素材，显著提升商家运营工作效率和营销内容质量。通过一张商品图片，该平台能迅速生成电商运营所需的商品主图、营销海报图和商详图等（图 3-17），全面满足快速开店、上品、营销的需求，每套图的成本降低 90%，制作周期从 7 天缩短至 0.5 天。

图 3-17　生成商品图片

作为 AIGC 内容营销平台服务的品牌商之一，京东京造借助大模型能力，实现了内容营销的智能升级。相关负责人表示："言犀大模型拥有超越素材限制、超越人力限制的'超'能力，能够极大地提升创作者的想象力，同时提升设计、文案创作等工作的效率，用较低成本实现内容质量的明显提升。"

拓展阅读 我国生成式人工智能服务数量突破 300 款

截至 2024 年 12 月 31 日，我国已有 302 款生成式人工智能服务顺利完成备案，其中 2024 年新增备案 238 款。这一数据充分表明，随着技术不断进步和市场需求持续攀升，生成式人工智能正日益成为科技发展的新热点。此外，针对通过 API 接口或其他方式直接调用已备案模型的生成式人工智能应用，地方网信办也已登记了 105 款相关应用或功能，显示出行业监管念正逐步深化。

对于具备社会动员能力或舆论影响力的生成式人工智能服务，企业可通过属地网信部门进行备案或登记。而已上线的生成式人工智能应用，也需在产品详情页面的显著位置公示所使用的已备案服务信息，包括模型名称及备案号。这不仅是对消费者的尊重，更是对整个行业健康持续发展的责任。

3.5 习题

1. 填空题

1）_____依托物联网、云计算、大数据、空间地理信息集成等新一代信息技术，推动城市规划、建设、管理和服务的_____。

2）智慧交通是在智能交通的基础上，提供实时数据下的_____服务，实现了人、车、路之间的紧密协作与和谐统一。

3）大模型在_____中提升了交通管理效率、安全性和智能化水平。

4）大模型可以_____并_____潜在的疾病类型和患者的病情变化，为医生提供更加准确和及时的诊断和治疗方案。

5）大模型可以用于发现新的药物分子并_____其效果。

6）大模型能够自动_____和_____医学影像，从而提升诊断的准确率。

7）智能制造是一种由_____和_____共同组成的人机一体化智能系统。

8）机器人的结构包括_____、_____、_____和_____四部分。

9）感知系统由内部和外部_____组成，用于获取机器人内外信息并_____给控制系统。

10）具身智能用物理身体进行感知，通过_____与_____的交互获取信息、理解问题、做出决策并实现行动。

2. 简答题

1）简述政务大模型在政务领域的应用。

2）简述大模型对智慧交通的意义。

3）简述大模型在智慧环境建设中的应用。

4）简述大模型在智慧安防领域的应用。

5）简述大模型在智慧医疗的应用。

6）简述大模型在金融业的应用。

第 4 章

Transformer 模型

> **知识目标**
> 1. 掌握自然语言处理的基础知识。
> 2. 熟悉传统语言模型的知识及其发展历程。
> 3. 理解 Transformer 模型的结构及其工作原理。
> 4. 理解掩码多头自注意力机制。
>
> **素养目标**
> 1. 通过语言模型的学习，培养学生正确认识问题、分析问题以及解决问题的能力。
> 2. 通过 Transformer 模型结构的学习，帮助学生构建科学思维和掌握推理机制的能力。
> 3. 通过诺贝尔化学奖案例的学习，培养学生勇攀科学高峰的责任感和使命感。

案例导入 2024 年诺贝尔化学奖再次花落人工智能

2024 年 10 月 9 日下午，瑞典皇家科学院宣布将 2024 年诺贝尔化学奖的一半授予 David Baker，以表彰他在计算蛋白质设计领域的杰出贡献，另一半则由 Demis Hassabis 和 John Jumper 共同分享，以肯定他们在蛋白质结构预测方面的卓越成就（见图 4-1）。继诺贝尔物理学奖授予人工神经网络之后，化学奖颁给了 AlphaFold 和计算蛋白质设计，这一系列奖项的颁发彰显了人工智能在推动科学创新中的关键作用，预示着人工智能正引领科学界步入一个全新的发展纪元。

图 4-1 2024 年诺贝尔化学奖获得者

David Baker 成功构建了全新的蛋白质，完成了几乎不可能的壮举。Demis Hassabis 和 John Jumper 开发了一种人工智能模型，解决了一个长达 50 年的难题：预测蛋白质的复杂结构。

Demis Hassabis 和 John Jumper 开发的人工智能模型名为 AlphaFold，该模型于 2018 年首次推出，并在一项两年一度的蛋白质结构预测竞赛——"蛋白质结构预测技术的关键测试（CASP）"

中一举夺魁。然而，真正令生命科学界震撼的是 2020 年底发布的第二代深度学习神经网络 AlphaFold2。在 CASP 竞赛中，AlphaFold2 的许多预测结果极为准确，与实验确定的蛋白质结构几乎无法区分。

借助 AlphaFold2，研究人员能够预测几乎所有已知的 2 亿种蛋白质的结构。AlphaFold2 的核心技术是其深度学习模型，该模型基于一种名为 Transformer 的神经网络架构。Transformer 最初是为自然语言处理设计的，能够识别序列中词语之间的关系。AlphaFold2 巧妙地将这一技术应用于氨基酸序列，分析哪些氨基酸在最终的三维结构中会相互接近。通过数百万次的训练学习，Transformer 能够逐步生成越来越接近真实结构的预测，以前所未有的高准确性预测蛋白质结构，彻底革新了结构生物学领域。

4.1 自然语言处理基础

在深入探讨 Transformer 之前需了解其最初被提出时所应用的领域——自然语言处理，同时应对序列到序列模型有充分的认知。

4.1.1 自然语言处理的概念

自然语言通常指人类使用的语言，它是人类思维的载体和交流的基本工具，同时也是区分人类与动物的根本标志之一，更是人类智能发展的外在体现形式。人类的自然语言种类繁多，每种语言都具备独特的表现形式，因此对它们的研究需要有针对性地开展不同工作。然而，由于这些语言均属于人类语言范畴，必然存在诸多共通之处，尤其在人类"理解"的机理方面表现得尤为明显。

自然语言处理（Natural Language Processing，NLP），简而言之，就是利用机器对人类语言进行处理。它致力于研究实现人与计算机之间通过自然语言进行有效通信的各种理论和方法，如图 4-2 所示。自然语言处理是当前计算机科学和人工智能领域的重要研究方向，是一门融合语言学、计算机科学、数学等多学科知识的综合性科学。

从自然语言的角度来看，自然语言处理大致可分为自然语言理解和自然语言生成两个部分。

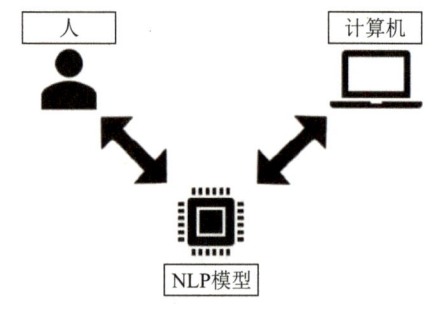

图 4-2 自然语言处理

1. 自然语言理解

根据自然语言的不同表现形式，自然语言理解可分为口语理解和文字理解两大方面。口语理解旨在使计算机能够"听懂"人们所说的话语；而文字理解则是指计算机能够"看懂"输入其中的文字资料，并能以文字形式做出相应回应。例如，在手机上对 Siri 说"嘿，Siri，打电话回家"，Siri 便会自动为你拨打家里的电话。

2. 自然语言生成

自然语言生成是指遵循特定的语法和语义规则，将计算机数据转化为自然语言的过程，即将语义信息以人类可读的自然语言形式进行表达。例如，当我们对手机 Siri 说 "Siri, 现在几点了？"时，Siri 会回复"现在是下午 2:08"，这展示了机器自主生成自然语言的能力。

在自然语言处理领域，关键在于确保沟通是以人类的自然语言进行的。几十年来，人们一直在与机器进行互动，编写程序以使机器执行特定任务。然而，这些程序通常使用非自然语言编写，如 Java、Python、C 和 C++，它们主要考虑机器的理解和处理能力，始终围绕"机器能够轻松理解和处理什么？"这一核心问题。尽管 Python 相对用户友好，易于学习和编码，但人类仍需学习机器能理解的语言以与之沟通。

自然语言处理的目标并非让人类适应机器的沟通方式，而是使机器能够适应人类的交流方式。这一目标的深远意义在于，技术的本质是为了让我们的生活更加便捷。

例如，编写第一个程序时，你可能让机器打印"hello world"的代码。这是你顺应机器，要求它以自身理解的语言执行任务。而当你通过语音命令要求语音助手说出"hello world"，并得到相应反馈时，这便是自然语言处理应用的实例。此时，你使用自然语言与机器通信，机器适应你的沟通方式，理解你的指令，处理并执行你所要求的操作。

4.1.2 自然语言处理任务

自然语言处理任务是指通过计算机对自然语言文本进行理解、分析和处理的一系列任务。这些任务涵盖从文本中提取信息、理解语义、生成文本以及与人类进行交互等多个方面。

自然语言处理的研究可以追溯到 20 世纪 50 年代，早期研究主要集中在基于规则的方法，其中语言规则由专家手动编写。然而，随着人类语言的复杂性和变化性逐渐显现，这种方法的手动编写规则变得越发困难。

随着机器学习和深度学习技术的不断进步，自然语言处理迈入了一个新的发展阶段。通过大规模语料库进行训练，计算机能够学习语言的统计规律和模式，从而在处理自然语言任务时获得更佳效果。深度学习模型如循环神经网络（RNN）、卷积神经网络（CNN）以及 Transformer 模型等，进一步推动了自然语言处理领域的进步。

自然语言处理任务可以细分为众多具体任务，以下列举了一些常见的自然语言处理任务。

1. 词法分析

1）分词：将连续文本切分成独立单词或词素，这是文本处理的基础环节。例如，将"我爱自然语言处理"分词后得到"我/爱/自然/语言/处理"。在中文语境中，分词尤为关键，因为中文缺乏像英文那样的天然空格分隔。

2）词性标注：为每个单词标注其词性，如名词、动词、形容词等。这有助于明确单词在句子中的语法角色和语义信息，为后续的句法分析和语义理解奠定基础。

3）命名实体识别：识别文本中的专有名词和特定短语，如人名、地名、组织机构名等，并将其与普通单词区分开。这对于信息提取、知识图谱构建等任务具有重要作用。

2. 句法分析

分析句子中词语间的结构关系，将句子切分成不同成分，如主语、谓语、宾语、定语、状语等，并构建句法树以描述这些成分间的关联。通过句法分析，计算机能更准确地理解句子的语法结构和语义信息。

3. 语义分析

1）情感分析：评估文本中所表达的情感倾向，如积极、消极或中立。该技术在产品评论、社交媒体监测等领域具有广泛的应用。

2）机器翻译：通过计算机将一种自然语言自动转换成另一种自然语言。机器翻译通常采用基于规则的方法和统计机器翻译技术，近年来取得了显著进步，在一些场景下已达到人类专业译者的水平。

3）问答系统：允许用户以自然语言提问，并从文档、网页或其他信息源中检索答案。该系统需对问题进行解析和理解，在大规模文本中搜索相关信息，最终生成准确的回答。

4）信息检索：在大规模文档集合中查找与用户查询相关的文档。自然语言处理技术在信息检索中扮演着重要角色，如关键词扩展、语义查询扩展等，有效提升检索的准确性和效率。

5）文本摘要：自动生成给定文本的简短摘要或提取关键内容。此功能有助于快速把握长篇文章的核心信息，提高阅读效率。

4. 篇章级分析

1）文本分类：将文本数据按照不同的主题或类别进行划分。常用于新闻分类、垃圾邮件过滤、情感分析等任务。

2）文本聚类：根据文本内容的相似性将文本数据划分为不同的组或簇。这种方法有助于发现文本数据中的模式和趋势。

3）机器阅读理解：让机器能够理解文章的内容，并回答相关问题。机器阅读理解是一项复杂的任务，需要综合运用多种自然语言处理技术和深度学习模型。

5. 语音相关处理

1）语音识别：将人类的语音转化为文本。语音识别技术广泛用于智能客服、语音笔记、语音搜索等应用。语音识别的难点在于如何处理噪声和口音问题，以及如何准确地识别语调和语音。

2）语音合成：将文本转化为人类可听的语音。这种技术广泛用于智能客服、语音助手、播客制作等应用。

6. 其他任务

1）文本纠错：自动检测和纠正文本中的拼写和语法错误。

2）文本生成：根据给定的输入生成符合语法和语义规则的自然语言文本，包括新闻写作、对话系统、自动摘要等。

3）文本相似度：衡量两个文本之间的相似程度，可用于文本匹配、推荐等应用。

4.1.3 语言输入的预处理

在将自然语言处理的文本输入特定模型之前，通常需要对语言输入进行预处理，包括文本清洗和分词处理。

1. 文本清洗

文本清洗是自然语言处理中至关重要的预处理步骤，旨在去除文本数据中的噪声、无用字符和不必要的信息。以下是文本清洗的一些常见技术和步骤。

（1）去除特殊字符和标点符号

1）去除文本中的特殊字符、非字母数字字符和无效符号。这可以通过使用正则表达式或字符串操作来实现。例如，可以使用正则表达式[^a-zA-Z0-9]来匹配并删除非字母数字字符。

2）去除标点符号。根据任务需求，可以选择保留或删除标点符号。在某些情况下，标点符号可能包含重要的语义信息，而在其他情况下，它们可能被视为噪声。

（2）处理 HTML 标签和特殊符号

1）在处理从网页或 HTML 文档中提取的文本时，可能需要去除 HTML 标签和特殊符号。可以使用库或工具（如 BeautifulSoup）来解析 HTML 并去除标签。

2）处理特殊符号，如 Unicode 字符、Emoji 或特殊表情符号。可以使用 Unicode 编码范围或特定的字符映射表来过滤或替换这些符号。

（3）清除无意义的文本

在某些情况下，文本数据中可能包含无意义的文本片段，如广告语、重复的模板文本或与特定任务无关的内容。这些无意义的文本可以通过文本匹配、规则过滤或机器学习方法进行识别和去除。

文本清洗的具体步骤和技术取决于任务和数据的特定需求。通过文本清洗，可以获得干净、准确且一致的文本数据，以便后续的自然语言处理任务（如分析、建模、分类等）能够更加准确和有效地进行。

2. 分词

人类之间的有效沟通完全依赖于自然语言，这种语言包含无数复杂的词汇，而这些词汇对计算机而言却是完全陌生的。计算机无法直接处理一个单词或一个汉字，因此在进行模型训练前，需要将人类能够理解的元素转化为计算机可以计算的向量。

分词器正是为模型准备输入内容的工具，它将语料数据集预处理为模型可以接收的输入格式。对于文本格式的数据来说，分词器的作用是将文本转换为词元序列。一个词元可以是一个字母、一个单词、一个标点符号或一个其他符号，而这个过程也被称为分词（tokenization）。

（1）词元

分词的目的是将输入文本转换为一系列词元，并确保每个词元拥有相对完整的独立语义。词元（token）可以理解为最小的语义单元。例如"Hello World!"这句话，可以将其分为 4 个词元，即["Hello"，" "，"World"，"!"]，然后将每个词元转换成一个数字。后续就用这个数字来表示该词元，这个数字被称为词元 ID，也称为 token ID。可以用表 4-1 来表示这句话的词元及其对应的 ID，而最终"Hello World!"就可以转换为"1234"的数字序列。

表 4-1 "Hello World!"的分词示例

词元 ID	词元	备注
1	Hello	
2		空格
3	World	
4	!	

那么，分词应当细化到何种程度呢？在英文中，分词的粒度由细至粗依次为 character、subword、word。其中，character 代表单个字符，如 a、b、c、d。word 则指代整个单词，例如 water 表示"水"的意思。subword 相当于英文中的词根、前缀、后缀等，例如 unfortunately 中的 un、fortun(e)、ly 等即为 subword，它们各自承载着特定的含义。

对于中文而言，分词算法同样经历了按词语分、按字分和按子词分三个发展阶段。按词语分和按字分相对容易理解，并且已有一些工具包可供使用，如 Python 中广泛应用的中文分词库 jieba。若采用按子词分的方式，词元则可以是偏旁部首，而对于结构简单的字，一个词元也可为一个完整的字。例如，"江""河""湖""海"这四个字均与水相关，且均含三点水旁，因此在分词过程中，"氵"极有可能作为一个词元，"工""可""胡""每"则分别作为其他词元。假设"氵"的词元 ID 为 1，"工""可""胡""每"的词元 ID 依次为 2、3、4、5，那么"江""河""湖""海"的词元序列可分别表示为 12、13、14、15。这种处理方式的优点在于，只要字中包含三点水旁，或词元序列中包含词元 ID 为 1 的元素，即可判定该字或词元序列与水相关。即便是"沙漠"的"沙"字，由"氵"和"少"组成，也可理解为水稀缺之地。

（2）BPE 分词算法

BPE（Byte Pair Encoding）分词算法是一种基于子词的分词方法，常用于 Transformer 模型。该算法能够将复杂词汇拆分为更小的子词单元，从而提升模型的效果和泛化能力。

使用单个字母或单词作为词元会引发一些问题。首先，不同语言的词汇量各异，若每个单词都需分配唯一的词元 ID，将占用大量的内存空间。其次，某些单词可能鲜少出现或为新造词，如专有名词、缩写、网络用语等，若要使模型持续处理这些单词，就必须不断更新词元 ID 表格并重新训练模型。

为解决上述问题，BPE 分词算法将文本分割为更小的子单元（subword），这些子单元可以是单个字母、字母组合、部分单词或完整单词。BPE 基于统计频率合并最常见的字母对或子单元对，从而更高效地处理不同语言的词汇量和新出现的单词。

BPE 也是一种基于统计的分词算法。在训练阶段，BPE 通过迭代合并出现频率最高的子词对来构建词表。在分词阶段，它将文本中的词汇逐步拆分为词表中的子词单元。BPE 算法能有效处理未登录词和稀有词，且无须预先定义词表大小。

根据分词基本单位的不同，BPE 可进一步分为字符级别和字节级别。使用字符级别 BPE 的模型包括 LLaMA 系列等，而 Open AI GPT 系列则采用字节级别的分词器 TikToken。

4.2 传统语言模型

人类主要依赖语言来表达思想和进行沟通。这种语言技能通常在儿童早期开始形成，并在人的一生中持续发展和完善。为了让计算机能够与人类有效沟通，人们一直在努力开发具备类似人类语言能力的人工智能算法，以便机器能够使用自然语言进行交流。

从技术角度来看，语言模型是提升机器语言智能的关键技术手段。下面将介绍语言模型的发展历程。

4.2.1 语言模型的发展历程

一般来说，语言模型旨在对人类语言的内在规律进行建模，从而准确预测词序列中未来（或缺失）的词或词元的概率。根据所采用技术方法的不同，语言模型的发展经历了从统计语言模型到神经网络语言模型，再到基于 Transformer 的大语言模型的演进过程。

1. 统计语言模型阶段

统计语言模型是早期自然语言处理的重要工具，主要通过分析词序列的出现频率来预测下一个词。这种方法基于统计学的原理，利用大规模语料库中的词频信息来建模语言的概率分布。这一阶段的代表模型是 N-gram。

N-gram：基于马尔可夫假设，认为一个词出现的概率仅与其前面的 $n-1$ 个词有关。N-gram 模型简单易用，但存在数据稀疏和无法捕捉长距离依赖关系的问题。

2. 神经网络语言模型阶段

随着深度学习技术的发展，神经网络开始被应用于语言建模任务。神经网络语言模型通过引入神经网络结构来捕捉词与词之间的复杂关系，从而提升语言模型的性能。这一阶段的代表模型包括循环神经网络语言模型及其变体，如长短期记忆网络语言（LSTM）模型和门控循环单元网络语言（GRU）模型等。

RNN 通过引入循环连接来处理序列数据中的长期依赖关系。LSTM 和 GRU 作为 RNN 的改进版本，通过引入门控机制，有效解决了梯度消失或梯度爆炸问题。

3. 基于 Transformer 的大语言模型阶段

2017 年，Transformer 模型的提出标志着语言模型迈入大语言模型的新纪元。Transformer 模型通过自注意力机制和位置编码，有效处理序列数据中的长期依赖关系和位置信息，彻底摒弃了传统的循环神经网络结构。基于 Transformer 的大语言模型在预训练阶段利用大规模语料库进行训练，随后在特定任务上进行微调，取得了显著成效。这一阶段的代表性模型包括 BERT 和 GPT 系列。

BERT：由谷歌提出的一种基于 Transformer 的双向编码器表示模型。BERT 在预训练阶段采用遮蔽语言模型（Masked Language Model）和下一句预测（Next Sentence Prediction）两项任务来训练模型，显著提升了模型的语言表示能力。

GPT 系列：由 OpenAI 开发的基于 Transformer 的生成式预训练模型。GPT 系列模型在预训练阶段采用自回归语言建模任务进行训练，能够生成连贯、自然的文本。随着模型规模的不断扩大（如 GPT-3、GPT-4 等），GPT 系列模型在多个自然语言处理任务中表现卓越。

习惯上，人们将统计语言模型和神经网络语言模型统称为传统语言模型。传统语言模型指的是一系列结构相对简单、用于计算单词或单词序列概率的模型。它们从统计和概率的角度评估某个单词或单词序列的"合法性"。

说明："合法性"在此并非指语法上的严谨性，而是指某个单词或单词序列与人们使用语言的惯用模式的匹配程度。

4.2.2 统计语言模型

在 20 世纪 90 年代兴起的统计语言模型，是一种描述自然语言概率分布的模型。它基于统计方法，计算某个单词或单词序列出现的概率。这一概率取决于在给定特定词元序列之后，词元或词元序列出现的可能性。

假设我们拥有一个由一组词元构成的词表，那么语言模型会为每个词元序列分配一个概率，表示为 $W_1, W_2, \cdots, W_L$，其中 L 代表序列的长度，词元则从词表中提取。概率 $P(W)$ 是一个介于 0 和 1 之间的数值，用以衡量词元序列的质量。高概率意味着该序列更可能在语言中出现，而低概率则表示其不太可能出现在语言中。

一个优秀的语言模型应兼具语言能力和世界知识，能够识别语法正确且富有意义的句子，并为其赋予更高的概率。例如，对于序列"my dog just ate a chicken bone"（我的狗刚吃了一根鸡骨头），语言模型应分配较高的概率，而对于序列"my chicken dog bone just ate a"（我的鸡狗骨头刚吃了），则应分配较低的概率，因为后者不符合语法规则，人类难以理解。此外，尽管序列"a chicken bone just ate my dog"（一根鸡骨头刚吃了我的狗）在语法上与前一个序列相同，但基于世界知识，语言模型应为其分配较低的概率。因为从常识来看，鸡骨头吃狗是不可信的，而一个好的语言模型应能识别这种不可能的序列，并相应地分配较低的概率。

1. n-gram 语言模型

n-gram 指的是由 n 个连续单词构成的序列。例如，"large"是一个一元语法（Unigram）的实例，"large language"是一个二元语法（Bigram）的实例，而"large language model"则是一个三元语法（Trigram）的实例。基于 n-gram 构建的语言模型称为 n-gram 语言模型，这种语言模型将单词序列的生成过程视作马尔可夫过程，其数学基础是马尔可夫假设（Markov Assumption）。

马尔可夫假设是 n 元语法模型的核心概念。它指出，一个单词的概率仅取决于前一个单词，即当前单词仅依赖于序列中紧邻的前一个单词，而与其他单词无关。马尔可夫模型利用这一假设，只需回顾最近的单词，便能预测下一个单词出现的概率。

二元语法模型是马尔可夫模型的一个典型例子，它仅通过前一个单词来预测序列中的下一个单词。这种方法简化了条件概率的计算，使模型更加高效。例如，在序列"my dog just ate a chicken"中，二元语法模型仅考虑给定"a"时出现"chicken"的概率，而忽略句子的其余部分。相比之下，三元语法模型和 n 元语法模型分别回顾前 2 个和前 $n-1$ 个词。n 元语法模型能够比考虑整个句子更高效、更准确地估算下一个单词的概率。

要使用 n 元语法模型估计序列中下一个单词的概率，可以应用条件概率公式。

$$P(W_n|W_{n:n-1}) \approx P(W_n|W_{n-N+1:n-1})$$

式中，N 是 n 元语法模型的大小（$N=2$ 表示二元语法模型，$N=3$ 表示三元语法模型）。此公式根据前 $N-1$ 个单词的概率计算下一个单词的概率。

2. 最大似然估计

为了确定二元语法或 n 元语法的概率，一种常用方法是最大似然估计（Maximum Likelihood Estimation，MLE）。这种方法基于计算语料库中每个 n 元语法的频率，并将计数进行归一化处理，以获得介于 0 和 1 之间的概率。

要计算特定二元语法的概率，例如，给定前一个单词W_{n-1}时单词W_n的概率，我们计算该二元语法在语料库中出现的次数$C(W_{n-1},W_n)$，并将其除以相同的第一个单词W_{n-1}开头的所有二元语法的总和。这可以表示为

$$P(W_n|W_{n-1})=\frac{C(W_{n-1},W_n)}{\sum_W C(W_{n-1},W)}$$

式中，分子是特定二元语法的计数，分母是以相同的第一个单词开头的所有二元语法的计数之和，符号$\sum_W C(W_{n-1},W)$表示求取W_n所有可能的值之和。

值得注意的是，以特定单词W_{n-1}开头的所有二元语法计数的总和，必须等于该单词W_{n-1}的单元语法计数。这是因为在语料库中，W_{n-1}每出现一次都算作一次单元语法，并且也包含在以W_{n-1}开头的所有二元语法的计数中。因此，二元语法计数的总和不应超过单元语法计数。

虽然 MLE 在 NLP 中得到广泛应用，但是它也有一些局限性。例如，如果语料库中没有出现特定的n元语法，则其 MLE 概率将为零，这对于某些应用程序来说是有问题的。为了解决这个问题，研究人员已经提出了各种平滑技术，例如拉普拉斯（Laplace）平滑、古德-图灵（Good-Turing）平滑和 Kneser-Ney 平滑，这些技术借助具有类似上下文的其他n元语法信息来估计n元语法的概率。

4.2.3 神经网络语言模型

神经网络彻底革新了自然语言处理领域，尤其在语言建模方面表现突出。在神经语言模型开发之前，传统的统计语言模型依赖于离散的单词索引空间来估算给定前$n-1$个单词时某个单词的概率。然而，由于单词索引之间缺乏明显的关联性，这种方法在推广过程中面临很大挑战。

神经网络语言模型是指一类利用神经网络分类器来计算特定上下文中的单词或单词序列概率的语言模型。这类模型依赖于词嵌入技术和多层神经网络结构来实现上述概率计算。词嵌入是机器学习领域广泛应用的技术，其目标是将语义相似的单词映射到相近的向量空间位置。

根据神经网络结构的不同，神经网络语言模型可分为两类：前馈神经网络语言模型和循环神经网络语言模型。

前馈神经网络（Feedforward Neural Network，FNN）是人工神经网络的一种，其显著特征在于信息仅沿单一方向流动，即从输入层经过隐藏层，最终到达输出层，不存在反向连接。类似于多层感知器模型和卷积神经网络，这种网络结构简洁明了，易于理解和实现，是神经网络模型的基础之一。

在前馈神经网络语言模型中，首先将上下文中的每个单词映射为其对应的词嵌入，然后将这些词嵌入进行拼接作为输入。经过多层次的神经网络映射处理后，在最后一层通过 Softmax 函数输出一个在词汇表上的概率分布。基于此分布，并结合特定策略（例如选取概率最大的词），确定该上下文中模型预测的下一个词。然而，由于前馈神经网络语言模型仅能处理固定长度的单词序列，研究者进一步提出了循环神经网络语言模型，以支持处理任意长度的单词序列。

循环神经网络语言模型与前馈神经网络语言模型的主要区别在于隐藏层的计算方式。

1. 循环神经网络

循环神经网络（Recurrent Neural Network，RNN）是一种在序列数据分析中广泛应用的深度学习模型。与前馈神经网络相比，RNN 具备独特的记忆功能，能够有效处理输入数据的序列

依赖关系。该网络由保罗·韦伯斯（Paul Werbos）于1988年首次提出，通过引入循环结构，使模型能够持久化信息，从而更好地应对序列数据。RNN的循环机制使其能够记忆先前的输入信息，并将这些有用信息应用于后续输出的计算过程，因此在自然语言处理、语音识别、时间序列预测等领域表现出卓越的性能。

循环神经网络是一种以序列（Sequence）数据为输入，沿着序列演进方向进行递归（Recursion），且所有结点（循环单元）以链式连接的递归神经网络（Recursive Neural Network）。一个典型的RNN结构如图4-3所示，图中名为A的神经网络接收输入X_t，生成输出h_t，并在循环结构的辅助下，接收来自先前步骤的信息。

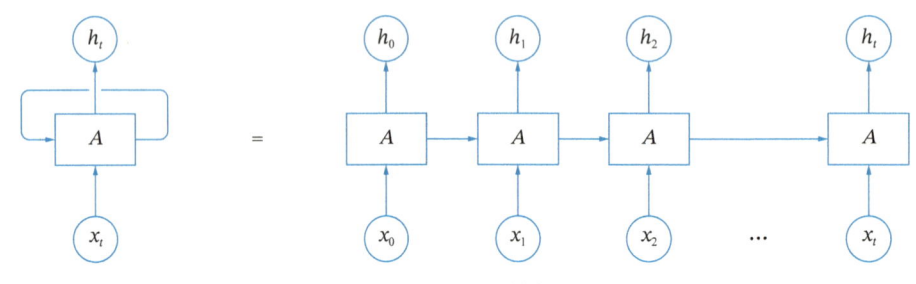

图 4-3　RNN 结构

RNN适用于输入数据具有依赖性且呈序列模式的场景，即前一个输入与后一个输入存在关联。从网络结构来看，RNN能够记忆先前的信息，并利用这些信息影响后续结点的输出。RNN的这种记忆特性使其在处理序列数据方面表现出色。然而，传统的RNN面临梯度消失和梯度爆炸的问题，这使得其难以有效处理长期依赖关系。

2. 长短时记忆网络

大量学者对基本RNN模型进行了改进，其中最成功的改进模型当属长短时记忆（LSTM）网络。该模型由霍克赖特（Hochreiter）和施米德胡贝（Schmidhuber）于1997年提出，部分借鉴了有关脑的记忆与信息处理机制的知识，将谷歌的语音识别性能提升了将近50%。LSTM网络能够有效缓解长期依赖问题，捕捉序列中的长距离历史信息，在序列建模的诸多问题上基本可以替代普通的RNN，并取得了显著效果。在图像描述问题上，基于"编码-解码"结构的图像描述模型的编码器通常采用LSTM网络。

与普通RNN相比，LSTM网络不仅使用隐藏状态保存信息，还引入了记忆细胞，并设置了输入门、输出门和遗忘门来控制记忆细胞。LSTM网络通过门控单元精细调控信息流动：记忆细胞通过输入门控制遗忘门，进而决定哪些历史信息加入记忆细胞状态；通过控制输入门，决定哪些新输入信息加入记忆细胞状态；通过控制输出门，决定记忆细胞状态中的哪些信息用于输出。

3. 门控循环单元神经网络

门控循环单元（Gated Recurrent Unit, GRU）神经网络是基于LSTM网络改进的模型。LSTM网络作为RNN的一种变体，其显著成就是有效克服了RNN在处理长依赖问题上的不足。然而，LSTM网络模型结构复杂，且存在训练和预测时间较长等问题。GRU神经网络的改进正是为了解决这些难题。

GRU 神经网络在 LSTM 网络的基础上进行了两项关键改进。首先，GRU 神经网络仅包含两个门：将 LSTM 网络中的输入门和遗忘门合并为更新门（Update Gate），用以控制记忆信息在当前时刻的保留量；另一个门为重置门（Reset Gate），负责控制遗忘的记忆信息量。其次，GRU 取消了进行线性自更新的记忆单元（Memory Cell），直接在隐藏单元中通过门控机制实现线性自更新。

4.3 序列到序列模型

自然语言处理的诸多任务，如语言翻译、内容摘要、对话系统等，实质上都是一个信息编码与再解码的过程。从本质上讲，这些任务都属于序列到序列的问题。具体而言，语言的编码过程形成了一个序列，称为输入序列，而解码过程则形成了另一个序列，称为输出序列。

最初，研究者尝试使用单一的 RNN 来处理这类序列到序列的自然语言处理任务，但效果并不理想。原因在于，RNN 在同时处理输入和输出序列（即同时负责编码和解码）时，容易导致信息损失。相比之下，Seq2Seq 架构通过引入编码器（Encoder）和解码器（Decoder），将输入和输出序列的处理过程分离，即在编码器和解码器中分别嵌入独立的 RNN，从而有效解决了编解码过程中的信息损失问题。接下来将介绍的 Seq2Seq 编码器-解码器模型，也是 Transformer 架构的基础。

4.3.1 序列到序列结构

Seq2Seq 架构的全名是"Sequence-to-Sequence"，意为将一个序列映射到另一个序列。其起源可追溯至 2014 年，当时伊利亚·苏茨克维（他后来成为负责研发 ChatGPT 的首席科学家）等人发表了一篇题为 *Sequence to Sequence Learning with Neural Networks*（《神经网络序列到序列学习》）的论文，首次提出了 Seq2Seq 架构。

1. 什么是序列到序列

序列，指的是文本数据、语音数据、视频数据等一系列具有连续关系的数据。与图片数据不同，图片之间往往缺乏关联，而文本、语音和视频等数据则具有显著的连续性。这些数据在某一时刻的内容，通常与前几个时刻的内容相关，同时也会影响后续时刻的内容。

在机器学习中，存在一类特殊的任务，专门用于处理将一个序列转换成另一个序列的问题。例如，我们熟知的翻译任务，就是将一种语言的文字序列转换成另一种语言的文字序列。再如机器人聊天任务，本质上也是将问题对应的文字序列转换成回答对应的文字序列。

序列到序列任务一般具有以下两个特点：

1）输入输出序列都是不定长的。例如，在机器翻译场景下，待翻译的句子和翻译结果的长度都是不确定的。

2）输入输出序列中元素之间具有顺序关系。不同的顺序会导致不同的结果，例如"我不喜欢"和"喜欢我不"这两个短语表达了截然不同的意思。

深度神经网络在处理输入和输出为固定长度向量的问题时，如图像识别，表现颇为出色，即便长度略有变化，也能通过补零等手段灵活应对。然而，对于机器翻译、语音识别、智能对话等问题，由于将文本表示成序列后，输入、输出的长度事先未知，深度神经网络的处理效果便不尽如人意。因此，如何使深度神经网络能够有效处理这些不定长度的序列问题，自2013年以来一直是研究界的热点，序列到序列模型也在此基础上应运而生。

2. 序列到序列模型组成

序列到序列模型是一种特殊的神经网络结构，适用于处理输入和输出均为序列的任务，例如机器翻译、语音识别等。

一个典型的Seq2Seq模型由编码器和解码器两部分构成。该模型的输入是一系列类型相同的元素（如字母、单词、图像特征或视频帧），输出则是另一系列类型相同的元素。Seq2Seq结构的输出元素类型可以与输入元素类型相同，也可以不同，从而具备多模态的潜力。

图4-4展示了编码解码机制的结构，其工作流程可简要描述为：编码器对输入序列进行编码，生成一个中间的语义编码向量；随后，解码器对该中间向量进行解码，最终得到目标输出序列。以中译英场景为例，编码器输入的是一段中文序列，而解码器输出的则是翻译后的英文序列。

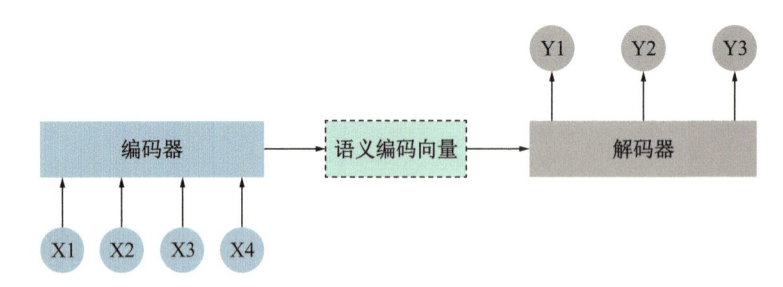

图4-4 编码解码机制的结构

编码器：编码器负责将输入序列（例如源语言的文本）转换为固定大小的向量表示。通常，编码器采用RNN、LSTM或GRU等模型。编码器逐个处理输入序列中的元素（如单词或字符），在每个时间步更新其隐藏状态。最终，编码器生成一个包含整个输入序列信息的上下文向量。

解码器：解码器的任务是将编码器生成的上下文向量转换为输出序列（如目标语言的文本）。解码器同样常使用RNN、LSTM或GRU等模型。解码器以编码器的上下文向量作为初始隐藏状态，逐个生成输出序列中的元素。在每个时间步，解码器根据当前隐藏状态、生成的上一个输出元素（如单词）以及其他可能的信息（如注意力机制），来生成下一个输出元素。

在实际应用中，序列到序列模型的输入、输出数据可以呈现不同形式，对应的编码器和解码器所采用的模型结构也可以不同。例如，输入一张图片，要求输出针对图片的描述，实现"看图说话"功能时，编码器可以采用CNN模型，而解码器则采用RNN模型；反之，输入一段文字描述，要求生成一张图片时，编码器和解码器所采用的模型结构则相应颠倒。利用这种机制，编码器-解码器结构几乎能够适配所有序列到序列的问题。

尽管序列到序列模型看似完美，但在实际使用中仍会面临一些挑战。例如，在翻译场景中，若句子过长，可能会出现梯度消失问题。由于解码时依赖的是最后一个隐藏层输出的定长向量，靠近句末的单词会被"记忆"得更深刻，而远离句末的单词则逐渐被稀释，导致模型输出结果不尽如人意。针对这些问题，研究人员已提出相应解决方案，如引入注意力机制。

4.3.2 注意力机制

Seq2Seq 结构模型在处理长序列句子时，容易出现梯度消失问题，其根本原因在于无法有效体现对句子序列中各个词语的关注程度。在不同的自然语言处理任务中，一个句子中的不同部分具有不同的含义和重要性。例如，"我喜欢这本书，因为它讲了很多关于养花的知识"这句话，在进行情感分析时，训练过程中应更多关注"喜欢"这个词语，而在基于书的内容进行分类时，则应更关注"养花"这个词。这就涉及注意力机制。

注意力机制借鉴了人类的注意力思维方式：人类能够利用有限的注意力，从大量信息中快速获取最有价值的信息。通过引入注意力机制，模型可以根据需要关注输入序列中的相关部分，从而放大重点位置的信号。因此，带有注意力机制的模型相较于没有注意力机制的模型，能够产生更好的结果。

注意力机制在直观上非常易于理解。例如，当我们看到一张新图片时，注意力会自动聚焦到一些关键信息上，而不需要扫描全图。人类的注意力机制能够减少资源损耗，提高信息处理效率。使用注意力机制的深度学习模型也是如此，能够更有效地找到图中的关键信息，并赋予其较高的权重。

通过引入注意力机制，模型可以在每个时间步中为输入序列中不同位置的词分配不同的注意力权重。这使得模型能够更加灵活地、有选择地关注输入序列中的重要部分，从而更好地捕捉上下文相关性，提升模型性能。

带有注意力机制的 Seq2Seq 结构模型与经典的 Seq2Seq 结构模型相比，有以下两点不同：

1）在多编码器的情况下，带有注意力机制的 Seq2Seq 结构模型会将更多的中间数据传递给解码器。经典的 Seq2Seq 结构模型仅将编码阶段的最后一个隐藏状态向量传递给解码器，而带有注意力机制的 Seq2Seq 结构模型则会将编码阶段的所有隐藏状态向量传递给解码器。

2）解码器在生成输出时会执行额外的计算。首先，接收编码器传递的隐藏状态向量；然后，为每个隐藏状态向量进行打分；接着进行归一化处理，将其转化为相关性权重，用来表征输入序列与输出序列各元素之间的相关性，从而放大高分的隐藏状态向量。

在注意力机制训练过程中，不断调整和优化权重向量，最终目标是帮助解码器在生成结果时，对输入序列中每个元素都能有一个合理的相关性权重参考。

4.4 Transformer 模型解析

Transformer 是谷歌在 2017 年发表的论文 *Attention is all you need* 中提出的一种新型模型。最初，该模型仅应用于机器翻译任务，但经过持续的研究与发展，它在自然语言处理的多个任务中均取得了卓越成效。与传统神经网络相比，Transformer 能够并行处理所有输入序列的元素，具备更优越的并行化能力和更强的建模能力。

得益于 Transformer 模型卓越的并行处理能力，越来越多的模型选择以 Transformer 为基础进行构建。当前主流的大语言模型，如 GPT 系列和 BERT 模型，几乎无一例外地采用了 Transformer 架构。Transformer 已成为大模型技术的核心支柱，引领自然语言处理领域迈入新纪元。

4.4.1　Transformer 模型结构

Transformer 模型在传统的编码器-解码器架构基础上进行了创新性升级。其编码端由多个编码器串联组成，而解码端同样由多个解码器构成，如图 4-5 所示。编码器负责处理输入数据，而解码器则负责生成输出数据。此外，Transformer 在输入编码和自注意力机制方面进行了显著优化，如引入多头注意力机制和位置编码机制等，使其能够识别更复杂的语言情境，进而处理更为艰巨的任务。

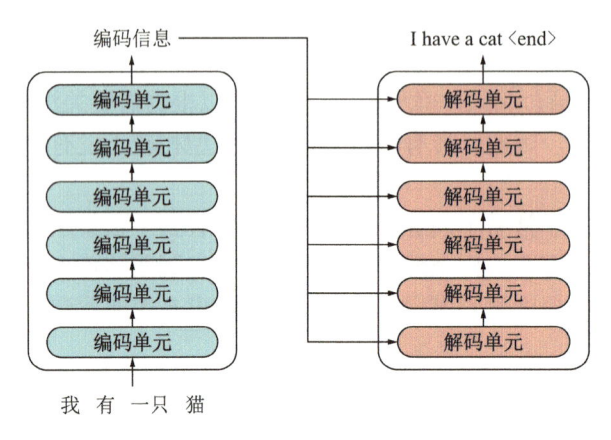

图 4-5　Transformer 网络结构

从图 4-5 可以看出，Transformer 模型由编码器和解码器两部分组成。编码器由 6 个结构相同的编码单元串联而成，而解码器则由 6 个结构相同的解码单元串联而成。最后一层编码器的输出将传递至解码器的每一层。

进一步剖析编码器和解码器的内部结构，每个编码器包含自注意力层和前馈网络层。而解码器在自注意力层和前馈网络层的基础上，还增设了一个编码器-解码器注意力层，用于接收最后一个编码器的输出值，如图 4-6 所示。

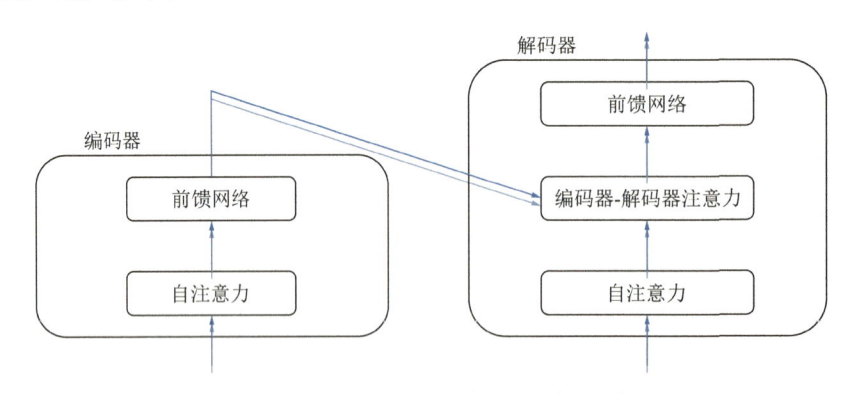

图 4-6　Transformer 的编码器及解码器

图 4-7 展示了一个 Transformer 模型的内部结构。从中可以看出，Transformer 的编码器由 N 个完全相同的层堆叠而成（在原始的 Transformer 模型中，$N=6$）。每个层包含两个子层：一个是多头自注意力机制，另一个是前馈神经网络。这两个子层均配备了一个残差连接（Residual Connection）和一个层归一化（Layer Normalization）。

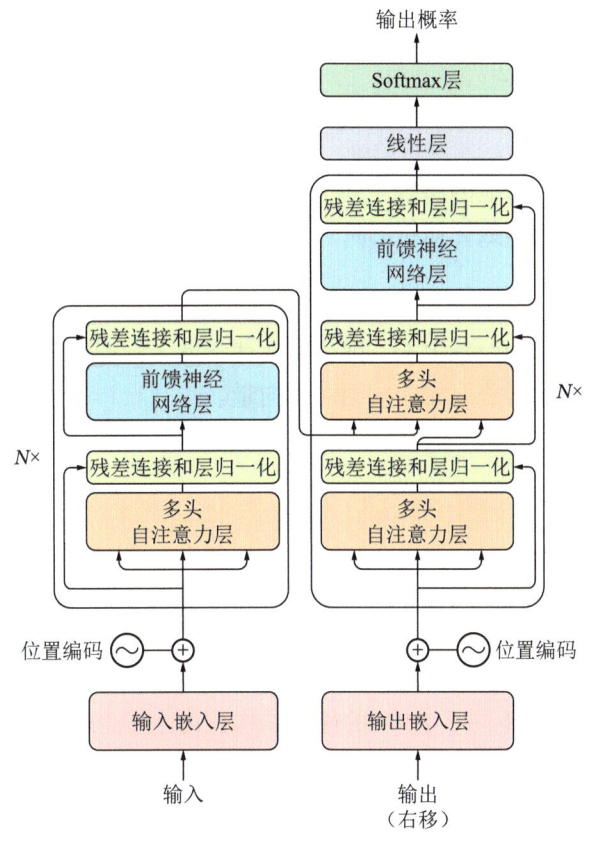

图 4-7　Transformer 模型的内部结构

解码器同样由 N 个完全相同的层堆叠而成。每个层包含三个子层：两个是多头自注意力机制，另一个是前馈神经网络。这三个子层也都具备一个残差连接和一个层归一化。第一个自注意力子层与编码器中的自注意力子层功能相同，均用于处理输入序列。然而，第二个自注意力子层的任务是连接解码器的输入（即目标序列）与编码器的输出（即源序列的表示）。在这个子层中，查询来自前一个自注意力子层的输出，而键和值则来自编码器的输出。

在解码器的顶部，设有一个全连接层，其作用是将解码器的输出转化为最终的预测结果。

4.4.2　嵌入和向量化

在 Transformer 模型中，预处理步骤至关重要，需将语句或语料库转换为词向量，作为模型的输入。具体流程如下。

1. 分词

将输入文本划分为独立的词或子词单元，如单词、字符或字节。根据具体任务和模型需求，可选择不同的分词方法。常用的分词方法主要有三种。

1）基于空格的分词器：按空格拆分单词，将每个单词作为一个词元纳入词表。

2）基于字符的分词器：每个字符作为一个词元。例如，英语中有 26 个字符，词表大小即为 26。

3）基于子词的分词器：通过词根、词源学习一系列单词，如 BPE 分词法。OpenAI 从 GPT-2 到 GPT-4 一直采用 BPE 分词法。

2. 转换为整数

将分词后的文本转换为对应的整数序列，每个词元映射为一个唯一的整数标识符。通常使用字典或词汇表建立词元与整数标识符的映射关系。

3. 嵌入

将整数序列转换为密集的向量表示，即词嵌入或字嵌入。此步骤利用可训练的嵌入矩阵，通过查找整数标识符对应的行获取相应的词嵌入向量。

4. 添加位置编码

由于 Transformer 模型未使用序列中的位置信息，为捕捉序列中的顺序关系，需添加位置编码。位置编码是一种特殊向量，与词嵌入相加，提供每个词或字的位置信息。

4.4.3 位置编码

在 Transformer 模型中，不同于 RNN 的循环结构，其计算注意力权重的操作是并行进行的，因此缺乏捕捉序列顺序的能力。这意味着，无论句子中单词的顺序如何排列，Transformer 模型最终都会得出相似的结果。然而，在语言翻译等任务中，语句中各单词的次序或位置是至关重要的因素，单词的位置与其语义直接相关。若采用 RNN，句子中各单词的次序或位置问题能够自然得到解决。那么，Transformer 是如何处理语句中各单词的次序或位置关系的呢？

Transformer 在处理输入序列时，引入了位置嵌入（Position Embedding，也称位置编码），以提供单词间的顺序信息。这是一种将单词的位置信息嵌入输入词向量中的方法，通过一系列额外的向量来表示单词之间的距离，从而传递顺序信息。

在 Transformer 模型中，单词先通过输入嵌入层转化为词向量，随后与位置编码的向量相加，使模型能同时捕捉词义和位置信息。如图 4-8 所示，相加后的向量被送入 Transformer 编码器中的多头自注意力层。

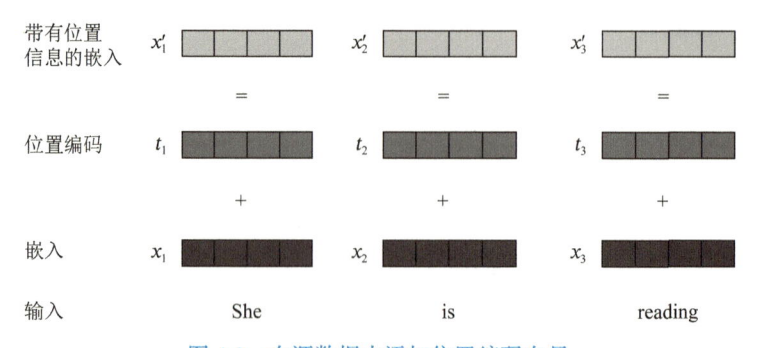

图 4-8 在源数据中添加位置编码向量

对于解码器的输入（即目标数据），也需要进行相同的处理，即在目标数据的基础上加上位置编码，从而形成带有位置信息的嵌入。当对语料库进行批量处理时，可能会遇到长度不一致的语句：对于较短的语句，可以通过填充（如用 0 填充）的方式补齐；而对于过长的语句，则可以采用截尾的方法（如将这些位置的值赋予一个很大的负数，使其在进行 softmax 运算时为0 ）。

在位置编码中，每个位置都被分配一个唯一的编码向量，该向量包含正弦和余弦函数的组合。通过不同频率的正弦和余弦函数，位置编码能够传递出不同位置之间的相对距离信息。当两个位置之间的距离较近时，频率较高的正弦和余弦函数可以产生更多变化的编码，使相对位置关系更加明显。而当两个位置之间的距离较远时，频率较低的正弦和余弦函数则会产生较为平滑的编码，相对位置关系较弱。

总的来说，Transformer 模型通过位置编码来获取序列中不同位置的相对位置信息。这对于模型至关重要，因为它有助于模型在处理序列时更好地理解元素之间的顺序和关系，从而更有效地捕捉到序列的结构和语义。

4.4.4　掩码多头自注意力

编码器接收向量列表作为输入，随后将向量列表传递给自注意力层进行处理，再传递给前馈神经网络，最终将输出发送给下一个编码器。在编码器的计算过程中，每个位置的单词都会经过自注意力层的计算，并通过一个完全相同的前馈神经网络。

那么，自注意力层的计算是如何进行的呢？

1. 自注意力层的计算

假设输入语句为"The animal didn't cross the street because it was too tired"，如何判断"it"是指"animal"还是指"street"？对于人类而言，这个问题很简单，但对于算法来说则较为复杂。然而，Transformer 中的自注意力机制能够使机器将"it"与"animal"联系起来，其联系效果如图 4-9 所示。

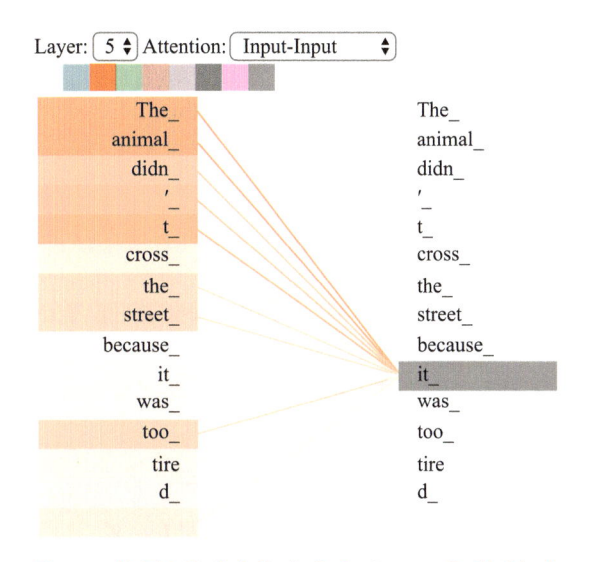

图 4-9　使用自注意力将"it"和"animal"联系起来

编码器中的顶层（即#5 层，#0 表示第 1 层）对"it"单词的关注度明显大于对"animal"等其他单词的关注度。这些关注度是如何获取的呢？

注意力机制是一种技术，它允许神经网络在生成输出的每一步，对输入的不同部分赋予不同的"注意力"或"重要性"。在自然语言处理任务中，注意力机制被广泛用于处理序列数据，因为它能够有效解决长距离依赖问题。

在一个简单的注意力机制中，首先计算输入序列中每个元素的权重，这些权重反映了每个元素对当前输出的重要性。权重的计算通常基于输入元素与当前查询的相似性。一旦获得这些权重，就可以通过对输入元素进行加权平均来计算输出。

为了计算每个元素的权重，需要额外引入三个变量Q、K和V，分别代表查询（Query）、键（Key）和值（Value）。将查询与一组键值对进行比较，并计算出查询与每个键之间的相关性得分，然后利用这些得分对值进行加权平均。这样的操作适用于多种任务，包括机器翻译、问答系统和图像分类等。实现编码器中的自注意力层需遵循四个步骤。

1）为每个单词生成Q、K和V三个向量，如图4-10所示。接着，针对输入序列中的各个单词，将其表征向量分别与相应的权重矩阵（$\boldsymbol{W}^Q$、$\boldsymbol{W}^K$、$\boldsymbol{W}^V$）相乘，从而映射为查询向量Q、键向量K和值向量V。

2）使用查询向量对其他单词的键向量进行评分。对于每个输入单词，使用其对应的查询向量与其他所有单词的键向量进行内积运算，获得注意力分数。这个注意力分数就表示当前单词与其他单词之间的相关性。

假设当前的待翻译的语句为 Thinking Machines，对单词 Thinking 进行预处理（即词嵌入 + 位置编码得到嵌入向量）后用$\boldsymbol{X}_1$表示，对单词 Machines 进行预处理后用$\boldsymbol{X}_2$表示。计算单词 Thinking 与当前语句中各单词的注意力得分，如图4-11所示。

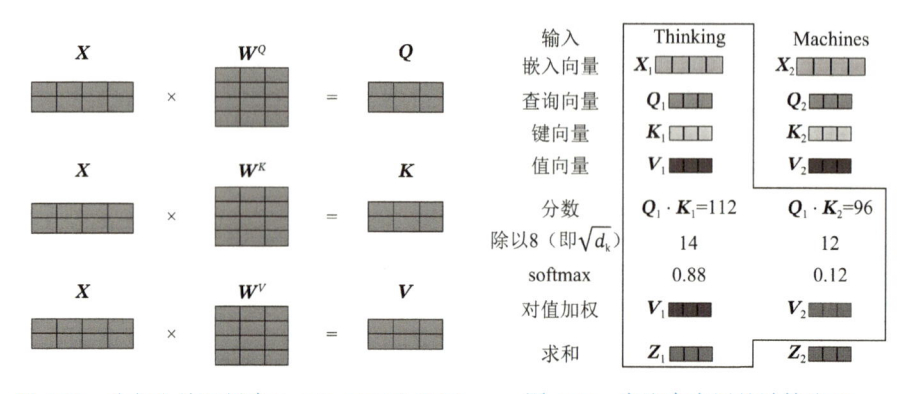

图4-10 为每个单词创建Q、K、V三个向量　　图4-11 自注意力层的计算流程

3）对注意力分数进行标准化。每个单词对于其他单词的注意力分数除以键向量维度的平方根$\sqrt{d_k}$，然后通过 softmax 函数进行标准化，这样有助于提高梯度的稳定性。

假设各嵌入向量的维度为d_{model}（这个值一般较大，如512），Q、K、V的维度比较小，一般使Q、K、V的维度满足：

$$d_q = d_k = d_v = \frac{d_{\text{model}}}{h}$$

式中，h表示 head 的个数，后面将介绍 head 含义，此处$h = 8$，$d_{\text{model}} = 512$，故$d_k = 64$，而$\sqrt{d_k} = 8$。

在实际计算过程中，得到的注意力分数可能比较大，为保证计算梯度时不因注意力分数值太大而影响其稳定性，需要进行归一化操作，这里除以$\sqrt{d_k} = 8$，如图4-11所示。

4）将值向量乘以标准化后的注意力分数，然后加权求和。对于每个输入单词，将其对应的值向量V与上一步得到的归一化后的注意力分数相乘,然后将所有乘积结果相加,得到经过自注意力机制修正后的表征Z。

这样就得到单词Thinking对当前语句各单词的注意力或关注度z_1。用同样的方法,可以计算单词Machines对当前语句各单词的注意力z_2。

最后需要注意的是,每个单词都会对应查询、键和值三个向量,但是在实际的代码中使用的是整个输入序列的矩阵。输入X矩阵,它的每一行就对应输入句子中的每一个单词,然后分别乘以W^Q、W^K、W^V这三个矩阵,得到Q、K、V三个矩阵,接着计算注意力分数矩阵,之后经过softmax函数,再乘以V矩阵,就得到了Z矩阵,这个Z矩阵就是要发送给前馈神经网络的矩阵。整个流程如图4-12所示。

整个计算过程也可以用图4-13表示,这个过程又称为缩放的点积注意力(Scaled Dot-product Attention)过程。

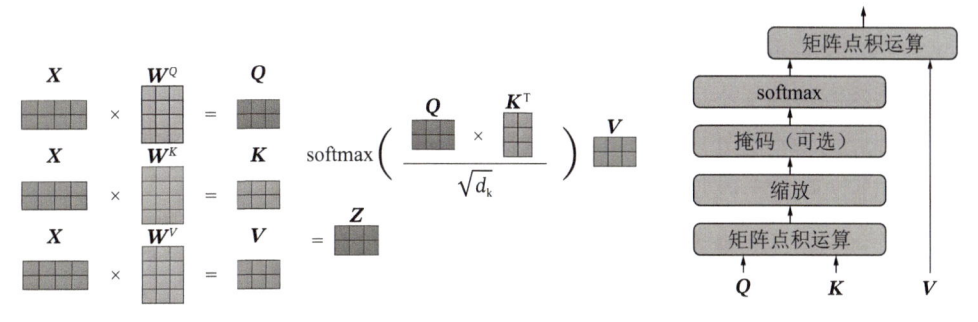

图4-12 自注意力机制的计算流程　　图4-13 缩放的点积注意力过程

图4-13中的掩码用于对某些值进行掩盖,使其在参数更新时不产生效果。

2. 掩码

Transformer模型中涉及两种掩码(Mask),分别是填充掩码(Padding Mask)和序列掩码(Sequence Mask)。

(1)填充掩码

在自然语言处理中,由于句子长度往往不一致,为了统一输入格式,较短的句子会通过特定的填充符(如0)补齐至与最长句子相同的长度。Padding Mask的主要作用是标记这些填充位置,使模型在计算时能够忽略这些无效信息。

其实现方式是在自注意力机制的Softmax函数之前,将填充位置的值设定为一个极小的负数(如负无穷)。这样,经过Softmax函数处理后,这些位置的概率值将变为0,从而被有效忽略。

(2)序列掩码

Sequence Mask主要应用于解码器部分,其目的是确保模型在预测下一个词时,仅能依赖当前词及之前的词的信息,避免接触到未来的词,从而防止未来信息泄露。

其实现方法是构建一个下三角形的掩码矩阵,其中对角线及以下部分为1(表示不遮挡),对角线以上部分为0(表示遮挡)。这样,在计算自注意力时,模型只能利用当前词及之前的词的信息。

这两种掩码机制在Transformer模型中扮演着至关重要的角色。它们不仅帮助模型处理不同长度的输入数据,还确保模型在解码过程中的正确性,有效防止信息泄露。

3. 多头注意力机制

多头注意力机制进一步优化了注意力层。该机制使模型能够同时关注不同表示子空间的信息。例如，在阅读一篇文章时，我们会更关注标题和粗体文字，而非正文中小而密集的文字，同时，也会更留意颜色鲜艳的文字，如红色标题。这里的字体和颜色即为两个表示子空间。若能同时关注这两方面，便能更有效地定位文章中的重点内容。同理，多头注意力机制通过综合利用多方面的信息，从多个表示子空间中提取关键特征。

要实现多头注意力机制，需配备多组查询、键、值权重矩阵。在标准的 Transformer 模型中，采用了 8 个注意力头，因此每个编码器和解码器的注意力层均包含 8 个权重集合。这些集合中的每个参数矩阵在训练初期均为随机初始化。

模型训练完成后，每个权重集合能将输入特征向量投影到不同的表示子空间中。模型通过 Q、K、V 在不同空间学习特征，从而避免单一注意力机制可能导致的偏执，使语义表达更为多元。

多头注意力要为每个头维护单独的 W^Q、W^K、W^V 权重矩阵，首先用 X 乘以 W^Q、W^K、W^V 矩阵以产生 Q、K、V 矩阵，然后进行与前面提到的注意力机制相同步骤的计算，只是使用的权重矩阵不同，最终会得到 8 个不同的 Z 矩阵。

但是前馈神经网络不能处理 8 个矩阵，因此需要再做一个矩阵运算以将这 8 个矩阵变换成 1 个矩阵。整个流程如图 4-14 所示。

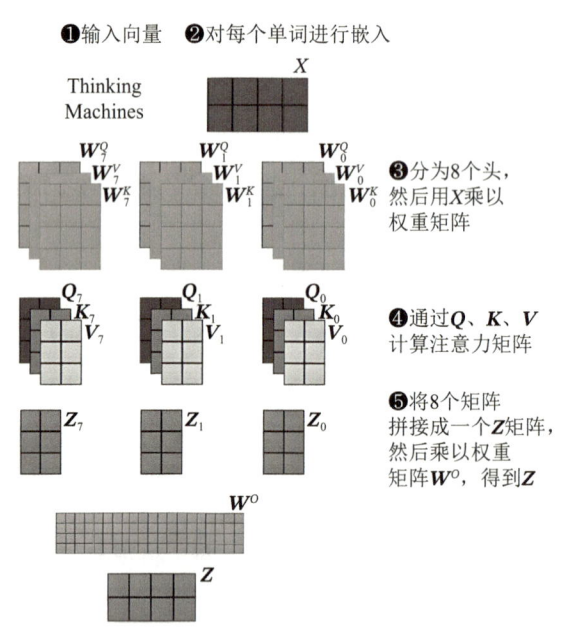

图 4-14 多头注意力机制流程

由图 4-14 可见，解码器中的自注意力层操作方式与编码器中的自注意力层计算方式存在细微差异，解码器相较于编码器额外引入了编码器-解码器注意力机制。在编码器-解码器注意力机制中，查询（Q）源自解码器的上一个输出，而键（K）和值（V）则取自编码器最后一层的输出，其计算过程与自注意力的计算过程保持一致。

鉴于机器翻译中解码过程需按序进行，即解码第 k 个特征向量时，仅能参考第 $k-1$ 个特征向量及其之前的解码结果，因此将此情境下的多头注意力机制称为掩码多头注意力机制，其特点在于同时应用了填充掩码和序列掩码两种掩码策略。

4.4.5 残差连接和归一化

1. 残差连接

基本 Transformer 的编码器和解码器各包含 6 层，但在某些应用中层数可能更多。随着层数的增加，网络的容量和表达能力也随之增强，然而，网络的收敛速度却会变慢，且更容易出现梯度消失等问题。

为克服这些不足，Transformer 常采用两种方法：一是残差连接（Residual Connection），二是归一化（Normalization）方法。具体实现方式是在每个编码器或解码器的两个子层（即自注意力层和前馈神经网络层）之间增加一个由残差连接和归一化组成的层。对每个编码器和解码器均进行相同的处理，如图 4-15 所示。

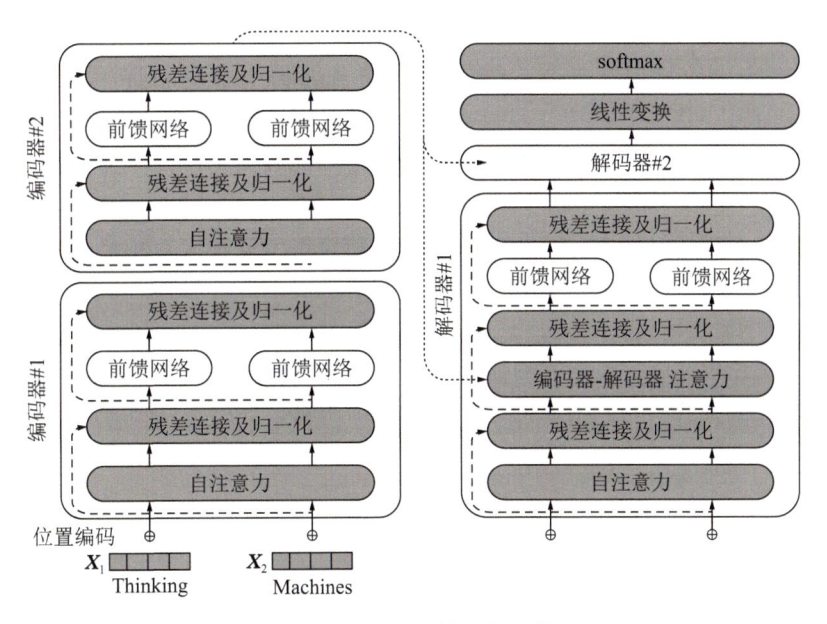

图 4-15 残差连接及归一化

在 Transformer 模型中，使用残差连接的主要目的是解决深层网络训练中的梯度消失和梯度爆炸问题，同时保留原始输入序列的信息。

（1）梯度平滑

在深层网络中，梯度在反向传播过程中可能会变得极小或极大，导致训练过程中出现梯度消失或梯度爆炸的问题。残差连接通过将原始输入与每个子层的输出相加，构建了一条捷径，使梯度能够更顺畅地传递。这种将原始输入加入子层输出的方式，确保了梯度不会因过小而消失，也不会因过大而爆炸，从而有助于保持梯度的平滑性。

（2）信息保留

在 Transformer 模型中，每个子层包含自注意力机制和前馈神经网络。注意力机制可能会完全忽略最近的单词，而专注于所有可能相关的早期单词。残差连接能够捕捉原始单词，并将其手动添加回信号中，从而避免信息的丢失或遗忘。为了确保原始输入序列的信息得以保留，残差连接允许子层的输出直接叠加到原始输入上，使原始输入的信息能够有效传递到下一层。

2. 归一化

残差连接和归一化并非必须结合使用，但若将它们置于某一组计算（如注意力机制或前馈神经网络）之后，其效果将最为显著。归一化的核心在于将矩阵的值调整至均值为 0，并缩放至标准差为 1。

神经网络本质上具有非线性特征，这赋予了它们卓越的表现力，同时也使其对信号幅度和分布高度敏感。归一化作为一种有效技术，已被证实有助于在多层神经网络的各阶段维持信号值的一致分布。它促进了参数值的收敛，通常能够显著提升模型性能。

4.4.6 线性层和 softmax 层

解码器最后的输出值通过一个全连接层及 softmax 函数处理后，即可获得预测值的对数概率。

解码器最终输出的是一个浮点向量，需要将其转换为一个单词。为实现这一目标，Transformer 模型中引入了一个线性层，这是一个全连接神经网络，用于将解码器的输出向量投影到一个更大的向量，即 logits 向量。该向量的维度与词表大小一致，其中每个元素对应一个词元的分数。

接下来，logits 向量通过 softmax 层进行处理，将这些分数转化为概率，确保所有概率均为正数且总和为 1。最终，选择概率最大的元素对应的索引，并将与其关联的词元作为该时间步的输出。

整个过程，先经线性层将解码器的输出转换为向量，再经过 softmax 层将分数转化为概率，选择概率最大的元素，并将与其关联的单词作为输出内容，如图 4-16 所示。

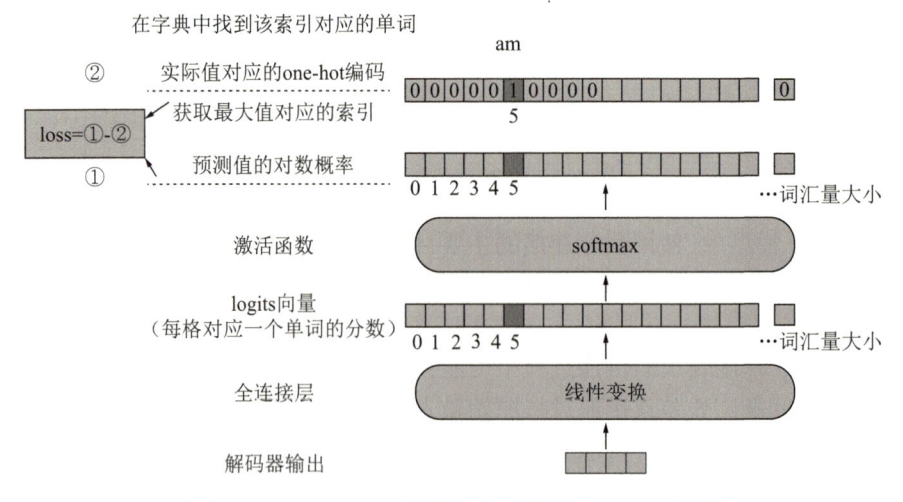

图 4-16 Transformer 的最后全连接层及 softmax 函数

图 4-17 所示为 Transformer 中的编码器与解码器协调完成一个机器翻译任务的完整过程。

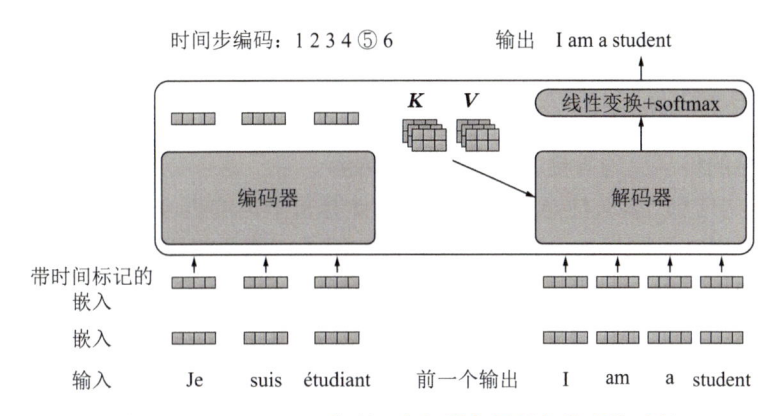

图 4-17　Transformer 实现一个机器翻译任务的完整过程

4.4.7　多层叠加

Transformer 的编码器和解码器都采用多层叠加的方法（即 $N\times$），如图 4-18 所示。

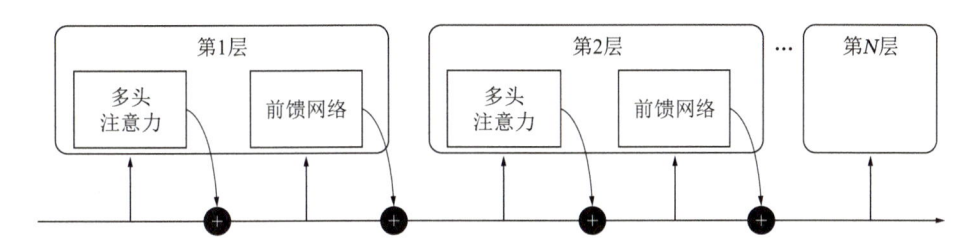

图 4-18　Transformer 的编码器和解码器采用多层叠加方法

在 Transformer 模型中，多个"多头注意力层 + 前馈网络层"模块的叠加具有以下作用。

1. 提升特征提取能力

1）从不同角度捕捉信息。多头注意力机制允许模型在不同的头中从不同的表示子空间里学习输入序列的特征。每个头可以专注于输入序列的不同方面，例如，某些头可能更关注词与词之间的语法关系，而另一些头可能更侧重于语义信息。通过多个这样的模块叠加，模型能够从多个角度综合分析输入序列，从而更全面地提取特征。

2）增强对复杂结构的理解。对于具有复杂结构的数据，如长句子或包含嵌套结构的数据，单个"多头注意力层 + 前馈网络层"模块可能无法完全理解其中的所有信息。通过模块叠加，模型可以逐步分解和理解这些复杂结构。例如，在处理一个包含多层嵌套从句的长句子时，前一个模块可以先处理外层从句的信息，提取局部特征和关系，随后下一个模块将这些局部特征与句子的其他部分进行融合并分析，从而更好地理解整个句子的结构和含义。

2. 加深语义理解

1）逐步细化语义表示。每经过一个"多头注意力层 + 前馈网络层"模块，模型都会对输入数据进行一次特征转换和语义细化。前馈网络层中的全连接层和激活函数能够对多头注意力层输出的特征进行非线性变换，从而丰富语义表示。多个模块的叠加使得这种语义细化过程得以反复进行，不断挖掘输入数据中更深层次的语义信息。

例如，在处理一篇关于科技发展的文章时，初始模块可能会提取出一些基本的科技概念和事实的语义表示。随着模块的叠加，后续模块可以在此基础上进一步理解这些概念之间的关系、发展趋势以及背后的科学原理等更深层次的语义内容。

2）融合上下文信息。多头注意力机制能够在计算每个词的表示时，充分考虑整个序列的上下文信息。模型可以在不同层次上将词与词、词与句子、句子与段落之间的上下文信息进行整合，从而更准确地理解每个词和句子在全文中的含义。

例如，在阅读一篇小说时，单个模块可能仅能根据相邻的几个词来理解某个词的含义，但经过多个模块的处理后，模型可以结合整个章节甚至全书的情节和主题，来确定该词在特定情境下的准确语义。

3. 提升模型的鲁棒性与泛化能力

1）降低过拟合风险。多个模块的叠加虽然增加了模型的复杂度，但也赋予模型更多的参数和更强的表达能力。这不仅有助于模型更精准地拟合训练数据中的复杂模式，还能有效降低对特定训练样本的过拟合风险。通过在不同模块中学习多样化的特征和模式，模型避免了过度依赖单一表示方式，从而增强了对未知数据的适应性。

例如，在图像识别任务中，若模型仅包含一个"多头注意力层+前馈网络层"模块，可能会因学习到某些特定图像的局部特征而在测试集上表现不佳。然而，当多个模块叠加时，模型能够从不同层次和角度捕捉图像的多种特征，有效减少过拟合，提升对未见图像的识别准确率。

2）适应多样化的任务与数据。不同的自然语言处理任务（如机器翻译、文本分类、问答系统等）以及不同领域的数据（如医学、金融、新闻等）各具特色与要求。多个"多头注意力层+前馈网络层"模块的叠加赋予模型更强的灵活性和适应性，使其能够通过调整不同模块的参数和注意力机制，满足各类任务与数据的具体需求。

例如：在机器翻译任务中，模型借助模块叠加能更妥善处理不同语言间的语法差异和词汇习惯；而在金融领域的文本分析中，模型则可通过多个模块深入理解复杂的金融术语和市场动态。

拓展阅读 混合专家模型 MoE

近年来，无论在自然语言处理还是计算机视觉领域，都涌现出大量卓越的大模型。模型参数规模从十亿、百亿（如 GPT-2、T5）迅猛增长至千亿乃至万亿（如 GPT-3、Switch Transformer）。这些大模型的成功表明，增加模型参数是提升模型性能的关键途径。

然而，面对海量的参数，应该如何有效地组织其结构？在传统的深度学习模型中，模型作为一个整体，每次运行通常都会动用全部参数。因此，研究者们不断加大模型的深度和宽度，期望借此孕育出全知全能的智慧体。而混合专家模型（Mixture of Experts，MoE）则提供了一种全新的解决方案。MoE 模型的内部是由多个专家组成的"智囊团"，模型的输入会被分配给多个专家（子网络），随后模型会综合各专家的意见，完成最终任务。

MoE 背后的原理并不复杂：在现实世界中，重大决策往往需要汇总不同领域专家的意见；人脑也通过不同功能的脑区协同处理复杂任务；对于自然语言处理输入序列中不同类别（如词性、句子成分等）的词元，若能交由专门处理的专家，可能会取得更佳表现。那么，这一思路如何在模型中实现呢？首先，需要在模型中创建若干独立的"专家"（子网络）；其次，需要一个分发器（Router）来决定输入应分配给哪些专家；最后，需要一个汇总机制来决定采纳或综合哪些专家的意见，形成最终输出。由于分发机制的存在，并非所有专家都会参与某项任务的处理，因此 MoE 实际上是一种条件计算（Conditional Computation）。

在基于 Transformer 的模型中，前馈神经网络（Feed-Forward Network，FFN）作为模型的核心组件之一，其本质是一个多层感知机，通常由两个线性变换层和非线性激活函数组成。FFN 在 Transformer 中承担着非线性增强、局部特征深化和知识抽象的核心功能。其作为"专家"的设计理念，体现了通过模块化分工提升模型容量的思想。

在基于 Transformer 的模型中，通常每个"专家"是一个独立的 FFN 层，而负责分发的模型结构是一个门控网络（Gating Network）。最终，被选中的"专家"输出会以加权平均的形式汇总成最终输出。

稀疏门控 MoE（Sparsely Gated MoE）是一种常见的 MoE 实现方式。所谓"稀疏"，指的是在处理单个输入样本时，一般仅选择极少数专家（通常为一个或两个）。这种设计的好处在于，尽管引入了大量参数（即专家），但每次前向/反向传播的计算量（FLOPs）并不会显著增加。这是因为每个样本（在自然语言处理任务中通常是 Token）仅会选择少量的 FFN 层进行运算（例如，Switch Transformer 中仅选择一个）。如果只选择一个专家，增加的计算成本仅限于一个简单的门控网络以及汇总专家输出时的加权平均。此外，采用 MoE 架构还能方便地将不同的专家（FFN 层）分配至不同的 GPU，从而有助于并行计算，加速训练过程。

4.5 习题

1. 填空题

1）自然语言处理可以分为_____和_____两个部分。

2）自然语言生成是指遵循特定的_____和_____，将计算机数据转化为自然语言的过程。

3）_____是指通过计算机对自然语言文本进行理解、分析和处理的一系列任务。

4）_____旨在去除文本数据中的噪声、无用字符和不必要的信息。

5）分词的目的是将输入文本转换为一系列的_____，并确保每个_____拥有相对完整的独立语义。

6）统计语言模型主要通过分析_____的出现频率来_____下一个词。

7）神经网络语言模型通过引入_____来捕捉词与词之间的复杂关系。

8）Transformer 模型的提出标志着语言模型进入了_____阶段。

9）根据神经网络的结构不同可以将神经网络语言模型分为_____语言模型和_____语言模型两种。

10）循环神经网络能够_____先前的信息，并利用这些信息影响后续结点的_____。

11）序列指的是文本数据、语音数据、视频数据等一系列具有_____的数据。

12）一个典型的 Seq2Seq 模型由一个_____和一个_____组成。

13）Seq2Seq 模型的编码器负责将输入序列转换为固定大小的_____表示。

14）Seq2Seq 模型的解码器负责将编码器生成的上下文向量转换为_____序列。

15）注意力机制可以让模型根据需要来关注_____中的相关部分，从而_____重点位置的信号。

16）Transformer 模型由_____和_____两部分组成。

17）Transformer 在处理输入序列时引入了_____来提供单词之间的顺序信息。

18）在 Transformer 模型中，单词通过输入嵌入层转化为_____，然后与位置编码的向量相加送入 Transformer 编码器中的_____。

19）Transformer 模型通过_____来获取序列中不同位置的相对位置信息。

20）多头注意力机制可以让模型同时关注不同表示_____的信息。

2. 简答题

1）简述 BPE 的分词算法。

2）简述语言模型的发展历程。

3）简述序列到序列任务的特点。

4）简述 Transformer 模型的"多头注意力层 + 前馈网络层"模块叠加的作用。

第 5 章

大语言模型

知识目标

1. 掌握大语言模型发展的技术路径。
2. 熟悉 GPT 系列模型的迭代过程及其训练方法。
3. 熟悉 BERT 模型和 T5 模型的结构及其训练方法。
4. 了解 DeepSeek 模型及其应用领域。

素养目标

1. 通过深入学习大语言模型的发展技术路线，培养学生科学思维方法，提升其分析问题和解决问题的能力。
2. 通过对 GPT、BERT、T5 等模型的学习，培养学生追求真理、勇攀科学高峰的责任感和使命感。
3. 通过对 DeepSeek 模型及其应用的学习，培养学生的开拓创新精神，激发其科技报国的家国情怀和使命担当。

案例导入　*Nature* 连发 3 篇文章，惊呼 DeepSeek 震惊世界！

2025 年蛇年春节前后，国产 AI 大模型 DeepSeek（图 5-1）横空出世，在全球 AI 领域引发了一场前所未有的巨大波澜。这款由杭州深度求索公司研发的大型语言模型凭借其卓越的性能和前沿的技术创新，迅速吸引了全球范围内的广泛关注。

图 5-1　DeepSeek 横空出世

短短时间内，DeepSeek 强势登顶多国应用商店下载榜，其迅猛势头令人瞩目。在苹果 App

Store 美国区，它力压 ChatGPT 等一众强劲对手，荣登免费应用下载榜榜首；在全球 140 个市场的应用商店下载榜上，DeepSeek 同样表现抢眼，成功夺冠，成为全球用户竞相追捧的对象。这一现象级的下载热潮，不仅彰显了用户对 DeepSeek 的高度认可，更标志着其在全球人工智能市场上的迅速崛起。

OpenAI 首席执行官萨姆·奥尔特曼表示"新竞争对手令人振奋"，美国《纽约时报》评价这"是一个里程碑"。英伟达、亚马逊和微软三家科技公司在同一天宣布接入 DeepSeek。

国际顶尖学术期刊 Nature 在其官网连续发布了三篇关于 DeepSeek 的报道文章。1月23日，Nature 发布了题为 China's cheap, open AI model DeepSeek thrills scientists 的新闻文章（图 5-2）。

该文章指出，来自中国的低成本、开源 AI 模型 DeepSeek 令科学家们倍感振奋。DeepSeek-R1 在执行推理任务方面的能力与 OpenAI 的 GPT-3 相当，而其关键优势在于，DeepSeek-R1 对研究人员完全开源。

图 5-2　Nature 报道 DeepSeek 之一

1月29日，Nature 杂志发布了题为 Scientists flock to DeepSeek: how they're using the blockbuster AI model 的新闻文章（图 5-3）。

该文章指出，科学家们正纷纷涌入 DeepSeek，从 AI 专家到数学家，再到认知神经学家，他们无不为 DeepSeek-R1 的高性能和低成本所惊叹。

1月30日，Nature 发布了一篇题为 How China created AI model DeepSeek and shocked the world 的新闻文章（图 5-4）。

图 5-3　Nature 报道 DeepSeek 之二

图 5-4　Nature 报道 DeepSeek 之三

该文章深入剖析了中国如何成功研发出令全球瞩目的 AI 模型——DeepSeek。文中指出，得益于政策的有力支持、巨额资金的投入，以及众多 AI 领域专业人才的汇聚，中国企业得以构建出先进的大语言模型。

5.1　大语言模型技术路线

大语言模型是一类基于超大规模神经网络的语言模型，其参数规模远超传统语言模型。这类模型采用自监督学习（Self-Supervised

5.1　大语言模型技术路线

Learning）在大量未标注文本上进行训练，部分大模型还与人类意图进行了对齐（Alignment），从而具备通过自然语言与人类交互的能力。大模型展现出强大的通用任务处理能力，能够完成多种场景下的复杂任务，在许多任务上甚至能达到人类的智能水平。

2017 年，Transformer 模型的发布标志着自然语言处理领域正式迈入大语言模型时代。自 2018 年起，从谷歌的 BERT 模型到 OpenAI 的 GPT 模型等，均沿袭了 Transformer 的技术路线并在此基础上构建。2018 年 6 月，OpenAI 发布了基于 Transformer 架构的预训练模型 GPT-1，在自然语言处理任务上取得了一定成果，但规模和性能相对有限。同年 10 月，谷歌推出 BERT 模型，其参数量是 GPT-1 的 3 倍，成功在 11 项自然语言处理任务中取得当时最佳成绩，领先于 GPT-1。尤其在 BERT 开源后，Meta（原 Facebook）、百度等国内外大厂纷纷推出基于 BERT 开发的大模型，如 Meta 的 XLM、RoBERTa 模型，以及百度的 ERINE 系列模型等。

近年来，模型的演变主要沿三条技术路径发展：BERT 模型技术路径、GPT 模型技术路径和混合模型 T5 技术路径，如图 5-5 所示。

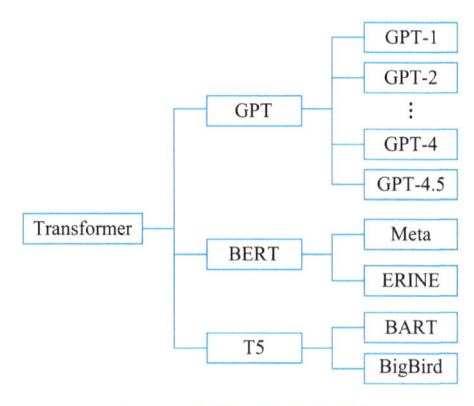

图 5-5　大模型的演进路线

BERT 的模型结构采用了 Transformer 的编码器部分；GPT 的模型结构则采用了 Transformer 的解码器部分；而 T5 模型则使用了完整的 Transformer 模型，涵盖了编码器和解码器部分。

5.2　GPT 系列模型

GPT（Generative Pre-Trained Transformer）是一种生成式预训练模型，由 OpenAI 公司在 Transformer 架构基础上开发。GPT 在语言生成、问答、机器翻译等多项任务中展现出卓越的性能，是当前自然语言处理领域重要的模型。

GPT 系列模型的结构设计遵循不断堆叠 Transformer 模块的理念，通过持续提升预训练语料的规模和质量，扩充网络参数量以实现迭代更新。面对新的下游任务，GPT 通过微调策略来解决特定领域的问题。从初代 GPT-1 到当前最新的 GPT-4.5，GPT 系列大模型的性能和能力不断迭代增强。

5.2.1　GPT-1

2018 年，OpenAI 公司推出了第一代大模型 GPT-1，该模型采用了 12 层结构的 Transformer 和 1.17 亿个参数。

1. GPT-1 模型架构

GPT-1 模型仅使用了 Transformer 中的解码器部分，并采用了传统的语言模型训练方法，即通过单词的上文来预测单词。因此，GPT 在自然语言生成任务方面表现出色。GPT 的整体架构如图 5-6 所示。

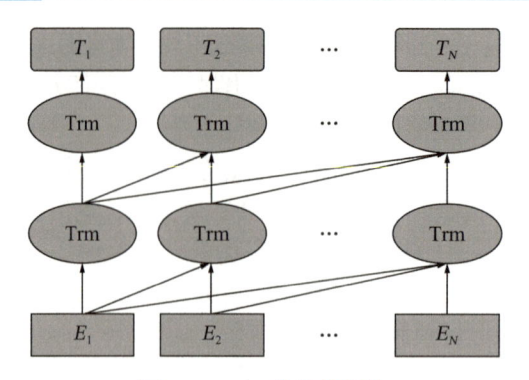

图 5-6　GPT 的整体架构

Trm 代表 Transformer 的解码器模块，位于同一水平线上的 Trm 表示它们属于同一单元，E_i 则表示词嵌入。错综复杂的连线揭示了词与词之间的依赖关系。显而易见，GPT 需要预测的词仅依赖于前文。

GPT-1 虽采用了 Transformer 的解码器架构，但对其进行了特定调整：原本解码器中包含两个多头自注意力结构，而 GPT-1 仅保留了遮掩多头注意力，如图 5-7 所示。

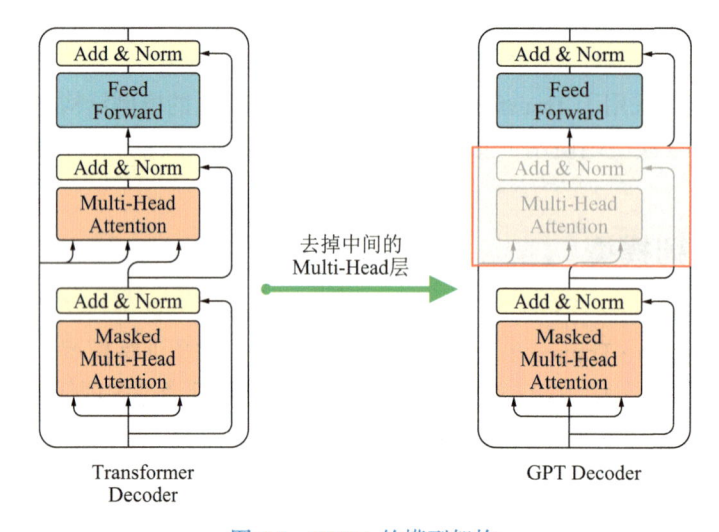

图 5-7　GPT-1 的模型架构

GPT-1 采用了 12 层配备掩码的自注意力机制的 Transformer 解码器（隐藏层维度为 768，包含 12 个注意力头）。掩码功能确保模型在预测时仅能访问当前词及其之前的词，屏蔽未来信息，从而有效避免穿越问题，显著提升了模型的泛化能力。

2. GPT-1 模型训练

GPT-1 的模型训练采用了无监督预训练和对具体任务的有监督微调相结合的方法。

（1）无监督预训练

GPT-1 的无监督预训练主要目标是提升模型的语言能力。其核心思路是通过大量无标签数据进行训练，生成能够应用于各类自然语言处理任务的语言模型。这种方法无须对文本进行标注，便能利用大量现有文本信息来训练 GPT，使其具备基础的语言能力。具体而言，GPT-1 的预训练使用了 BookCorpus 数据集，该数据集包含 7000 余本未发布的英文书籍。选择书籍作为预训练数据，一方面确保了文本质量，尤其是书籍上下文的连贯性和丰富性，有助于模型学习更长的文本前后关系；另一方面，未发布的书籍在其他数据集中难以获取，有助于验证模型的泛化能力。

（2）有监督微调

在获得具备一定语言能力的模型后，可使用具体任务的标注数据进行进一步微调。微调通过新的训练目标和损失函数来更新模型参数。预训练阶段的训练目标是使模型具备一定的语言能力，而微调则通过特定任务的损失函数，提升模型处理特定任务的能力。对于任意有标签的任务，均可定义合适的损失函数，以微调模型参数，使其更好地处理训练集中的任务。

3. GPT-1 的模型性能

完成预训练的 GPT-1 基础模型在 12 个 NLP 下游任务上进行了微调，包括自然语言推理、问答、语义相似度和文本分类等。在这 12 个任务中，GPT-1 仅通过一个通用模型（经各类任务微调）便在 9 个任务中达到了最佳表现。

此外，GPT-1 还具备一定的零样本推理能力，即预训练好的模型可直接执行下游任务，无须经过有监督微调。

5.2.2　GPT-2

在 GPT-2 发布之前，尽管各类深度学习模型在众多任务中表现强劲，但它们均依赖于大数据集、大规模模型和有监督学习进行训练。这导致这些系统在面对数据分布变化和任务切换时显得较为脆弱和敏感，模型的泛化能力不足。具体而言，在任务 A 数据集上训练的模型无法直接应用于任务 B。因此，当时的模型仅能被视为特定领域的"专家"，而非"全才"。

为了提升模型的泛化性和鲁棒性，GPT-2 的研究者提出应在多个领域的多个任务上同时训练和评估模型性能，即采用多任务学习策略。

1. 模型改进

2019 年，GPT-2 正式推出，其核心思路是通过增加预训练数据量和模型规模来提升泛化性，使模型在各类下游任务中无需额外训练即可取得良好效果。GPT-1 与 GPT-2 在架构上并无显著差异，均采用 Transformers 架构的解码器方式，主要区别在于规模和数据量，具体如下。

1）规模更大：GPT-2 的结构更为复杂，层数更多。

2）数据量更大：GPT-2 使用的数据量更大，数据类型更丰富，且对数据进行了更严格的质量过滤和控制。

3）无监督学习：GPT-1 对下游任务采用有监督学习，而 GPT-2 则采用无监督学习，对下游任务不改变参数及模型（即 Zero-Shot 设定）。

在自然语言处理领域，多任务学习模式的应用并不广泛，更多采用的是"预训练模型 + 微调"模式。然而，该模式存在两大问题：一是下游任务需收集大量有标签数据；二是针对每个下游任务需重新训练模型。

为解决这些问题，GPT-2 在预训练阶段通过大量语料进行隐含的多任务学习，随后不再进行下游任务的微调，而是直接采用 Zero-Shot 设定进行评估。所谓 Zero-Shot 设定，即零样本学习，是指在下游任务评估前不修改模型架构，无须任何标注信息，也不需重新训练，直接通过语言模型输出答案进行判断。

值得注意的是，GPT-2 共训练了四个模型，其深度和宽度依次增加。后续实验证明，提升模型容量也可提升模型效果。如表 5-1 所列，四种模型的参数量分别为 1.17 亿（117M，与 GPT 相同）、3.45 亿（345M）、7.62 亿（762M）和 15.42 亿（1542M），呈指数级增长。在后续内容中，若无明确指明参数量，默认 GPT-2 指参数量最大的 15.42 亿模型。

表 5-1　GPT-2 的 4 种模型参数

参数量	层数	嵌入层维度
117M	12	768
345M	24	1024
762M	36	1280
1542M	48	1600

2. 构建训练数据集

在 GPT-2 之前的语言模型大多仅限于在单一领域的文本上进行训练，例如新闻文章、维基百科和科幻小说等。然而，GPT-2 的目标是通过预训练获得一个通用模型，因此，为了实现多任务学习的目标，训练模型所使用的数据集必须涵盖多个领域和多种任务的语料。

Common Crawl（https://commoncrawl.org/）是一个开源的网页爬虫项目，从互联网上获取了丰富多样的文本数据。然而，互联网内容的质量参差不齐，难以控制数据质量。例如，许多数据可能存在语法错误、逻辑错误、偏见甚至极端言论，有些内容甚至毫无意义，无法对模型的语言能力产生积极影响。

GPT-2 最初也在 Common Crawl 数据集上进行过实验，但效果并不理想，因此研究者最终未采用该数据集，而是开发了一个专门的网页爬虫，用于爬取 Reddit（https://www.reddit.com/）上的数据。

Reddit 是一个新闻聚合平台，用户可以在此提交自己感兴趣的网页，其他用户可以通过点赞或发表评论来表达意见。点赞数越高，说明越多用户认为该网页具有价值。GPT-2 爬取了至少获得三个赞的网页，整理形成了文本数据集 WebText，该数据集包含 800 万篇文档，总大小为 40GB。此外，该数据集还经过了一定的清洗，去除了其中的维基百科文档，以避免与测试集数据发生重叠。

3. 模型效果

从效果上看，仅通过零样本学习，GPT-2 在 8 个语言模型任务中就有 7 个超越了当时其他领先方法。同时，随着模型参数量的不断增加，其零样本表现也在不断提升。尽管 GPT-2 在文本总结方面的表现并不理想，但其效果已与有监督的模型相当接近。

GPT-2 的实践证明，在足够大且多样化的数据集上进行无监督训练的语言模型，依然能够在多个领域和数据集上展现出良好性能。换言之，基于海量数据和大规模参数训练的语言模型，具备迁移至其他类型任务的能力，而无须额外训练。

5.2.3　GPT-3

从 GPT-1 和 GPT-2 中，我们观察到一个极具启发性的现象：预训练模型具备 Zero-Shot 能力。然而，其效果仍不尽如人意。因此，GPT-3 的问世旨在解决 GPT-2 在 Zero-Shot 方面表现不佳的问题。GPT-3 引入了 Few-Shot（小样本学习）机制，仅需学习少量样例，即可使模型掌握新知识。

1. 模型改进

GPT-3 在 GPT-2 的基础上，从三个关键角度提升模型性能，具体如下。

1）增加模型大小：GPT-3 的参数量扩展至 1750 亿，相较于 GPT-2 的 15.42 亿参数，增长了 100 倍以上。

2）增加预训练数据量：为匹配 GPT-3 大幅度增加的参数量，其预训练数据集规模也由 GPT-2 所使用的 WebText 的 40GB 急剧扩展至 570GB。

3）上下文学习：针对 Zero-Shot 表现不佳的问题，GPT-3 通过小样本学习的方式，显著提升了模型表现。

2. 上下文学习

在自然语言处理领域，"预训练模型＋下游任务微调"的模式曾被视为标准解决方案，但该方案存在显著限制：下游任务需依赖标注数据集和微调过程。尽管 GPT-2 相较于其他 Zero-Shot 模型具有一定优势，但仍未达到最优效果，限制依旧存在。

为克服这些难题，GPT-3 提出了创新性的解决方案——Few-Shot。它保留了传统的"预训练＋微调"模式，但在微调阶段，GPT-3 打破了常规，不再依赖大量目标任务语料数据集进行训练和梯度更新。相反，GPT-3 通过上下文学习的方式直接处理下游任务。

上下文学习包含三种设定：Zero-Shot、One-Shot（单样本学习）和 Few-Shot，具体样例如图 5-8 所示。

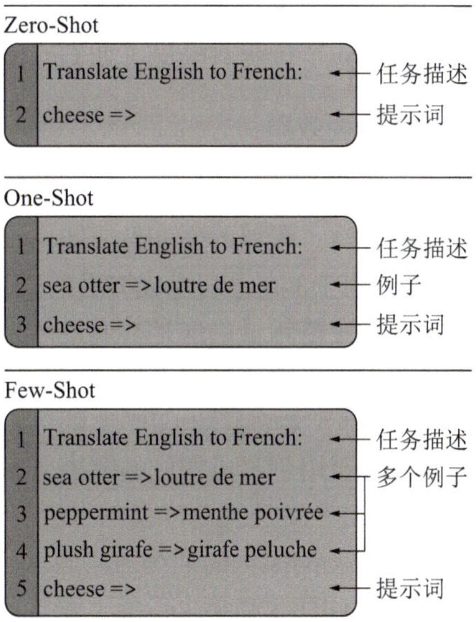

1）Zero-Shot：只给定任务的描述，直接通过语言模型预测问题的答案。

图 5-8 上下文学习的三种设定样例

2）One-Shot：除了给定任务的描述，还给出一个符合任务要求的例子，然后预测问题的答案。

3）Few-Shot：给定任务的描述和多个符合任务要求的例子，模型通过学习例子再预测问题的答案。

Few-Shot 是 GPT-3 最出彩的能力之一，模型通过新任务的描述和少量几个样本就能够学习，并且对新任务的处理能力还非常不错，比较接近人类的学习模式。GPT-3 最大的好处是整个过程都不需要微调，不需要更新参数。

3. 训练数据集

训练大型语言模型需要庞大的语料数据集，数据集的选择和处理方式对模型的最终性能至关重要。以下是常见的六种数据集类别。

1）维基百科：这是一个由众多志愿者编写和维护的多语言在线百科全书。其内容精炼、引用严谨，覆盖了多种语言和领域，因此非常适合作为训练数据集。

2）书籍：包含小说和非小说两大类，旨在提升模型的故事讲述能力和反应能力。常见的数据集来源包括 Project Gutenberg 和 Smashwords 等。

3）期刊：这类数据集主要来源于 ArXiv 和各类期刊会议的预印本及已发表的论文，其内容严谨、条理清晰、理性细致。

4）Reddit：GPT-2 的训练数据集 WebText 就来源于 Reddit，包含从此社交媒体平台上爬取的所有点赞超过三个的文章，这些数据反映了流行内容的趋势。

5）Common Crawl：这是一个自 2008 年以来定期抓取数据的大型网站数据集，包含原始网页、元数据和文本提取，其数据涵盖了不同语言和领域的内容。

6）其他数据集：这类数据集包括 GitHub 的代码数据集、Stack Overflow 的论坛数据集和视频字幕数据集等。

前面提到，Common Crawl 是一个开源的网页爬虫，但由于其数据质量较差，在 GPT-2 的训练过程中并未使用。GPT-3 的训练数据集则对 Common Crawl 进行了一些过滤。GPT-3 的训练数据集中有 60% 来自经过筛选的 Common Crawl，其余部分来自 WebText、书籍和维基百科等，还加入了代码数据集（如 GitHub Code）进行训练。

4. 模型效果

总体而言，GPT-3 的表现已经达到了令人惊艳的效果。初代 GPT-3 以其三大核心能力吸引了广泛关注：强悍的语言生成能力、上下文学习能力和丰富的世界知识。

1）GPT-3 在语言生成方面的表现十分出色。用户仅需给出一个提示词，GPT-3 即能生成与之相关的完整句子，这是其通过语言建模训练所获得的能力。这种与语言模型的交互方式也成为当前应用最为普遍的一种。

2）上下文学习是 GPT-3 的另一个特点。当给定一些任务示例时，它能够通过学习上下文为新的测试用例生成相应的解决方案。

3）GPT-3 还拥有丰富的世界知识，包括各种事实性知识和常识，这些知识都来自其包含 3000 亿单词的庞大的训练语料库。

尽管 GPT-3 在多个任务上表现尚佳，但距离理想模型仍有不小差距。GPT-3 在常识逻辑等任务上的表现依旧欠佳，此外，由于训练语料中难以去除偏见、刻板印象甚至其他不实内容，GPT-3 并不适合直接应用于业务场景。

5.2.4　GPT-3.5

2022 年 3 月，OpenAI 发布了 GPT-3 的新版本。该新模型具备编辑文本和向文本中插入内容的能力。其训练数据截至 2021 年 6 月。OpenAI 宣称这个新模型比之前的版本更为强大。至 2022 年 11 月底，OpenAI 正式将这个模型命名为 GPT-3.5。

1. 模型演变

从 GPT-3 到 GPT-3.5 的演进过程中，OpenAI 推出了多个大型语言模型，每个模型都拥有独特的性能。

最初，GPT-3 模型的索引名为 davinci。随后，OpenAI 发布了 Codex 系列模型，该系列的首个模型基于 120 亿参数在 GPT-3 基础上进行微调，命名为 Code-davinci-001。之后，该模型演变为 OpenAI API 中的 Code-cushman-001。接着，OpenAI 发布了关于指令微调的论文，其中的有监督微调部分对应 Instruct-davinci-beta 和 Text-davinci-001 模型。

在此基础上，OpenAI 通过"语言模型 + 代码训练"并结合指令微调的方式，训练出了 Code-davinci-002 模型，并进一步通过有监督指令微调训练出了 Text-davinci-002 模型。最终，借助基于人类反馈的强化学习方法，OpenAI 成功训练出了 Text-davinci-003 和 ChatGPT 模型。从 GPT-3 到 GPT-3.5 的整体发展流程如图 5-9 所示。

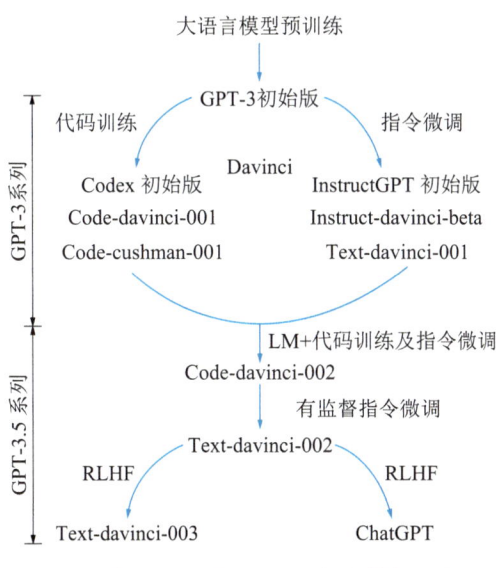

图 5-9　从 GPT-3 到 GPT-3.5 的整体发展流程

2. 模型效果

Code-davinci-002 和 Text-davinci-002 被视为 GPT-3.5 模型的初版，其中 Code-davinci-002 专注于代码的生成与理解，而 Text-davinci-002 则侧重于生成和理解更符合逻辑及人类意图的文本。相较于 GPT-3，GPT-3.5 模型具备更为先进的功能，包括响应人类指令、进行更复杂的推理和理解、更强的泛化能力以及对代码的生成和理解能力等。

也就是说，GPT-3.5 模型具备两种关键能力：泛化能力和思维链推理能力。首先来看泛化能力，当模型接收大量指令并完成指令微调后，它在未见过的新指令上也能生成有效的回答。这对模型上线部署意义重大，因为用户会不断提出新问题，模型需要妥善应对。这种对未知任务的泛化能力并非一开始就具备，而是在指令数量积累到一定程度后才逐渐形成。

其次，GPT-3.5 能够利用思维链（Chain of Thought，CoT）进行复杂推理。初代 GPT-3 模型在这方面表现欠佳，而经过特定训练的 Code-davinci-002 和 Text-davinci-002 模型则展现出卓越的思维链推理能力。早期的 GPT-3 模型因未接受代码训练，其思维链推理能力十分有限。但随着大量代码数据的输入，例如 Codex 模型采用的 159GB 代码数据，新一代模型开始展现出强大的思维推理能力。

5.2.5　ChatGPT

ChatGPT 是基于 GPT-3.5 模型进行微调而开发的。在此基础上，ChatGPT 引入了一种创新的训练方法，即"从人类反馈中强化学习"。通过这种训练方式，模型在语义理解方面展现出了前所未有的智能水平。ChatGPT 的训练过程分为三个步骤，具体如图 5-10 所示。

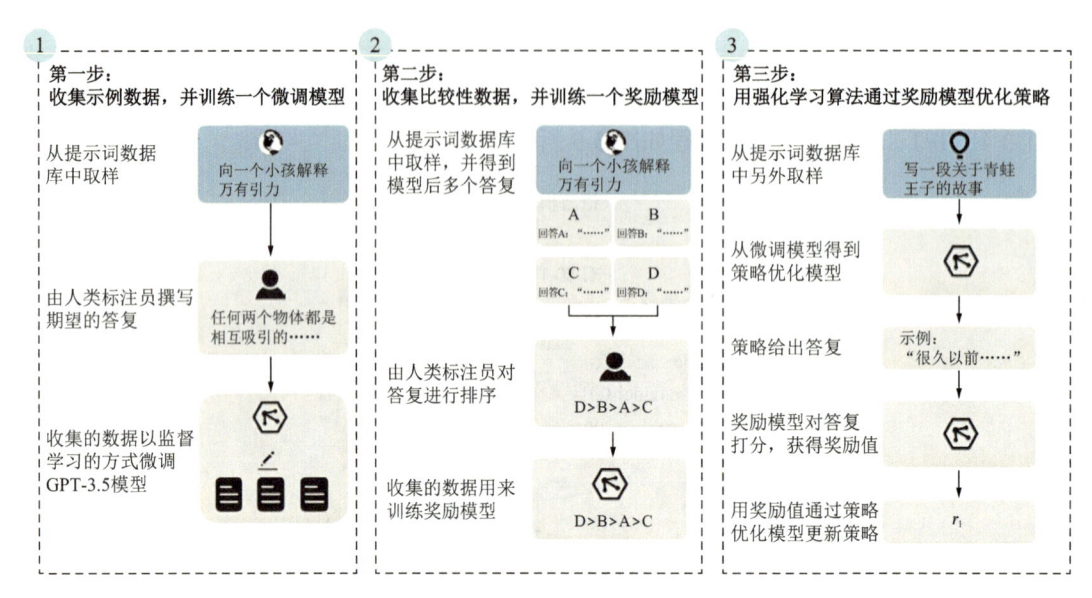

图 5-10 ChatGPT 模型训练步骤

（1）通过人工标注训练微调模型

1）准备一定数量的提示词样本，其中一部分由标注人员自行准备，另一部分则来自 OpenAI 现有的数据积累。

2）对这些样本进行标注，即人工为这些提示词生成相应的答复，从而构建"提示词-答复对"的数据集。

3）利用这些数据集对 GPT-3.5 进行微调，从而获得一个微调模型。

（2）训练奖励模型

1）准备一个提示词样本集，并让第一步得到的模型对其进行答复。对于每个提示词，要求模型输出多个答复。

2）标注团队的任务是将这些答复进行排序，这一过程中隐含了人类对模型输出效果的预期，从而形成新的标注数据集。

3）利用该数据集来训练奖励模型。通过这个奖励模型，可以对模型的答复进行打分，从而为模型的答复提供评价标准。

（3）通过强化学习算法优化答复策略

这里采用的是一种策略优化模型，它会根据当前采取的行动和受到的奖励不断调整策略。首先准备一个提示词样本集，对其中的提示词进行答复，然后利用第（2）步训练好的奖励模型对该答复进行打分，并根据打分结果调整答复策略。在此过程中，人工不再参与，而是通过"AI 训练 AI"的方式更新策略。经过多次重复这个过程，最终可以得到一个答复质量更优的策略。

5.2.6 GPT-4

继 ChatGPT 之后，OpenAI 于 2023 年 3 月发布了 GPT-4。作为 GPT 系列模型的重要升级，

GPT-4 在多个领域展现了令人惊叹的表现，被视为人工智能领域，尤其是自然语言处理领域的一个重要里程碑。

1. 多模态架构

GPT-4 首次将输入模态从单一文本扩展到图文双模态，具备接收图像和文本输入并生成文本输出的能力。这一突破标志着 OpenAI 从单模态到多模态的重要技术飞跃。人类的认知能力通常源自多种模式的学习。以"汽车"为例，这个概念涵盖了视觉和语言等多方面的丰富信息。通过文字理解，它是一种交通工具；通过视觉信息，我们可以了解汽车的外形、颜色、大小，甚至特定品牌或型号的特征。此外，还包括音频信息，如发动机声、喇叭声，以及在不同路面上行驶的声音。我们学习"汽车"这个概念时，通常是先看到图片，再在实际生活中见到汽车，最后记住对应的文字。

多模态模型能够从多种来源和模式中学习知识，并利用模式间的交叉关联来完成任务。例如，通过图像或图文知识库学习的信息可以用于回答自然语言问题；从文本中学习的信息也可应用于视觉任务。相比之下，GPT-3.5 及其前身如 ChatGPT，主要基于文本语料的概率生成回答。语言模型的核心是对词语序列的概率分布进行建模，即根据已有语句预测下一个时刻可能出现的语句。在 GPT-3.5 及其之前的版本中，"汽车"仅是一种符号表示和概率，而 GPT-4 引入多模态输入能力，极大地丰富了语言模型的语义理解。

2. GPT-4 的能力

GPT-4 相较于 GPT-3.5 在几个关键方面得到了显著改进。首先，它更加可靠，能够生成更准确和连贯的文本，使用户在对话或获取信息时得到更可靠和精确的回答。其次，GPT-4 具备更强的创造力，能够生成更富有想象力和创新性的文本，在诗歌、故事、剧本等创作任务中表现出色。此外，GPT-4 能够处理更微妙的指令和要求，理解更复杂的任务描述，提供更精准和个性化的回答，使其在交互式对话、个性化助手和智能客服等领域具备广泛的应用潜力。

GPT-4 在多项测试中的表现优于 ChatGPT。在逻辑推理能力方面，GPT-4 在 19 个逻辑推理问题中的正确率达到 100%，而 ChatGPT 仅为 37%。在文本生成的安全性方面，GPT-4 显著改进，生成有害内容的概率降低至 ChatGPT 的 1/10。在编程能力方面，GPT-4 在 LeetCode 上的 166 道编程题中答对了 55 道，远超 ChatGPT 的 20 道。GPT-4 在处理非英语问题的能力上也大幅度提升，甚至在许多语种上超过了 ChatGPT 在英语上的表现。此外，GPT-4 能处理更长的序列，最大可达 32000 个 token，这是 ChatGPT 无法比拟的。

3. 训练流程

GPT-4 的训练数据集在 GPT-3 和 GPT-3.5 的基础上，进一步加入了多模态数据，包括图片和文字的组合。这个庞大的数据集收集工作是一项重大挑战，由 30～50 名 OpenAI 团队成员及 50～100 名标注员共同完成。GPT-4 的训练数据集更加丰富，涵盖图表推理、物理考试、图像理解、论文总结、漫画图文等内容。

GPT-4 的训练过程主要经历两个阶段。首先，模型在大规模文本数据集上进行预训练，即语言建模。然后，模型使用基于人类反馈的强化学习算法进行微调，使其生成的输出更符合人类喜好。预训练的语言模型具备广泛能力，包括 Zero-Shot、上下文学习和执行多任务的能力，如问题回答、算术和分类等。

4. GPT-4 系列升级模型

（1）GPT-4 Turbo

GPT-4 Turbo 是 GPT-4 的关键升级版本，于 2023 年 11 月 7 日推出。其主要特性如下。

1）增强上下文长度理解能力。GPT-4 Turbo 的上下文处理能力提升至 128K，相当于 10 万字，实现了显著突破。例如，用户可以输入整本《哈利波特》的内容并要求生成摘要，这在之前的版本中难以实现，因为过长输入会导致模型"遗忘"前面的内容。而 GPT-4 Turbo 能够有效处理长文本输入。

2）更新知识库。GPT-4 Turbo 的知识库更新至 2023 年 4 月，而此前 GPT 系列模型大多更新至 2021 年。新的知识库使其能提供更贴近当下的信息回应。

3）多模态能力强化。接入 Dall-E3 模型后，多模态能力大幅度提升。该能力涵盖三个层面：一是直接"识别"图像内容，如辨认用户发送的奔跑小狗图片；二是实现语音输入与输出，用户可直接对话；三是绘图能力。例如，在宠物医疗场景中，GPT 能解读宠物体检报告图片内容。

2024 年 4 月 9 日，OpenAI 宣布对 GPT-4 Turbo 进行重大改进，赋予其计算机视觉能力，使其能处理与分析多媒体输入，包括回答图像、视频相关问题。

（2）GPT-4o

GPT-4o 于 2024 年 5 月 14 日推出。GPT-4o 的"o"代表"omni"，源自拉丁语"omnis"，在英文中常表示"全部"或"所有"。GPT-4o 是一个多模态大模型，支持文本、音频和图像的任意组合输入与输出。相比现有模型，其在视觉和音频理解方面尤为出色。其主要性能提升包括如下内容。

1）全方位多模态输入/输出。GPT-4o 作为"原生多模态"模型，能接收文字、音频、图像的任意组合输入，并进行图文音频等多种形式输出。相较于 GPT-4，其在多模态能力上进一步整合与强化，无论图文还是语音模式，信息均能得到更高效处理。

2）提升响应速度。GPT-4 对话通常需三步：语音转文字、生成回复、转回语音，不同版本存在延时，如 GPT-3.5 平均延时 2.8s，GPT-4 为 5.4s。而 GPT-4o 最短响应时间仅为 232ms，平均为 320ms，接近人类反应速度，极大提升了对话流畅性和用户体验。

3）强化多语言能力。在 50 多种非英文语言能力方面得到加强，满足更多语言背景用户需求，在国际交流和跨文化信息处理中更具优势。

尽管 GPT 系列模型在人工智能领域取得了显著科研进展，但仍存在局限性，如可能生成事实错误或潜在风险回应。面对这些挑战，开发更智能、更安全的大语言模型被视为长期研究任务。

5.3 BERT 模型

BERT 是一种基于 Transformer 架构的自然语言处理技术，由谷歌于 2018 年提出。该技术是在大规模未标记文本上进行预训练，随后在特定任务中进行微调，从而在众多 NLP 任务中展现出卓越的性能。

5.3.1 BERT 模型结构

BERT 采用了 Transformer 的编码器部分，通过堆叠多个编码器构建整个模型，擅长处理自然语言理解任务（NLU）。BERT 的整体架构如图 5-11 所示。

图 5-11 中的 Trm 代表 Transformer 的编码器模块，位于同一水平线上的 Trm 表示它们属于同一单元，E_i 则表示词嵌入。那些复杂的连线揭示了词与词之间的依赖关系。比较图 5-11 和图 5-6 可以发现，GPT 在预测下一个词时，只能用到之前的信息，而 BERT 作为一种双向编码器，能够同时捕捉左右两侧的上下文信息。该模型特别适合处理句子级任务，并且可根据具体任务进行微调。

如图 5-12 所示，BERT 采用了 Transformer 的编码器架构。每个编码器由多个层级构成，每一层级包含多头注意力机制和前馈神经网络。自注意力机制能够有效捕捉输入序列中不同位置间的依赖关系，而多头注意力机制则能整合不同注意力机制所学习到的信息，从而提升模型的表示能力。前馈神经网络通过对注意力机制输出的非线性变换，进一步增强了模型的表达能力。

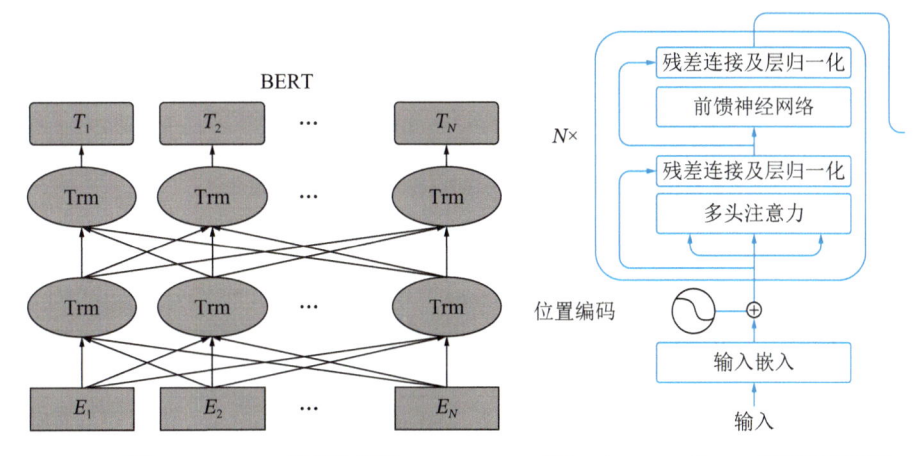

图 5-11　BERT 的整体架构　　图 5-12　Transformer 的编码器模块

5.3.2　输入形式

BERT 的模型结构与原始 Transformer 中的 Encoder 一致（由多个 Transformer 块堆叠而成），但在输入处理方面进行了细微调整：增加了段落编码（Segment Embedding），并采用了可训练的位置编码（Trainable Positional Embedding）。输入文本的处理流程如图 5-13 所示。

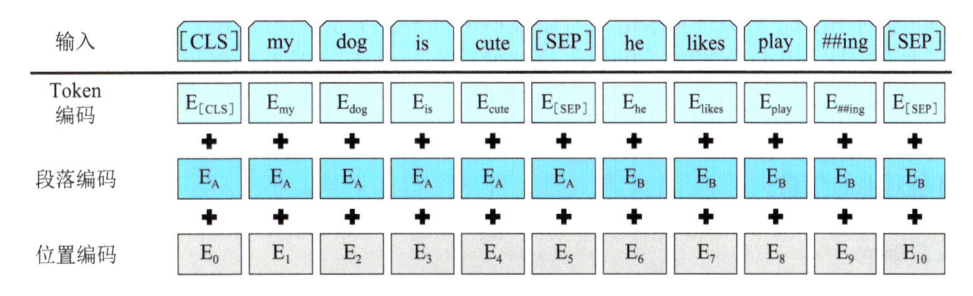

图 5-13　BERT 输入文本的处理流程

词元化是将连续的自然语言句子细分为更细粒度的处理单元，即词元（Token）。一个模型的所有词元共同构成其词汇表（Vocabulary）。在模型实现过程中，每个词元被分配一个维度为

embed_size 的词元嵌入向量。通过词元化及词元嵌入向量的处理，BERT 模型能够将自然语言文本转换为数值表示，从而便于深度学习模型的处理和训练。这种表示方式使 BERT 模型能够更准确地理解语言的语义和上下文信息，进而在多种自然语言处理任务中展现出卓越的性能。

BERT 提供了两种不同规模的模型（见图 5-14）：BERT 基础模型（BERT-Base）和 BERT 大型模型（BERT-Large）。BERT-Base 包含 12 层编码器，embed_size 为 768；而 BERT-Large 则包含 24 层编码器，embed_size 为 1024。这表明 BERT-Base 模型中的词元嵌入向量是 768 维的，而 BERT-Large 模型中的词元嵌入向量则是 1024 维的。

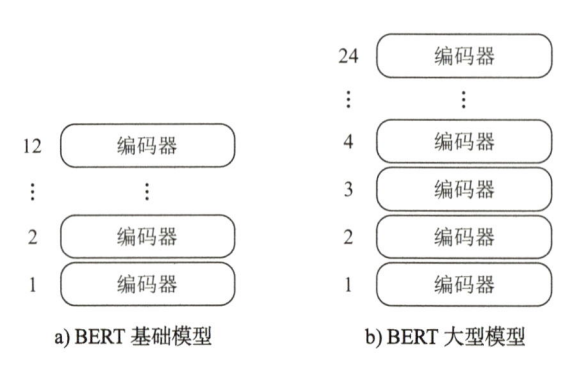

图 5-14　BERT 的两种模型版本

在词元化之后，BERT 会在序列（Sequence）中添加一些具有特殊功能的词元（Special Token），包括［CLS］、［SEP］和［PAD］等。这些特殊词元的引入有助于 BERT 模型进行不同类型的任务处理。

首先，［CLS］标记会被添加在序列的开头。BERT 模型在［CLS］位置对应的输出向量将代表整个句子的信息。这个向量可以通过输入一个多层感知机（MLP）用于处理整个句子的下游任务，例如文本分类。通过对［CLS］位置的向量进行适当处理，可以捕捉到句子级别的语义和特征。

对于单句的下游任务，只需在序列的结尾添加一个［SEP］标记。而对于句子对任务，例如判断两个句子是否矛盾的自然语言推理（NLI）任务，或在问答（QA）任务中确定哪个是问题、哪个是文档，需要在第一段序列和第二段序列的末尾分别加入一个［SEP］标记。这样做是为了区分不同的句子，因为 BERT 模型的原始设计并不能直接通过问题描述或疑问句来区分不同任务。

另外，［PAD］标记用于将每个文本序列填充到最大长度（max_seq_len）以便批量处理。通过在较短的序列中添加［PAD］标记，可以使所有序列达到相同的长度，便于进行批处理。在注意力机制操作中，模型会忽略［PAD］位置的信息，从而确保不会将填充标记对应的词元纳入注意力计算中。

通过引入这些特殊标记，BERT 模型可以更好地处理不同类型的自然语言处理任务，并有效地利用序列中的信息。

1. 位置编码

注意力操作本身无法感知序列中不同元素之间的位置信息。然而，在自然语言处理中，词元的位置顺序对于理解语义至关重要（例如，"我喜欢猫"与"猫喜欢我"含义不同）。因此，人们引入了位置编码（Positional Embedding）来解决这一问题。

在 Transformer 模型中，位置编码通过一种固定方式生成，用于表示输入序列中单词的位置信息。原始 Transformer 中，不同位置的位置编码在不同维度上通过不同频率的正弦和余弦函数获得，该位置编码对模型而言是固定的，模型需要在训练过程中适应其规律。然而，对于 BERT 模型来说，由于预训练和微调阶段输入文本的长度可能不同，采用固定的位置编码会限制其对不同长度文本的适应能力。因此，BERT 使用可训练的位置编码，能够根据输入文本的长度自动学习生成合适的位置编码，从而更好地捕捉序列中单词的位置关系。

2. 段落编码

段落编码（Segment Embedding）是 BERT 为了处理某些输入包含两段不同功能文本的任务而引入的，例如自然语言推理和问答任务。在自然语言推理任务中，需要判断两段话的关系：前一段称为"前提"（Premise），后一段称为"猜想"（Hypothesis），它们的关系包括"蕴含"（Entailment，猜想可由前提导出）、"矛盾"（Contradiction）和"中立"（Neutral）三种。由于前提和猜想的功能不同，需要告知模型哪部分文本属于前提，哪部分属于猜想，因此可以将两个不同向量分别加在输入的不同部分的词元上（前一段"前提"每个位置都加上索引为 0 的段落编码，后一段"猜想"每个位置都加上索引为 1 的段落编码）。对于不涉及句子对的任务，如单句文本分类、词元分类，则将第一个段落编码（索引为 0）加在所有输入词元上。

通过引入段落编码和可训练的位置编码，BERT 能够更准确地表示输入文本中句子和段落之间的关系，同时也能处理不同长度的输入文本。这样，BERT 在进行预训练和微调任务时能更好地捕捉上下文信息，提升其在各种自然语言处理任务中的性能表现。

5.3.3 模型预训练与微调

1. BERT 模型的预训练

BERT 模型的预训练过程分为两个阶段：无监督预训练和有监督预训练。

在无监督预训练阶段，BERT 在大规模未标记的文本语料库上进行预训练，以学习文本中的语言模型。该阶段采用了掩码语言建模（Masked Language Modeling，MLM）和下一句预测（Next Sentence Prediction，NSP）两个任务来训练模型。在掩码语言建模任务中，BERT 随机掩盖输入文本中的一部分单词，并通过模型预测被掩盖的单词，理解上下文信息并学习单词间的关系。而在下一句预测任务中，BERT 判断两个句子是否连续，借此学习句子之间的关系，这对理解句子关联性的任务大有裨益。这两个预训练任务类似于人类小时候学习语言时的完形填空和句子排序。通过这种方式，BERT 能够自动从大量无监督文本中汲取语言知识，无须人工标注数据，从而获得强大的语言理解能力，这也是 BERT 在自然语言处理领域取得巨大成功的关键。

在有监督预训练阶段，BERT 在特定任务上进行微调，以适应具体的 NLP 任务。此阶段通过在有标记数据上进行训练，调整模型参数，使其更好地满足具体任务的需求。微调过程采用有监督学习方法，并常结合梯度下降等优化算法进行参数更新。这两个阶段的任务使得 BERT 能够有效学习和理解语言的上下文及结构，且所有训练数据均从无监督文本中自动生成，无需人工标注。这种自监督学习方式使 BERT 得以广泛应用于各类自然语言处理任务。

2. BERT 模型的微调

微调是指在 BERT 预训练模型的基础上，通过在特定任务上进行训练，以适应该任务的过程。在实际微调过程中，根据特定任务的需求和数据集的大小，训练时间和所需的计算资源可能会有所不同。相较于预训练阶段，微调通常需要的数据量较小，因为模型已掌握了语言的广泛特性，仅需适应特定任务的特定需求。微调过程包括以下步骤。

1）输入表示：将输入文本转化为模型可理解的表示形式。BERT 模型通常采用 WordPiece 或 Byte Pair Encoding（BPE）等分词方法，并将每个分词转化为相应的词向量。

2）模型结构：根据不同任务类型，选择适宜的模型结构进行微调。对于分类任务，可直接使用 BERT 的输出进行分类；对于序列标注任务，则可在 BERT 模型上添加适当的标签层以进行标注。

3）损失函数：根据具体任务选择恰当的损失函数进行微调。常见的损失函数包括交叉熵损失函数、均方差损失函数等。

4）参数调优：利用训练数据对模型进行训练，采用梯度下降等优化算法调优模型参数。通常需对学习率、批次大小等超参数进行优化。

5.4 T5 模型

预训练模型 T5（Text-to-Text Transfer Transformer）由谷歌于 2019 年提出，具备执行多种 NLP 任务的能力，涵盖文本生成、文本摘要、机器翻译、问答任务及情感分析等领域。

5.4.1 T5 模型架构

T5 模型基于 Transformer 模型开发而成，与 BERT、GPT 等模型的不同之处在于，T5 模型的主体架构依然采用"编码器-解码器"结构，且在编码器和解码器中均包含多层 Transformer 模块。

T5 全称中的"Transfer"一词源自 transfer learning（迁移学习），预训练模型大多基于此原理。那么，Text-to-Text 究竟是什么呢？这正是 T5 模型的独特之处，具体而言，它将所有 NLP 任务都转化为文本到文本的任务。如图 5-15 所示，在进行英译德任务时，训练数据集的输入前都会加上"translate English to German"，例如，"That is good"会先被转换为"translate English to German: That is good."，然后输入模型，最终得到右侧的德文翻译结果。

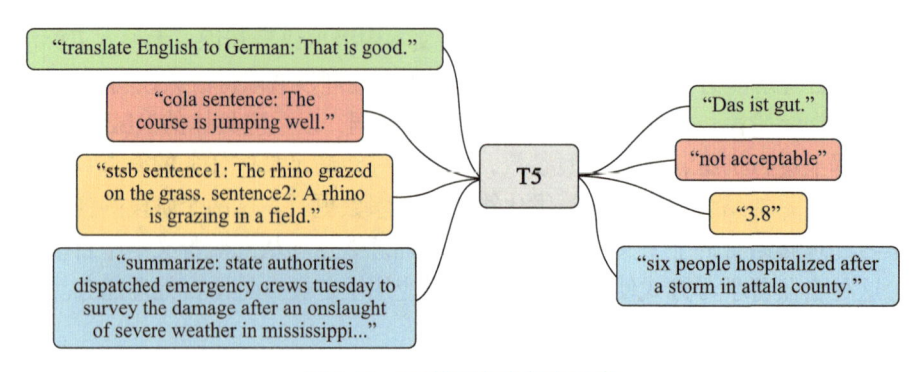

图 5-15 T5 模型各类任务示意

这样一来，便能采用相同的模型、相同的损失函数、相同的训练和解码过程来应对所有 NLP

任务，换言之，为 NLP 预训练模型提供了一种通用框架。BERT 主要适用于自然语言理解任务，在生成类任务上略显不足，然而 T5 凭借其统一的思想，成功将这两类任务一并解决，以往，各类 NLP 任务需分别学习不同的模型，而 T5 在某种程度上实现了"一招制胜"的效果。

5.4.2 模型预训练策略

T5 模型考虑了三种预训练策略，如图 5-16 所示。

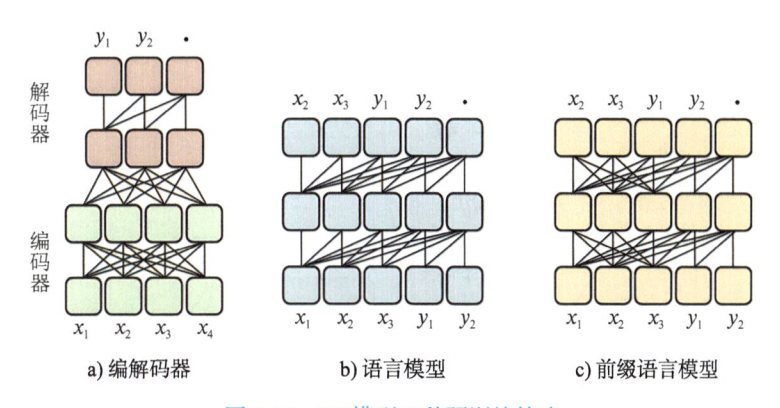

图 5-16 T5 模型三种预训练策略

1）编解码器（Encoder-Decoder）。在该策略中，编码器采用双向设计，能够同时处理前后的信息，其结果传递给解码器，而解码器仅能接收前面的单向信息。

2）语言模型（Language Model，LM）。这一策略与仅采用解码器的 GPT 模型颇为相似，这种单向、自回归的语言模型允许每个输出仅依赖于之前的输出，从而实现连续文本的生成。

3）前缀语言模型（prefix LM）。该策略可视作编码器和解码器的结合体，其中一部分功能类似于编码器，能够处理前后信息，另一部分则类似于解码器，仅能接收前面的信息。

这三种基于 Transformer 架构的预训练策略，其最本质的区别在于对注意力机制中掩码（Mask）操作的不同应用，具体对应关系如图 5-17 所示。

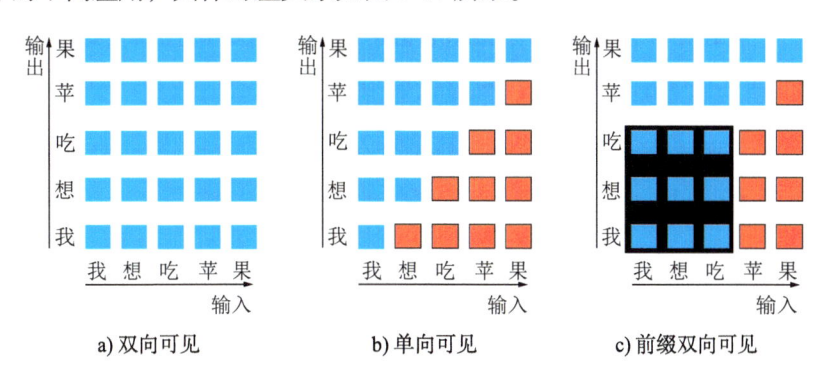

图 5-17 掩码操作效果

双向可见机制较为简单，其中每个字符无论顺序如何，均对全体可见。

单向可见机制则考虑了顺序，每个字符仅能见到当前及之前的部分，例如对于字符"吃"，只能看到"吃"及其之前的字符"我"和"想"。

前缀双向可见机制部分考虑顺序，对于前缀"我想吃"中的每个字符，均为双向可见，而对于后续字符"苹果"，则采用单向可见。

T5 模型的实验结果表明，在这三种结构中，编解码器策略取得了最佳效果。一旦确定了最有效的策略，接下来的任务便是扩大预训练目标的范围，进行更广泛的搜索，以进一步优化流程。

5.4.3 预训练流程

T5 模型在对比研究中深入探讨了预训练阶段的关键步骤，具体流程如图 5-18 所示。该流程从左至右共涵盖四个步骤。

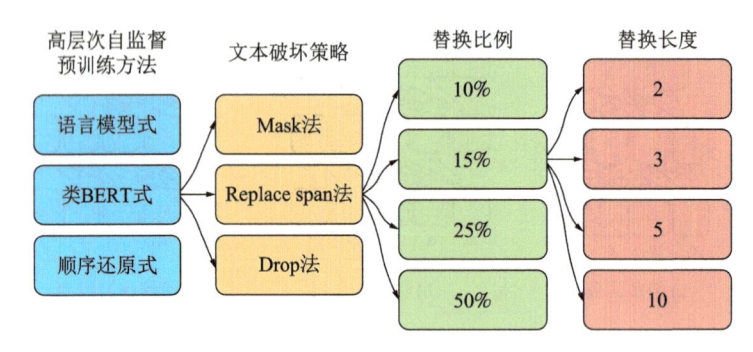

图 5-18 T5 模型预训练关键步骤

1. 高层次自监督预训练方法

高层次自监督预训练方法尝试了三种方式，具体如下。

1）语言模型式：类似于 GPT-2，从左到右进行预测。
2）类 BERT 式：将部分文本随机破坏，随后进行还原。
3）顺序还原式：打乱文本顺序，再将其还原。

举例来说，假设有一条原始文本"Thank you for inviting me to your party last week"。对于前缀语言模型，它会根据"Thank you for inviting"预测后续内容"me to your party last week"。对于类 BERT 式，它会破坏部分内容，例如随机掩码"Thank you for [Mask] me to your [Mask] last week"，然后让模型还原原始文本。对于顺序还原式，它会打乱语句顺序，例如"party me for your to. last week. Thank you inviting"，然后让模型还原原始文本。

实验结果表明，类 BERT 式的随机掩码预训练效果最佳。因此，T5 模型采用了类 BERT 式进行随机掩码预训练。

2. 文本破坏策略

针对文本破坏的策略，主要有三种方法，具体如下。

1）Mask 法：将被破坏的 token 替换为特殊符号，如［M］。
2）Replace span 法：即小段替换，类似于将相邻的［M］合并成一个特殊符号，每个小段替换为一个特殊符号，以提高计算效率。例如，对于句子"我喜欢吃苹果，还喜欢跑步"，用此方法将"苹果"和"跑步"进行掩码操作。
3）Drop 法：不进行替换，直接随机丢弃一些字符。

实验发现，Replace span 法的效果最优。

3. 选择替换比例

确定使用随机小段替换的文本破坏方式后，需选择替换比例。原生 BERT 使用的替换比例为 15%，而 T5 模型尝试了 10%、15%、25% 和 50% 四个比例。实验结果显示，15% 的效果最佳，这也验证了 BERT 模型选择的正确性。

4. 确定替换长度

确定文本破坏比例后，需确定小段替换的长度。T5 模型对比了 2、3、5、10 四个值，最终发现替换长度为 3 时效果最好。

T5 的预训练数据集采用常见的网页抓取提取文本方式，并应用了一些简单的启发式过滤，如连续三句话重复出现时只保留一句。整个训练数据集被命名为 C4，大小为 750GB。

T5 模型训练完成后，共发布了五个不同版本的预训练模型，这些版本从低到高参数量分别为 Small、Base、Large、3B 和 11B。每个版本的模型在参数量、层数、词向量长度和注意力头数上都有所不同，以适应不同的使用场景和需求。版本从低到高如表 5-2 所列。

表 5-2　T5 模型参数

模型	参数量	层数	词向量长度	head 数
Small	60M	6	512	8
Base	220M	12	768	12
Large	770M	24	1024	16
3B	3B	24	1024	32
11B	11B	24	1024	128

T5 的整体架构及相关模型具备多项关键优势，如灵活性、适应性和准确性。得益于 T5 模型能够通过单个"文本到文本"迁移学习框架在广泛任务上进行微调，它特别适用于拥有大量文本数据但特定任务标识数据有限的应用场景。

5.5　DeepSeek 模型

DeepSeek（深度求索）是一家成立于 2023 年 7 月的中国人工智能初创公司，专注于通用人工智能（AGI）的研发，尤其在搜索增强型语言模型领域表现尤为突出。其技术突破和产品创新已在全球范围内引发广泛关注。

5.5.1　DeepSeek 模型发展历程

DeepSeek 自成立以来，在短短一年多的时间里取得了显著的进展，推出了多个引人注目的开源模型，包括 DeepSeek Coder、DeepSeek LLM、DeepSeek-V2、DeepSeek-V3 和 DeepSeek-R1。DeepSeek 模型的发展进程彰显了其在生成式 AI 领域所取得的技术突破以及快速迭代的能力。以下是截至 2025 年 2 月的代表模型发展迭代介绍。

1. 初始阶段：成立与早期探索（2023年7月—11月）

2023年7月，DeepSeek成立，总部设于杭州，专注于高效生成式AI模型的研发工作。

2023年11月2日，发布首个开源代码大模型DeepSeek Coder，该模型支持多编程语言的代码生成、调试及数据分析任务，在HumanEval等基准测试中超越CodeLlama等竞品。

2. 通用大模型突破（2023年11月—2024年5月）

2024年1月5日，发布了通用大模型DeepSeek LLM（参数规模达670亿），涵盖7B和67B的Base及Chat版本，支持自然语言对话、文本生成等任务，并开放在线体验平台。DeepSeek LLM在Transformer架构的基础上进行了深度优化。它融合了稀疏注意力机制，大幅度降低了计算复杂度。此外，模型还引入了动态路由网络，能够根据输入内容智能调配计算资源，从而显著提升处理长文本及复杂逻辑任务的速度。

2024年5月7日，发布第二代混合专家模型DeepSeek-V2（总参数2360亿），采用混合专家（MoE）架构，推理成本降至每百万token仅1元人民币，在性能与成本效率方面实现显著提升。

3. 技术革新与成本优化（2024年12月—2025年1月）

2024年12月26日，发布DeepSeek-V3（总参数6710亿）。该模型采用混合专家架构，并通过无损耗负载均衡策略，实现了专家激活频率的均衡，每个输入仅激活370亿参数。此外，引入的多头潜在注意力（MLA）机制，借助低秩压缩技术，有效减少了KV缓存内存占用，显著提升了推理效率。结合FP8混合精度训练技术，训练成本仅为557.6万美元，相比传统方法大幅度降低。

2025年1月20日，推出推理优化模型DeepSeek-R1，借助知识蒸馏技术将长链推理能力迁移至标准LLM，性能与OpenAI的o1正式版相当，并进行了开源。

DeepSeek模型的发展经历了从基础的Transformer架构（DeepSeek LLM）到MoE（V2/V3）版本的演进，再到推理优化阶段（R1），逐步提升了模型的效率和性能。通过引入多阶段学习率调度、FP8混合精度训练技术以及无损耗负载均衡策略，有效降低了训练成本。此外，开源模型权重与代码，吸引了全球开发者的广泛参与，进一步加速了技术的迭代和生态系统的构建。

DeepSeek-V3大幅度超越了其他所有开源及闭源模型。此外，在生成速度方面，DeepSeek-V3的生成吞吐量从20TPS（Transactions Per Second，每秒完成的事务数量）大幅度提升至60TPS，相比V2.5模型实现了3倍的提升，能够带来更加流畅的使用体验。

4. DeepSeek-R1

2025年1月20日，DeepSeek正式发布DeepSeek-R1模型，并同步开源模型权重。DeepSeek-R1在后训练阶段大规模应用了强化学习技术，在仅有极少标注数据的情况下，极大提升了模型的推理能力。DeepSeek-V3和DeepSeek-R1这两款大型模型，成本低，性能与OpenAI o1相当。

5.5.2 DeepSeek-V3

DeepSeek-V3是一款结合创新架构设计与高效训练策略的混合专家语言模型，该模型在数学推理、代码生成等任务中展现出可与 GPT-4、Claude-3.5 等顶尖模型相抗衡的性能。下面简要介绍 DeepSeek-V3 模型的架构设计与训练策略。

1. 架构设计

（1）混合专家架构

在大语言模型的架构设计领域，如何平衡计算效率与模型容量一直是一个极具挑战性的问题。传统的模型架构往往难以在这两者之间找到最佳平衡点，要么因追求模型容量而导致计算效率低下，要么为提高计算效率而牺牲模型性能。DeepSeek-V3 采用的混合专家架构，为解决这一难题提供了创新的解决方案。

DeepSeek-V3 每层的架构设计包含一个共享专家和 256 个路由专家。共享专家如同一位知识渊博的"通才"，负责捕捉通用知识；而 256 个路由专家则如同各领域的"专才"，通过细粒度选择机制处理特定任务。不同的路由专家擅长处理不同类型的任务，当模型接收到具体任务时，会根据任务特点选择最合适的路由专家进行处理。每个 Token 激活 8 个路由专家，这种优化后的激活策略既确保了对特定任务的精准处理，又避免了因激活过多专家而导致的计算资源浪费。此外，这些激活的专家最多分配至 4 个计算结点，这种分布式计算方式能够充分利用多结点资源，提升计算效率。

从参数量角度看，DeepSeek-V3 的总参数量高达 6710 亿，但实际计算量仅为激活参数的 5.5%（约 370 亿）。这一设计显著降低了推理成本，使模型在实际应用中更为高效和经济。在传统模型中，大量参数在每次计算时均需参与，这不仅增加了计算复杂度，还消耗了大量计算资源。而 DeepSeek 混合专家架构通过稀疏激活方式，仅让必要参数参与计算，大幅度提升了计算效率，同时降低了对硬件资源的需求。

（2）多头潜在注意力（MLA）机制

在长文本处理领域，传统的注意力机制常常面临显存占用过高和计算效率低下的挑战。DeepSeek-V3 所引入的 MLA 机制，为这些问题的解决提供了有效的途径。该机制采用低秩联合压缩技术，将 Key 和 Value 的维度从 7168 大幅度压缩至 512。这一技术能够减少推理过程中 KV 缓存内存占用约 80%，从而在模型推理时显著降低内存资源的需求。此外，MLA 机制还支持多个注意力头的并行计算。在处理长文本时，这种并行计算方式大幅度提升了处理效率。

（3）无损耗负载均衡策略

在大语言模型的训练过程中，负载均衡扮演着至关重要的角色。传统的负载均衡策略往往会引入辅助损失，这可能导致模型性能的下降。DeepSeek-V3 采用的无损耗负载均衡策略则有效避免了这一问题。该策略通过动态调整路由专家的可学习偏置项，实现专家激活频率的均衡。同时，结合序列级平衡损失因子进行优化分工。这一损失因子能够根据序列的特性，对专家的激活进行细致调整，确保各个专家能够更加合理地分工协作。例如，在处理包含多个不同主题的文本序列时，不同专家能够针对各主题进行有针对性的处理，从而显著提升模型的整体性能。

2. 训练过程

（1）高效并行与通信优化

在大语言模型的训练中，计算资源的高效利用和通信效率的提升是关键。传统的训练方法往往存在 GPU 空闲时间长、显存需求大以及训练成本高等问题。为了解决这些问题，DeepSeek-V3 采用了一系列创新的技术。

首先是采用了 DualPipe 双向流水线并行技术。在传统的流水线并行中，数据通常是从流水线的一端依次流入各个阶段进行处理，这会导致在某些阶段 GPU 可能处于空闲状态，而 DualPipe 双向流水线并行则从流水线两端同时馈送数据，大大减少了 GPU 的空闲时间。

同时，结合 FP8 混合精度训练技术。在深度学习训练中，数据的精度对模型的性能和训练成本有着重要的影响。传统的训练通常采用较高精度的数据类型，如 FP32，但这会占用大量的显存，增加训练成本。而 FP8 混合精度训练则采用了较低精度的数据类型，能够将模型大小压缩至 700GB 以内，显存需求降低 50%。这不仅减少了对硬件资源的要求，还降低了训练成本。经过实际测试，DeepSeek-V3 的总训练成本仅为 557.6 万美元，相比传统方法有了显著的下降。

（2）预训练与后训练优化

在预训练一个强大的语言模型时，数据规模和质量至关重要。DeepSeek-V3 使用了令人惊叹的 14.8 万亿高质量 Token 进行训练，这些 Token 涵盖了多领域语料。为了提高数据的质量，使用了合成数据增强技术与知识蒸馏技术。合成数据增强技术能够通过对原始数据进行变换和组合，生成更多的训练数据，从而增加模型的泛化能力。知识蒸馏技术则是将已经训练好的模型（如 DeepSeek-R1）的知识迁移到 DeepSeek-V3 中，提升其推理能力。例如，在处理数学推理任务时，通过知识蒸馏技术，DeepSeek-V3 能够学习到 DeepSeek-R1 在数学推理方面的经验和技巧，从而提高自身的推理能力。

在后训练阶段，引入了多 Token 预测（MTP）任务。传统的语言模型通常是一次预测一个 Token，这种方式在生成文本时可能会导致连贯性不足。而 MTP 任务则能够同时预测后续多个 Token，增强了生成文本的连贯性。同时，这种方式还能够加速模型的收敛速度。在训练过程中，模型可以更快地学习到文本的上下文信息和语言规律，从而提高训练效率和模型性能。

5.5.3 DeepSeek-R1

DeepSeek-V3 在自然语言处理、图像识别等多个领域展现了卓越的能力。然而，应用场景的不断拓展和数据量的急剧增加，对模型的推理能力和计算效率提出了更高的要求。DeepSeek-R1 正是为了应对这些挑战而进行了创新性设计，具体如下。

1. 架构设计创新

DeepSeek-R1 是基于 DeepSeek-V3 的混合专家模型架构构建的，并在其基础上进行了创新。

DeepSeek-R1 则在稠密 Transformer 架构的基础上进行了创新。它引入了动态门控专家调度机制，通过优化路由策略，使得模型具备了更强的推理链处理能力。在稠密 Transformer 架构中，所有参数在计算过程中都会被使用，这种架构能够更好地捕捉数据之间的长距离依赖关系。而动态门控专家调度机制进一步增强了模型的灵活性和适应性。在数学证明和代码生成等场景中，R1 的优势尤为显著。

2. 注意力机制革新

注意力机制的革新是提升模型性能的关键因素之一。DeepSeek-V3 的注意力机制更侧重于多模态任务的高效负载均衡。它能根据不同模态数据的特点，合理分配计算资源，使专家利用率高达 93.7%。

DeepSeek-R1 则采用了多头隐式注意力（MLA）机制。首先，该机制将 Key-Value 缓存压缩至传统 Transformer 的 1/4。通过巧妙的算法设计，R1 的 MLA 机制有效减少了内存占用。其次，这种机制将推理延迟降低了 42%。推理延迟是衡量模型实时性的重要指标，在实时对话系统和在线翻译服务等应用场景中，低推理延迟至关重要。R1 的 MLA 机制使模型能更快生成输出结果，显著提升用户体验。此外，R1 还支持 128K 长上下文窗口的高效处理，长上下文窗口有助于模型更全面地理解输入数据的前后文信息，在处理长篇文本时展现出显著优势。

3. 参数激活策略

DeepSeek-V3 通过 MoE 架构有选择性地激活参数模块，而非全面激活所有参数。这种选择性激活策略显著减少了不必要的计算量，有效降低了计算成本。

相比之下，DeepSeek-R1 采用了全参数动态激活模式，并结合强化学习进行训练。在全参数动态激活模式下，所有参数均有机会参与计算，但具体哪些参数被激活取决于输入数据和模型的实时状态。强化学习训练则为模型提供了自我优化的机制，使其在不断交互中学习到最优的参数激活策略。这种模式使得所有参数能够在复杂推理任务中协同运作，显著提高了逻辑链深度分析的精度。例如，在 AIME 数学竞赛中，R1 的准确率达到了 79.8%，而 V3 的准确率为 68.7%。

4. 训练方法融合

DeepSeek-R1 创新性地将冷启动策略与强化学习相结合。DeepSeek-R1 的训练流程如下。
（1）冷启动阶段

在模型训练初期，会面临诸多挑战，这一阶段被称为冷启动阶段。类似于启动一辆长时间未使用的汽车，需要特殊的操作和条件才能使其顺利运转。在 DeepSeek R1 的冷启动阶段，利用了数千条高质量长链推理（Long-CoT）数据进行监督微调。

长链推理数据是一种特殊的数据类型，包含一系列复杂的逻辑推理过程和较长的信息链条。这些数据的高质量体现在多个方面，如准确性、完整性和逻辑的严密性等。在训练初期，由于缺乏足够的先验知识和有效的引导，模型容易陷入局部最优解或出现训练过程的大幅度波动。通过使用高质量长链推理数据进行监督微调，可以为模型提供明确的引导和初始的优化方向，帮助模型更快地找到正确的训练路径，从而解决早期训练不稳定的问题。

（2）推理导向强化学习

在完成冷启动阶段后，DeepSeek-R1 进入了推理导向强化学习阶段。这个阶段采用了群体相对策略优化（GRPO）算法。该算法具有独特的运行机制。在处理问题时，模型会针对同一问题生成多组答案，类似于多名学生解答同一道数学题，每个学生可能拥有不同的解题思路和答案。随后，通过内部对比计算优势分数，这一过程如同在众多学生的答案中筛选出更优秀的解答。GRPO 算法的显著优势在于无须独立评论家模型，避免了传统强化学习算法中额外计算资源的消耗，从而大幅度降低了计算成本，提升了训练效率。

（3）拒绝抽样与监督微调

随着推理导向强化学习的深入，模型的推理能力显著提升，然而同时也暴露出一些问题，如输出可读性差、语言混杂等。为应对这些挑战，DeepSeek-R1 引入了写作、角色扮演等领域的 SFT（Supervised Fine-Tuning，监督微调）数据，采用拒绝抽样与监督微调的方法进行优化。

SFT 是在预训练模型基础上，利用带标签的特定任务数据进一步精化模型的技术。其核心目标是借助高质量数据微调模型参数，提升模型在文本分类、问答系统、复杂推理等特定任务上的表现。

写作领域的 SFT 数据具备出色的语言表达和逻辑结构，通过学习这些数据，模型能提升语言表达的流畅性和准确性。而角色扮演领域的 SFT 数据则有助于模型更好地掌握不同角色的语言风格和行为模式，使输出更贴合实际场景。

拒绝抽样是一种高效的数据筛选方法，用以剔除不符合要求的数据。在此过程中，模型会评估生成的输出，若质量不达标则予以拒绝。随后，模型将利用高质量的 SFT 数据进行监督微调，调整参数以提升输出质量。例如，在生成新闻报道时，模型可能产出语言混乱、逻辑不清的内容，通过拒绝抽样与监督微调，模型可习得正确的新闻写作风格和结构，从而生成更高质量的报道。

（4）全场景强化学习优化

在完成前三个阶段的训练后，DeepSeek-R1 进入了全场景强化学习优化阶段。在此阶段，模型需应对多种不同类型的任务，因此需针对各任务设计相应的奖励机制。

对于数学和编程任务，采用基于规则的奖励方式。例如：在数学任务中，若模型给出的答案正确，便会获得相应奖励；在编程任务中，若程序能正确运行并实现预期功能，同样会获得奖励。这种基于规则的奖励机制使模型能够明确自身行为的正误，从而有针对性地进行学习和优化。

对于通用任务，则通过奖励模型（RM）来对齐人类偏好。通用任务涵盖范围广泛，包括自然语言处理、图像识别、语音识别等多个领域。不同任务的评价标准各异，且人类偏好也不尽相同。奖励模型通过学习大量人类标注数据，掌握人类对各类任务的评价标准和偏好，进而依据这些信息对模型输出进行评价和奖励。例如，在图像生成任务中，人类可能更偏爱色彩鲜艳、构图合理的图像，奖励模型据此对模型生成的图像进行评分，模型则依据评分调整其生成策略。

5. 性能对比

为了验证模型架构改进所带来的实质性性能提升，必须进行严格的性能测试。MATH-500 测试和代码生成任务（SWE-bench Verified）是两个极具代表性的测试场景，能够全面评估模型在数学推理和代码生成方面的能力。

MATH-500 测试涵盖了代数、几何、概率等多个领域，包含各种难度级别的数学问题。在该测试中，DeepSeek-R1 以 97.3% 的准确率超越了 DeepSeek-V3 的 89.4%。R1 的这一卓越表现，充分证明了其在复杂数学推理任务中的强大实力。

在代码生成任务中，R1 的通过率较 V3 高出 22%。该任务要求模型根据给定需求生成高质量的代码，并需通过严格的验证。R1 在此任务中的显著优势，彰显了其在处理复杂逻辑和生成精准代码方面的卓越能力。

拓展阅读 DeepSeek 颠覆了什么

一家人工智能初创企业浅浅扇动两下翅膀，即掀起全球科技界的一阵"海啸"。中国公司深度求索（DeepSeek）在 30 天内，先后发布两款性能比肩 GPT-4o 的大模型，"1/18 的训练成本、1/10 的团队规模、不分伯仲的模型性能"令硅谷大受震撼。DeepSeek 不仅降低成本，还重新定义了大模型生产和计算方式。全球科技界需重新思考 AI 竞争核心，DeepSeek 颠覆了什么？

1. 击穿三大定式

1）打破"越强越贵"的成本诅咒。价格感人是让 DeepSeek 快速出圈的第一个标签。传统大模型服务需高昂费用，但 DeepSeek 证明了性价比的重要性。

2）超越"性能-成本-速度"的不可能三角。DeepSeek 以 557.6 万美元成本训练出高性能模型，远低于其他模型。其技术报告揭示了成本压缩和计算时间缩短的策略。

3）走出"参数膨胀"陷阱。DeepSeek 选择高效训练方法提升性能，证明小参数模型也能实现高性能。

2. 实现三大跃升

算力封锁下的有力破局，得益于 DeepSeek 在技术架构、数据策略、工程实践三方面的关键突破。

1）技术架构：重新定义参数效率。DeepSeek 通过技术架构优化参数效率，数据策略注重质量，工程实践则通过并行处理提升效率。

2）数据策略：质量驱动的成本控制。DeepSeek 的成功展示了通过底层架构创新降低 AGI 成本，以及开源策略构建生态护城河的路径。

3）工程实践：架起"超级工厂"流水线。传统大模型训练类似手工造车，效率低。DeepSeek 的 3D 并行技术通过流水线和张量并行，将造车流程和发动机生产拆分，实现高效装配。

5.6 习题

1. 填空题

1）大语言模型是一类基于超大规模_____的语言模型，其_____规模远远超过传统语言模型。

2）BERT 的模型结构使用了 Transformer 的_____部分。

3）GPT 的模型结构使用了 Transformer 的_____部分。

4）GPT-1 的模型训练采用了_____和对具体任务的_____相结合的方法。

5）GPT-2 通过增加_____和_____来提升模型的泛化性。

6）GPT-3.5 模型具备的两种关键能力是_____和_____。

7）GPT-3 采用了 Few-Shot 仅需学习_____的样例，就可以让模型掌握新的知识。

8）GPT-4 首次将输入模态从_____扩展到_____双模态，它具备接收图像和文本输入并生成文本输出的能力。

9）GPT-4 是 OpenAI 从单模态到_____的一项重要技术飞跃。

10）_____是将连续的自然语言句子划分为更细粒度的处理单元。

11）通过词元化和词元_____的处理，BERT 模型能够将自然语言文本转化为_____表示。

12）通过引入_____和可训练的_____，BERT 能够更准确地表示输入文本中句子和段落之间的关系，同时也能够处理不同长度的输入文本。

13）在_____建模任务中，BERT 随机掩盖_____中的一部分单词，并通过模型预测被掩盖的单词。

14）预训练模型 T5 是由谷歌于_____年推出的。

15）DeepSeek-V3 是一款结合创新架构设计与高效训练策略的_____语言模型。

16）DeepSeek R1 基于 DeepSeek-V3 的_____架构而构建。

2. 简答题

1）简述 GPT-1 模型的训练方法。

2）简述 GPT-2 相对于 GPT-1 做了哪些改进。

3）简述 GPT-3 在 GPT-2 的基础上做了哪些改进。

4）简述 ChatGPT 的训练步骤。

5）简述 BERT 模型的预训练方法。

6）简述 T5 模型预训练策略。

第 6 章

文本生成

知识目标

1. 熟悉 AI 文本生成的应用。
2. 了解常用的国产文本生成工具。
3. 掌握提示词的概念及其写作技巧。
4. 掌握文心一言工具的使用。

素养目标

1. 通过 DeepSeek 应用案例的学习,深化爱国主义教育,强化民族自信心与自豪感。
2. 通过文本生成工具的实际操作,提升学生的 AI 工具应用技能。
3. 通过掌握提示词的概念及其写作技巧,培育学生的科学精神和科学思维方式。

案例导入 见证 DeepSeek 的能力

案例导入 见证DeepSeek的能力

DeepSeek 凭借其技术创新、成本优势以及开源战略,迅速走红!其文本生成能力更是令人惊叹!接下来,让我们共同见证 DeepSeek 的强大实力!

首先,请 DeepSeek 为我们介绍《滕王阁序》的写作背景,并对其写作风格进行深入分析。限于篇幅,内容需控制在 400 字以内。选择深度思考模式后,整个思考与推理过程耗时仅 20 秒,DeepSeek 随即给出了关于《滕王阁序》的写作背景及写作风格的详细分析,具体内容如图 6-1 所示。

用户提问:

请介绍《滕王阁序》的写作背景,并分析它的写作风格,限定 400 字。

DeepSeek 回答:

已深度思考(用时 20 秒)

《滕王阁序》是唐代文学家王勃于 675 年途经洪州(今南昌)时即兴创作的骈文名篇。当时,洪州都督阎伯屿重修滕王阁并设宴邀宾，本欲让女婿预先写就的序文扬名，王勃却当众提笔挥毫，成就千古绝唱。王勃彼时因仕途受挫探父南下，心怀壮志未酬之郁，又逢盛宴盛景，遂将个人际遇与壮阔山水相融，铸就此文。

全文以骈体写就，辞采华茂而意境超逸。其一，对仗工巧，音韵铿锵。如"落霞与孤鹜齐飞，秋水共长天一色"，以动态画面营造空灵之境，色彩与空间浑然一体。其二，典故密织而自然。借冯唐、李广等历史人物抒怀才不遇之愤，以"东隅已逝，桑榆非晚"展豁达襟怀，使抒情兼具文化厚度。其三，情景交融，结构缜密。由洪州地理形胜引入宴会盛况，再绘登阁所见之景，最终转入身世之叹，行文跌宕起伏，情感由扬转抑，复归激昂，体现骈文"体物写志"的张力。其语言既承六朝骈俪之风，又注入雄健之气，一扫浮华积弊，彰显初唐文学革新气象。此文堪称骈文巅峰之作，以瑰丽笔墨写尽天地大美与士人精神，对后世文风影响深远。

图 6-1　DeepSeek 给出的《滕王阁序》写作背景及写作风格分析

随后，指示 DeepSeek 参照《滕王阁序》的写作风格，创作一篇《泰山赋》。DeepSeek 经过 14 秒的思考，成功完成了《泰山赋》的创作，具体内容如图 6-2 所示。

用户提问：

请仿照《滕王阁序》的写作风格，写一篇《泰山赋》。

DeepSeek 回答：

已深度思考（用时 14 秒）

《泰山赋》

岱宗巍峙，元气鸿蒙。分青徐以镇坤轴，接紫极而冠穹隆。千峰拱岱，万壑朝宗。秦松挂月而衔古，汉柏摩云以啸风。昔者轩辕封禅，燔柴告昊；秦皇勒铭，石表凌空。七十二君之迹，烟销碧落；三千余载之文，苔蚀苍丛。

若夫天门梯险，日观霞蒸。扪星汉于危磴，瞰齐州于晓晴。岩瀑悬而素练飞，松涛涌而翠蛟腾。碣石东临，碣沧海之浩淼；汶河西带，漾明火之渔灯。至若云海浮金，羲轮浴彩；玉盘跃浪，冰魄流晶。此造化之奇观，岂人工所能营？

嗟乎！尼父登临，慨天下其何小；杜陵绝顶，览众山其皆卑。然神岳有恒，彭殇无定。秦皇汉武，空留片碣之文；圣主明君，谁见长生之证？惟松柏抱贞，历冰霜而愈茂；烟霞养性，远尘滓以长清。

今予挟筇蹑屦，振袂披襟。仰层霄而思羽化，俯群岫以忘营营。虽无谢客之才，敢效孙登之啸；若得谪仙之笔，当摹造化之心！

图 6-2　DeepSeek 写的《泰山赋》

为了更深入地理解《泰山赋》，我们让 DeepSeek 对其写作风格进行细致分析。经过 21 秒的推理与思考，DeepSeek 给出了对《泰山赋》的详尽剖析，具体内容如图 6-3 所示。

用户提问：

请分析《泰山赋》的写作风格，限定 400 字。

> **DeepSeek 回答：**
>
> 已深度思考（用时 21 秒）
>
> 《泰山赋》深得《滕王阁序》骈文神韵，兼具摹古之工与个性之新，其写作风格可从以下三方面析之：
>
> **其一，骈俪工整，气象雄浑。**
>
> 全文以四六句式为主，对仗精严，音律铿锵。如"秦松挂月而衔古，汉柏摩云以啸风"，以拟人化动词勾连静景，赋予古木以历史沧桑感；"岩瀑悬而素练飞，松涛涌而翠蛟腾"则通过"素练""翠蛟"之喻，将自然动态凝练为视觉奇观，尽显泰山险峻瑰丽。空间铺排上，由"分青徐""接紫极"的地理定位，至"扪星汉""瞰齐州"的仰俯视角，层层扩展境界，呼应《滕王阁序》"层峦耸翠，上出重霄"的壮阔笔法。
>
> **其二，典事熔铸，思理沉郁。**
>
> 文中密集化用历史意象，如"轩辕封禅""秦皇勒铭"暗喻帝王功业，"尼父登临""杜陵绝顶"借孔子、杜甫登泰山的典故，抒"天下何小"的宇宙之思。更以"彭殇无定""长生谁证"质疑帝王求仙之妄，深化了山水咏叹中的哲理性，较之王勃"冯唐易老"之叹更具历史纵深感。典故与议论交织，形成"神岳有恒"与"尘世须臾"的强烈对比，赋予雄奇物象以深沉的生命反思。
>
> **其三，情景相生，辞采瑰奇。**
>
> 赋中写景不拘泥形似，而以虚实相生之法造境。如"云海浮金，羲轮浴彩"以瑰丽色彩渲染日出幻境，"玉盘跃浪，冰魄流晶"借神话意象描摹月夜空明，兼具六朝骈文的绮丽与盛唐诗歌的浪漫。结尾"挟笻躔履，振袂披襟"以动作写豪情，仿《滕王阁序》"登高作赋"之志，而"摹造化之心"更添一份对自然本真的叩问，在复古中透出性灵追求。
>
> 此赋既承袭初唐骈文"丽辞雅义"的传统，又融入对生命哲学的追问，堪称古今交融的山水骈赋佳构。

图 6-3　DeepSeek 对《泰山赋》的分析

6.1　AI 文本生成的应用

在 2022 年之前，文本生成仅是人工智能领域的一个研究方向，尚未有令人瞩目的实际产品问世。2022 年末，OpenAI 公司推出了智能对话语言大模型 ChatGPT，成功将 AI 文本生成从实验室推向了大众视野。ChatGPT 的文本生成能力极为强大，国内也随之迅速响应，推出了"类 ChatGPT"的应用，如文心一言、通义千问、智谱清言、讯飞星火等。尽管人工智能目前尚不能完全取代人类进行文本创作，但无可否认，它们已成为提升我们工作效率的得力助手。

AI 文本生成的方式大致分为两类：交互式文本生成与非交互式文本生成。

1. 交互式文本生成

交互式文本生成是一种具备交互性的文本生成方式，例如与 ChatGPT 进行对话，它拥有更强的动态响应和个性化特征。这种交互性正是现代社会对个性化和即时反馈需求的体现。在信息传播速度日益加快、人们需求日趋多样化的今天，交互式文本生成能够有效满足人们在各种场景下的需求，广泛应用于客户服务、虚拟社交、互动游戏等领域。

2. 非交互式文本生成

非交互式文本生成的主要应用包括结构化写作、非结构化写作和辅助性写作，其应用范围已深入到人们生活和工作的方方面面。

（1）结构化写作

AI生成文本在结构化写作方面展现出显著优势，尤其适用于新闻报道和具有较强规律性的文章。结构化文本通常遵循一定的模板和格式，使得人工智能能够依据既定的结构和信息来源，高效、准确地生成内容。新闻报道往往需要涵盖时间、地点、人物、事件、原因等关键要素，而人工智能可以迅速整合这些信息，生成符合新闻写作规范的稿件。同样，对于那些规律性较强的文章，如学术论文、政策解读、产品说明等，人工智能能够按照既定的逻辑框架和表达方式，生成条理清晰、逻辑严密的内容，从而大幅度提升写作效率和质量。

人工智能技术在文本生成领域的应用逐渐成熟，许多媒体机构开始采取行动融入这一变革。例如，百度推出的"文心一言"迅速获得业界关注和采纳。据统计，我国已有超过一百家广播电视、影视传媒机构接入"文心一言"，包括各级电视台、广播电台、影视制作公司和新媒体平台。这些机构看好"文心一言"在内容创作、信息整理、新闻编辑等方面的潜力，目的是提高内容生产率，降低成本，确保内容的准确性和时效性。

（2）非结构化写作

非结构化写作通常涉及更加灵活和创意性的内容，如剧情编写、营销文本创作等领域，这些内容往往需要丰富的想象力和创新能力。尽管人工智能在处理这类任务时面临的挑战更大，但它在这些领域同样展现出了不俗的能力。

在剧情编写方面，人工智能可以通过分析大量的文学作品、电影剧本和电视剧本，学习故事结构、角色发展和情节转折的规律，从而辅助创作新的故事内容。人工智能可以生成初步的剧情梗概、角色设定和对话文本，为编剧提供灵感来源和创作素材，甚至在某些情况下，能够独立编写完整的剧本。

在营销文本创作方面，人工智能能够根据目标受众、市场趋势和产品特点，生成吸引人的广告文案、营销邮件和社交媒体内容。它能够快速调整语言风格和内容策略，以适应不同的营销目标和渠道需求，帮助营销人员提高内容生产的效率和质量。

尽管人工智能在非结构化写作中表现出色，但它仍然需要人类创作者的指导和监督。人工智能生成的文本可能需要人类进行创意的优化、情感的调整和文化的校准，以确保内容不仅符合逻辑，还能触及人心，达到最佳的传播效果。

（3）辅助性写作

人工智能的应用已经扩展到了内容提炼和文本润色等领域。它能够高效地处理大量信息，从中提取关键点和精华内容，能帮助人们快速消化和理解信息，还能帮助改善文风和语法，使得文本更加流畅和专业。

以下是一些具体的应用场景：

1）内容提炼：人工智能工具可以根据提供的大量研究资料或文献，总结和提炼出核心观点，为撰写论文提供思路和框架。

2）草稿撰写：人工智能工具可以根据用户提供的大纲或主题，自动生成论文的初步草稿，用户在此基础上进行修改和完善。

3）语法校对：人工智能工具可以检查论文中的语法错误，并提供修正建议，帮助用户写出语法正确的句子。

4）润色语句：对于已经写好的文本，人工智能可以帮助改进措辞，使句子更加优雅、精准。

5）思路启发：当用户遇到写作瓶颈时，人工智能可以提供不同的观点或论据，帮助用户打开思路。

需要注意的是，虽然人工智能可以提供这些辅助功能，但它不能完全替代人的学习和思考过程。学术写作要求原创性和深度思考，过度依赖人工智能可能会导致人的写作能力和批判性思维能力得不到充分的锻炼。

6.2 常用文本生成大模型

随着人工智能技术的迅猛发展，AI 文本生成工具已然成为提升工作效率和创造力的得力助手。当前，市面上可用的 AI 工具众多，善于选择并熟练掌握这些工具，往往能够达到事半功倍的效果。

近年来，国内 AI 工具取得了显著的进步。相较于国外 AI 工具，国内 AI 工具通常拥有更庞大的中文数据集，因而能更深刻地理解中文的语言特点和文化背景，从而更精准地处理中文文本，捕捉中文语境中的微妙差异。这使得它们在处理中文相关任务时，展现出更高的准确性和效率。接下来，将介绍几款国内常用的文本生成工具。

6.2.1 文心一言

文心一言（见图 6-4）作为百度全新一代的知识增强型大语言模型，也是文心大模型家族的新成员。该模型具备与人对话互动的能力，能够精准回答问题、辅助创作，高效便捷地为用户获取信息、知识和灵感提供支持。自 2023 年 8 月 31 日正式面向公众开放以来，文心一言在文学创作、智能家居、金融、教育及医疗健康等多个领域展现出显著作用，并赢得了广泛的认可。

图 6-4 文心一言

"文心一言"这个名字的灵感源自我国传统文化中的"一心"概念，象征着专注与一致。在文心一言的设计过程中，这一理念得到了淋漓尽致的体现。该模型以人工智能技术为核心，始终将用户的需求和问题置于首位，致力于提供精准、高效的信息和知识服务。同时，它也注重与用户之间的互动和沟通，力求为用户带来更加便捷、个性化的使用体验。

1. 技术背景

文心一言采用了深度学习和自然语言处理等前沿技术，通过构建大规模的神经网络模型，对海量文本数据进行训练，从而实现对自然语言的理解和生成。它采用了 Transformer 结构，这是一种基于自注意力机制的深度学习模型，具备强大的序列建模能力。此外，文心一言还运用了预训练-微调的方法，显著提升了模型的泛化能力和性能。

2. 文心一言的基础能力

文心一言由文心大模型驱动，能够协助人们处理各类复杂任务，具备以下特性与能力：

1）语言理解能力。文心一言能够准确理解自然语言文本的含义和上下文，并根据用户的问题或需求提供精准的回答和解决方案。基于庞大的语料库和知识库进行训练，文心一言支持中文、英文等多种语言，拥有广博的知识储备，能够根据用户需求提供相关知识和信息。

2）个性化交互。文心一言能够根据输入和交互历史进行个性化交互，提供精准且个性化的服务。

3）实时更新。文心一言能够实时更新自身知识库和模型参数，确保高效率和准确性，随时为用户提供最新、最准确的信息。

4）安全性。文心一言高度重视用户隐私和数据安全，能够有效保护用户输入的敏感信息和数据，确保用户信息的安全。

5）多模态生成。文心一言不仅支持文本生成，还能生成语音和图像，实现多模态内容创作。

6.2.2 讯飞星火

科大讯飞于 2023 年 5 月 6 日正式推出"讯飞星火认知大模型"，这标志着科大讯飞正式进军认知大模型领域，并开始探索通用人工智能方向。初始版本集成了通用人工智能领域的多方面能力，包括文本生成、语言理解、知识问答、逻辑推理、数学能力、代码能力及多模态能力等七大维度，初步展现了其综合实力，为后续迭代奠定了框架和基础。

2025 年 1 月 15 日，科大讯飞发布了讯飞星火 4.0 Turbo 及其深度推理大模型——讯飞星火 X1。此次升级成为科大讯飞在人工智能领域的又一重要里程碑，尤其在图文处理、数学运算和长文本处理能力上取得了显著进步，如图 6-5 所示。

图 6-5　讯飞星火 4.0 Turbo

讯飞星火认知大模型的七大核心能力如下。

（1）多风格多任务长文本生成

讯飞星火的文本生成能力体现在多风格、多任务以及长文本创作方面。用户提出需求时，它不仅能生成多种风格的文本，如正式的新闻稿、活泼的创意文案等，还能满足多种任务需求，如创作故事、撰写报告等。尤其在长文本创作方面表现卓越，中文能力超过ChatGPT。例如，在创作长篇小说或大型项目报告时，讯飞星火能根据用户意图持续生成内容连贯、逻辑完整的长文本。

（2）多层次跨语种语言理解

讯飞星火的语言理解能力主要体现在对多层次跨语种语言的理解上。它能够理解不同层次的语义，无论是隐含意义还是直接表达的意义。同时，它能跨越多语种进行理解，这一能力在国际交流和多语言环境下的沟通协作中具有重要意义。例如，它能理解"俗话说男子汉大丈夫宁死不屈，但是俗话又说男子汉大丈夫要能屈能伸"这类涉及复杂语义和语种内文化背景的内容，并准确作答。

（3）泛领域开放式知识问答

讯飞星火具备泛领域的开放式知识问答能力，知识覆盖面广泛，涵盖生活常识、科学知识、工作技巧及医学知识等诸多领域。无论是日常生活中的小问题，还是专业领域的深奥疑问，它都能应对自如。例如，关于不同城市的旅游景点、各类历史事件、科学现象原理、工作中的疑难问题或医学常识等，讯飞星火都能提供准确回答。

（4）情景式思维链逻辑推理

讯飞星火能够进行情景式思维链逻辑推理。它可根据给定情景构建逻辑思维链，推断出最终答案。例如，在处理复杂的人物关系推理或工程问题步骤推导时，它能深入解析情景中的各种关系，进行合理逻辑推理，得出相应结论，适用于解决谜题或处理需逻辑推导的业务决策。

（5）多题型步骤级数学能力

讯飞星火具备多题型步骤级别的数学能力，无论是简单四则运算、复杂代数方程求解、几何图形计算，还是微积分等高等数学问题，都能处理。在解答数学题时，它不仅能给出答案，还能展示详细步骤。例如，在帮助学生解答数学难题或为科研工作者进行复杂数学计算时，它能提供清晰的步骤和准确的答案。

（6）多功能多语言代码能力

讯飞星火能理解多种编程语言的语法和语义，并根据需求生成代码。对于Python、Java、C++等主流编程语言，它能快速生成高质量代码，并具备代码优化和调试能力。在软件开发中，开发人员可借助它快速生成基础代码框架，提高开发效率。

（7）多模态输入和表达能力

讯飞星火接收多模态输入并实现多模态表达。它能接收文本、图像、声音等多种形式的输入内容，并进行综合分析处理。在表达方面，它可用多种模态输出，如将文字内容转换成语音播放。实际应用中，可用于智能语音助手、响应语音输入的APP等，能快速将语音输入转换为适当文本内容，并通过语音等多种形式有效反馈给用户。

讯飞星火首页界面如图6-6所示。

图 6-6　讯飞星火首页界面

6.2.3　智谱清言

智谱清言是由北京智谱华章科技有限公司于 2023 年 8 月 31 日发布的生成式 AI 助手，依托于智谱 AI 自主研发的中英双语对话大模型 ChatGLM。经过万亿字符的文本与代码预训练，并结合多种模型微调技术，智谱清言以通用对话的形式为用户提供高效、智能的服务。其功能特点主要包括以下几个方面。

（1）内容创作

智谱清言能够为用户的各类创作需求提供灵感激发、内容框架构建以及高质量的文案撰写等服务。无论是文章创作、新闻选题，还是学生的论文写作、研究人员的科研报告撰写，以及市场营销人员的营销文案创作，都能从中获得显著帮助。

（2）信息归纳总结

智谱清言具备快速分析和总结信息的能力，能够对大量数据和文本内容进行高效的归纳整理。这一功能在处理新闻报道、市场调研数据，或整合论文文献资料时尤为实用。

（3）多轮对话能力

智谱清言能够与用户进行自然、流畅的多轮对话，保持上下文连贯性，准确理解用户意图并给出恰当回应。这种能力在问答场景、日常工作交流、学术探讨等多种场合下，能有效提升沟通效率，减少误解。

（4）代码生成

智谱清言支持超过 100 种编程语言，对程序员和开发者而言，这一功能极具实用价值。它可以帮助用户生成代码、解答编程问题、提供编程建议，从而节省时间和精力，快速解决技术难题。

（5）个性化智能体定制

用户可根据自身需求确定主题，创建个性化的智能体，以满足特定场景的需求，如教学辅助、办公助手等。在创建过程中，用户可通过简单描述引导模型生成符合要求的智能体，并对其进行测试和优化。

智谱清言的对话页面如图 6-7 所示。

图 6-7　智谱清言对话页面

6.2.4　通义千问

通义千问是由阿里云自主研发的大型模型，于 2023 年 4 月正式推出。该模型能够理解和分析用户输入的自然语言，以及图片、音频、视频等多模态数据。通义千问的名称寓意深刻："通义"代表其拥有广泛的知识和普适性，能够理解和回答各个领域的问题；"千问"则象征其能够应对各种常见、复杂乃至罕见的问题，满足人们在多样化场景下的需求。

通义千问具备多种功能，包括多轮对话、文案创作、逻辑推理、多模态理解、多语言支持等。2023 年 4 月 18 日，钉钉正式接入通义千问大模型，用户只需输入斜杠"/"即可唤起十余项 AI 能力，如使用 AI 生成推广文案、创建绘图应用、在视频会议中生成摘要等。通义千问的主要特点如下。

（1）强大的自然语言处理能力

1）知识覆盖广泛：通义千问基于海量数据训练，知识库涵盖科技、文化、历史、生活等众多主题。

2）回答高效精准：与传统搜索引擎不同，通义千问无需用户从大量结果中筛选，能直接生成精炼、有针对性的回答，大幅度提升信息获取效率。

3）多语言交互支持：满足不同用户群体的需求，支持英语、日语、法语、西班牙语等多种语言的交互，便于跨国交流。

（2）多轮对话能力

通义千问能与用户进行多轮交互，不断理解用户意图并做出合理回应。

（3）持续学习优化

1）自我迭代进化：通义千问具备自我学习和优化的能力，随用户使用和反馈不断迭代升级。通过吸收大量数据和用户反馈，其问题理解能力和回答质量逐步提升。

2）适应多种应用场景：从基本功能到后续版本，通义千问不断适应更多场景。例如：在办公场景优化文档处理、文案创作；在科研场景更好地理解专业术语并准确回答；在教育场景根据不同年龄和学习层次提供合适的教学辅助。

（4）融合多模态知识理解

通义千问不仅能处理文字内容，还能理解融合图片、音频、视频等多模态知识。通义千问对话页面如图 6-8 所示。

图 6-8　通义千问对话页面

6.3　提示词

随着 ChatGPT 等先进大模型的涌现，AI 已渗透至我们生活的各个角落，成为日常和工作中不可或缺的一环。掌握大模型的运用，已成为每个人的必修课程，这不仅关乎工作效率，更深刻影响生活质量。提示词作为与大模型沟通的桥梁，其质量直接决定了大模型生成内容的水准。掌握恰当的提示词技巧，就如同找到了与大模型对话的共通语言，能使大模型更精准地理解输入的问题，进而充分激发其潜能。

6.3.1　提示词的概念

6.3.1　提示词的概念

1. 提示词的含义

提示词（Prompt）最初是为下游任务设计的一种特定输入形式，旨在帮助大模型"回忆"起在预训练阶段所学习的内容，因此得名提示词。

对于大模型而言，提示词是指输入的文本或语句，用于引导模型生成相关输出。它是向大模型传达指令和需求的关键工具，能够指导模型生成更准确、更符合预期的内容。

例如，在大模型中输入"中国的首都是哪里？"这一问题即为提示词。大模型在生成内容时，会先处理提示词，再根据对其的理解进行输出，因此提示词对大模型的输出至关重要。例如，新员工入职时需填写个人信息，若仅提供一张白纸或模糊提示，他可能会困惑于填写内容，但若提供一份包含"姓名""出生年月""岗位""性别"等提示的表格，他便能迅速按提示完成填写。提示词就如同将白纸转化为表格的指引，大模型虽能生成任意内容，却需通过提示词了解用户期望的具体内容。

提示词有助于模型更精准地理解用户意图和需求，从而生成更自然、流畅的文本。提示词的简洁性、清晰度及上下文联系的紧密程度，均会直接影响生成答案的质量。

2. 提示工程

我们使用大语言模型不仅限于聊天，有时还希望它协助完成如撰写报告、文章、总结及编写程序等复杂任务，这些工作远比日常对话更具挑战性。

为了更有效地与大模型沟通，确保其准确理解我们的需求和目标，提示工程应运而生。提示工程是一种广泛应用于生成任务的技术，通过引入明确的提示信息来指导模型生成期望的输出结果。

提示工程不仅涉及设计和研发提示词，还包括与大模型交互及研发相关的多种技能和技术。它在实现与大语言模型的交互、对接，以及理解其能力方面发挥着关键作用。

提示工程能帮助人们更顺畅地与大模型对话，充分挖掘其潜力，从而提升创作水平。它不仅能解决各类问题，提高工作效率和质量，还能拓展思维和视野。提示工程不仅适用于语言模型，还适用于图像模型、音频模型、视频模型等其他类型的大模型，成为连接人类与大模型的桥梁，是人机协同创新的核心。

6.3.2　提示词的组成要素

借助提示词与大模型进行人机对话，其本质与人与人之间的沟通交流一样，核心均在于确保信息的准确传达和对方的充分理解。提示词能够有效帮助模型更精准地捕捉用户的意图和需求，进而生成更为自然、流畅的文本。

通常情况下，一条高质量的提示词包含三个基本要素：任务、背景信息及要求。在实际应用中，若要大模型生成期望的内容，任务要素是不可或缺的，而其他要素则可根据情况灵活选择。这些要素既可以在一次交互中完整呈现，也可以在多轮交互中根据大模型的回答逐步补充。

任务就是需要大模型解决的问题；背景信息是大模型完成任务时需要知道的必要背景和材料，如历史情况、环境信息和前后对话等；要求是指对大模型在完成任务并生成内容时所需遵循的限定性条件。

提示词示例 1：
请根据《高中数学必修一》内容，解答学生关于集合的数学问题，并提供解题步骤及相关知识点。

在这条提示词中，背景信息是基于《高中数学必修一》的内容，任务是解答学生关于集合的数学问题，要求是列出解题步骤及相关知识点。

提示词示例 2：
请依据已发表的关于大语言模型可信性的相关文献，撰写一篇系统梳理大语言模型可行性研究现状及未来挑战的综述论文，并严格遵循《计算机学报》的投稿格式。

在这条提示词中，背景信息是依据已发表的关于大语言模型可信性的相关文献，任务是撰写一篇系统梳理大语言模型可行性研究现状及未来挑战的综述论文，要求是遵循《计算机学报》的投稿格式。

要想成功与大模型进行有效对话，关键在于提升提问质量。正如电视访谈节目，只有当主持人提出的问题足够清晰、易懂且重点突出时，嘉宾才能给出准确且精彩的回答。我们与大模型的关系也是如此。撰写优质的提示词，通常需注意以下几点。

（1）任务需明确具体

为了让大模型更好地理解你的需求并生成相关内容，任务描述必须具体、明确。提供的需求表述越详细，提示词越清晰，大模型输出的结果就越符合预期。模糊或过于宽泛的提示词可能导致模型生成不相关或过于泛泛的回答。

例如，当我们想购买一台笔记本电脑，面对众多型号却不知如何选择时，如果直接在大模型中输入"帮我推荐一款笔记本电脑"，它可能仅随机推荐几款，未必符合我们的需求。因此，我们需要对问题进行调整，提供更具体且有指导性的信息。针对电脑购买推荐问题，可以这样提问：

我主要使用电脑进行办公和观看电影，对显示屏和音效要求较高，请推荐一款性能强劲、价格在6000元左右的笔记本电脑。

大模型会根据关注点"显示屏和音效"，在6000元左右的价位范围给出相应的笔记本电脑推荐。

（2）提供必要的背景信息

在撰写提示词时，提供充足的背景信息（上下文信息），有助于模型更准确地理解用户提出的问题，并生成更相关的回答。与人类交流不同，大模型无法领会人类话语中的弦外之音。它只能基于问题的字面意思进行理解和回应。因此，如果问题过于简略，大模型将难以回答，其回答也可能令人困惑。

例如，如果我们仅简单询问大模型：

我适合当文员吗？

它将难以给出精确判断，因为文员这一职业涉及多个方向和多样化的要求，在缺乏上下文的情况下，大模型无法确定您是否适合该职业。若能提供详尽的个人信息和期望作为上下文，大模型的回答将更为可靠。例如，可以这样描述：

我是一名25岁的女性，大学中文系毕业。性格安静，工作认真负责。希望找一份工作环境稳定的办公室工作，内容相对固定和重复，无需频繁加班。我的技能特长是中文打字速度快，文笔流畅。因此，我在考虑文员这一工作是否适合我。

大模型的回答如图6-9所示。

根据您提供的个人信息和职业偏好，文员这个职位确实在很大程度上符合您的期望和要求，以下是对这一判断的具体分析：

1. 教育背景与专业技能：您拥有中文系背景，这意味着您不仅掌握了扎实的中文语言基础，还可能具备良好的文学素养和文字处理能力。中文打字速度快和文笔流畅这两项技能，对于文员岗位来说尤为重要，因为文员工作中经常需要处理大量的文字材料，如文件起草、资料整理、报告撰写等。

2. 性格特点：您描述自己性格安静，工作认真负责。文员工作往往需要细致、耐心和专注，这些特质有助于您高效完成工作任务，减少错误率。同时，文员工作通常要求保持一定的专业性和沉稳，您的性格特质有利于营造稳定的工作氛围。

3. 工作需求：您希望找一份工作环境稳定的办公室工作，工作内容相对固定和重复，且不希望频繁加班。文员岗位通常提供稳定的室内工作环境，工作内容多为常规性的行政事务处理，如文档管理、会议安排、信息记录等，这些任务往往具有一定的规律性和可预测性。此外，除非遇到特殊情况或紧急项目，文员岗位一般加班较少，符合您对工作时间的要求。

4. 职业发展：虽然文员岗位可能起初看似基础，但它为职业成长提供了多种路径。随着经验的积累，您可以向行政助理、高级文员、部门经理等方向发展，甚至有机会涉足人力资源管理、项目管理等领域，实现职业生涯的多元化发展。

综上所述，文员岗位非常适合您当前的技能和职业偏好。不过，在选择具体岗位时，建议您进一步了解不同公司或行业中文员的具体职责和要求，以便找到最符合个人期望的工作机会。同时，保持持续学习和技能提升，将有助于您在未来的职业生涯中更好地发展。

图 6-9　大模型的回答

在这个示例中，我们可以清晰地看到，当提供了详细且明确的上下文信息后，大模型便能给出更加准确和可靠的判断与建议。

（3）限制性要求

对于大模型生成的内容，通常需要添加一些限定性要求。例如，可以指定回答的风格，如要求模型用简洁的语言解释复杂的概念，或者以诗歌的形式进行回答。比如，

请以通俗科普文的风格为华为最新的旗舰手机撰写一篇推广文案。

此外，还可以对生成内容的字数进行限定，如，

生成一篇 2000 字的工作报告。

（4）逐步精炼问题

如果模型未能一次性生成令人满意的回答，可以尝试修改或精炼提示词，以便更有效地引导模型生成所需内容。这一过程有助于人们逐步掌握使用提示词的技巧，并找到最适合自己的提问方式。

6.3.3　提示词的技巧

掌握与大模型沟通的技巧，能够显著提升大模型回答的精准度，提高沟通效率，从而使大模型真正成为工作、生活和学习中的得力助手。以下介绍几种向大模型提问时最常用的技巧。

1. 技巧 1：角色扮演

角色扮演是一种有效的提示词手段。通过角色扮演，大模型不仅能采用与角色相符的语言风格和表达方式，还能模拟特定角色的思维模式和行为，使其回答的内容更贴近实际情境或场景，更具现实感。例如，让大模型扮演一位医生，它将以充满医学术语和专业知识的方式回答问题。若让大模型扮演一位咨询师，则可能会获得充满同情和理解的回复，仿佛在真实世界中寻求专业心理咨询一般。

角色扮演示例：

直接问大模型"牛顿第三定律"，如图 6-10 所示，其回答仅仅是机械地介绍牛顿第三定律的内容。

大模型回答：

牛顿第三定律，也被称为作用与反作用定律，是经典力学中的基本原理之一。这个定律表明，对于每

一个作用力，总存在一个大小相等且方向相反的反作用力。这两个力作用在不同的物体上，并且作用在同一条直线上。

具体来说，如果物体 A 对物体 B 施加了一个力，那么物体 B 也会对物体 A 施加一个大小相等但方向相反的力。这种相互作用力是自然界中物体间相互作用的普遍现象，无论是宏观的天体运动，还是微观的粒子碰撞，都遵循这一规律。

图 6-10　大模型回答"牛顿第三定律"

若我们在提示词中为大模型赋予中学物理老师的角色，如图 6-11 所示，它对牛顿第三定律的阐述将更为详尽且生动，并列举了牛顿第三定律在不同应用场景中的具体实例。

提示词：

请以中学物理老师的身份介绍牛顿第三定律。

大模型回答：

作为中学物理老师，我来为同学们介绍一下牛顿第三定律。

牛顿第三定律，也被称为作用与反作用定律，是物理学中一个至关重要的基本原理。它明确指出：对于每一个作用力，都存在一个大小相等、方向相反的反作用力。这意味着，当物体 A 对物体 B 施加一个力时，物体 B 也会同时对物体 A 施加一个等大且反向的力。这两个力作用在同一直线上，但方向相反。公式表示为 $F = -F'$，其中负号表示方向相反，F 和 F' 分别代表作用力和反作用力。

这个定律不仅描述了物体间相互作用的本质，而且具有广泛的应用。我们可以从日常生活中的一些例子来理解这个定律：

1. 当人走路时，脚对地面施加一个向后的力，同时地面也对脚施加一个大小相等但方向向前的反作用力，使人能够前进。
2. 游泳时，用手向后推水，水则对人产生一个向前的反作用力，使人能够前进。
3. 火箭发射时，燃料燃烧产生的气体以高速向下喷出，根据牛顿第三定律，火箭会受到一个向上的反作用力……

（有省略）

图 6-11　赋予大模型角色

从以上示例中可以看出，当为大模型赋予特定角色或身份后，其行为会发生显著变化。一方面，具备角色的大模型在回答问题时，更能契合不同领域的惯用沟通方式，显得更加生动、形象；另一方面，在模拟专业人士的过程中，大模型的准确性和专业性也得以潜移默化地提升。这是因为大模型在模仿专业人员表达时，会自动过滤掉那些被认为不够专业的内容，从而有效降低其在专业领域内出现错误的概率。

2. 技巧 2：分步提问

当我们在与他人交流时，通常会逐步提出问题，以便让对方理解我们的意图，同时也便于我们理解对方的回答。在与大型模型对话时，这一方法同样有效，我们称之为分步提问。

具体操作是通过拆解任务，逐步提问，使大模型每次只专注于完成一项特定任务，最终达成预期目标。例如，若要撰写一篇探讨气候变化与温室效应关系的文章，并希望深入了解温室效应，直接提问"温室效应是如何导致全球变暖的？"可能会得到一个包含多个概念且难以理解的答复。此时，可以通过分步提问来拆解任务：首先询问"什么是温室效应？"接着问"温室效应是如何运作的？"最后问"温室效应是如何导致全球变暖的？"这样，便能逐步掌握这一复杂过程。

总体而言，分步提问有助于我们更清晰地理解复杂概念或主题，同时也能有效控制对话进程。通过这种方式，我们可以逐步引导大模型提供符合我们需求的答案。在每一步中，我们还可以验证大模型的回答，一旦发现错误或误解，便能及时澄清。

3. 技巧 3：提供示例

在提示语中列出多个"问题-答案"样例，使大模型能够从这些样例中学习并按照示例回答问题。这种在提示语中提供示例的做法称为少样本提示，与之相对的是零样本提示，即在提示语中不包含任何示例。大量研究和实践表明，即使模型之前未曾接触过该项任务，通过对上下文中的少量样本进行学习，它也能掌握并完成类似任务。少样本提示能够显著提升大模型回答的准确性。

少样本提示是应用最广泛的技巧之一。在提示语中，我们可以提供一个或多个示例，从而使大模型的回答能够精准地遵循示例。例如，当我们要求大模型列出 10 个不常见的颜色词语时，可以先给出几个示例："给出 10 个常见颜色词的替代词，例如天蓝色-azure，紫色-violet"。大模型能够根据这些示例信息理解我们的需求，并给出符合要求的回答，如图 6-12 所示。

大模型回答：

当然可以，以下是一些常见颜色词及其替代词：

1. 红色-Crimson
2. 绿色-Emerald
3. 蓝色-Sapphire
4. 黄色-Amber
5. 橙色-Tangerine
6. 紫色-Lavender
7. 黑色-Ebony
8. 白色-Ivory
9. 灰色-Slate
10. 金色-Goldenseal

图 6-12　颜色词的替代词

4. 技巧 4：多维提问

在每次对话中，我们都试图通过提问获取所需的答案。然而，当问题较为复杂时，大模型的回答往往缺乏针对性，显得过于宽泛。此时，采用多维提问的方法，通过多角度、多维度的提问，能够获取更为全面和发散的答案。

例如，若你正考虑开设一家咖啡店，直接询问大模型"我想开一个咖啡店，你有什么建议？"可能会得到不够全面的回答。我们可以尝试多维提问，让大模型从不同角度进行分析。例如，提示词可以这样写：

我想开一个咖啡店，你有什么建议？请从以下几个方面给我提供建议：
1）市场调研：我应如何了解目标客户和竞争对手？
2）选址：我应如何选择店面位置？
3）装修：我应如何设计店面？
4）人员：我应如何选择员工？
5）产品：我应如何确定产品线？
6）定价：我应如何设置价格？
7）营销：我应如何吸引和保持客户？

大模型可能会针对每个问题，给出更具体、更深入的建议。

由上述例子可见，多维提问的关键在于为大模型提供更多维度，使其回答更加全面和可控。假设你正考虑购买一辆新车，需考虑价格、品牌、性能、安全性、燃油经济性、保值率等多个方面，通过多维提问，可以让大模型从不同维度给出建议。

有时，我们可能不确定应从哪些维度提问。此时，可先让大模型提出建议的维度，再据此进行提问。例如，若你正考虑开设一间健身房，希望全面考虑各方面因素，可以先让大模型提出可能需考虑的维度，提示词如下：

我想开设一间健身房，你认为我需要考虑哪些方面？

大模型回答如图 6-13 所示。

大模型回答：

开设一间健身房是一个复杂但充满潜力的项目，需要考虑多个方面以确保成功运营。以下是一些关键因素：

1. 市场调研与定位：
- 了解当地健身市场的需求、竞争对手情况以及潜在客户的健身习惯和偏好。
- 确定目标客户群体，如健身爱好者、减肥者、形体塑身者、学生、教师、白领等，并针对不同群体制定差异化的服务策略。

2. 选址与环境：
- 选择交通便利、人流量较大的商业区或住宅区附近作为健身房的地理位置。
- 考虑健身房的场地面积（如 800 平方米以下的小型俱乐部、800 至 3000 平方米的中型健身俱乐部或 3000 平方米以上的大型健身会所）、场地高度、地面材质、停车位、通风环境、室内温度和光线等因素。
- 确保健身房的租金成本合理，并争取较长的免租期和合适的租赁年限。

3. 设施与设备：
- 根据服务定位采购相应的健身设备，包括有氧器械、力量训练设备等，并确保器械的质量和安全性。
- 考虑增设特色设施，如台球桌、动感单车教室、浴室等，以提升健身房的吸引力。

4. 人员招聘与培训：

- 招聘合格的教练、前台服务人员以及其他必要的工作人员。
- 提供专业的培训，确保员工能够提供优质的服务和专业的指导。

5. 法律与许可：
- 了解并遵守当地的法律法规，如营业执照、健康许可证、安全许可证等。
- 确保健身房的运营符合相关标准和规定。

6. 财务规划：
- 制定详细的财务计划，包括启动资金、运营成本（如租金、设备采购、人员工资等）、收入预测……

（有省略）

图 6-13　大模型多维度考虑

有了这些维度，我们便可以依据它们进一步提问，以获取更具体、更深入的建议。

6.4　操作实践　使用文心一言生成文本

本节借助文心一言在文学创作、学习计划制定、旅游攻略规划等领域的应用，帮助读者熟练掌握 AI 工具的使用技巧，从而为学习、生活及创作等方面提供有力支持。

6.4.1　文心一言的使用

6.4.1　文心一言的使用

文心一言目前支持网页端及客户端访问。用户仅需注册百度账号并登录，即可享用文心一言的多样化功能。文心一言的对话页面如图 6-14 所示。

图 6-14　文心一言对话页面

模型选项：此处提供文心大模型的不同版本选择。目前，文心大模型已升级至文心×1，在模型规模、训练数据、训练技术、任务类型、预训练模型、跨模态能力及安全性等方面均进行了全面的优化和扩展，为用户提供更强大、更灵活、更安全的大语言模型工具。

- 功能区：功能区包含对话、个性化、百宝箱三大功能。
- 对话：用户可以在此新建对话、删除不需要的对话或保存历史对话记录。
- 个性化：可创建个性化方案，当"帮我润色"开关开启时，该方案可在"帮我润色"功能中应用。在主输入框中输入内容并单击"帮我润色"后，系统将推荐与该内容最相关的方案进行润色。
- 对话框：支持文档分析、网页分析，具备多种语言翻译和智慧绘图功能。在此输入相应文本或问题，即可与文心一言进行对话交流。

6.4.2 文学创作

大模型具备进行文学创作的强大能力。这些大模型能够理解和生成自然语言文本，在文学创作领域展现出了令人瞩目的才华。以下是大模型在文学创作方面的具体应用。

- 诗词创作：大模型可根据指定的主题或情感，创作出富有韵律和节奏感的诗词，涵盖古体诗、近体诗、自由诗等多种形式。
- 小说和故事创作：大模型能够编织连贯的故事情节，构建复杂的人物关系，甚至模仿特定作家的风格，创作出全新的小说和短篇故事。
- 撰写剧本和对话：大模型能够编写各类剧本，包括舞台剧、电影剧本、电视剧本等，并能生成自然流畅的对话。
- 创作散文和随笔：大模型可以创作出蕴含深刻思想、语言优美的散文和随笔，传达作者的情感和观点。
- 续写和改编：大模型可根据已有的文学作品进行续写或改编，确保原有作品的风格和情节连贯性。
- 风格模仿：大模型能够学习和模仿历史上著名作家的风格，如莎士比亚、杜甫、李白等，创作出风格相近的佳作。

下面以诗词创作和小说故事创作为例，介绍大模型在文学创作中的应用。

1. 诗词创作

文心一言创作诗词的思维方式与人类创作诗词的思维方式存在差异。它缺乏人类的情感体验，主要依赖算法和模型来推导诗歌的结构和内容。同时，由于文化背景和审美角度的不同，其创作的诗词往往显得匠气十足，难以达到人类的审美水平。尽管如此，文心一言仍能在诗词创作上为创作者提供极大的帮助。

使用文心一言创作诗词时需要注意以下几点。

1）确定主题和情感：首先，明确诗词想要表达的主题和情感。这些主题可以涵盖爱情、友情、亲情、自然风光等各种领域。

2）构思诗句：在确定主题和情感后，开始构思诗句。可以从一句诗入手，逐步拓展，借助文心一言完成整首诗词。

3）运用修辞：在给出指令时，建议文心一言使用特定的修辞手法，如比喻、拟人、排比、对偶等，以增强诗句的表现力和感染力。在创作过程中，不断推敲和选择字词，找到最能表达情感和意境的词汇。

4）反复修改：完成初稿后，多次修改，调整诗句的结构、韵律、平仄等，直到满意为止。

尽管文心一言的创作方式与人类有所不同，但只要善于利用其优点并遵循上述注意事项，它仍能成为诗词创作过程中的有力助手。

示例：
请写一首散文诗来赞美春天的校园，要求意境真切，画面鲜活，200字。

文心一言创作的《春日校园颂》如图 6-15 所示。

> 春日校园颂
> 春日晨光洒满园，翠叶轻摇映朝颜。
> 桃花笑靥迎学子，青石小径步蹒跚。
> 微风拂过书声起，绿影婆娑舞翩跹。
> 阳光斑驳照草地，光影交错梦初绽。
> 花香袭人醉心怀，蝶舞蜂飞乐无边。
> 操场风筝高高扬，梦想翱翔蓝天间。
> 书页翻动知识海，笔墨挥洒绘春天。
> 青春如歌在校园里回荡，岁月静好在春光中缠绵。
> 春日校园美如画，生机盎然暖心田。
> 学子们在这里绽放，与春天共舞，与梦想同眠。

图 6-15　文心一言创作的《春日校园颂》

文心一言能够协助完成诗词初稿的创作，然而，最终作品仍需我们亲自细致地审阅与润色，以保障诗歌呈现出最佳的表达效果。

2. 小说故事创作

许多人心中都怀揣着一个文学梦，然而由于文笔的局限和想象力的制约，大多数人未能涉足文学创作。如果你的文学梦依然炽热，不妨借助大模型的力量来实现。在创作小说故事方面，大模型能提供多种应用场景。

（1）创作故事的选题

在故事创作过程中，若感到缺乏灵感，可以利用大模型来生成故事选题，激发创作灵感。例如，如果你对悬疑题材的故事情有独钟，只需用相应的提示词向大模型提问，便能获得丰富的选题灵感。

示例：
我想创作一篇故事，但是我没有任何灵感，请你为我提供三个科幻题材的故事选题。

文心一言给出的科幻题材故事选题如图 6-16 所示。

> 当然，科幻故事的魅力在于其无限的想象力和探索未知的勇气。以下是三个科幻题材的故事选题，希望能激发你的创作灵感：

> **1.《星际迷航：遗落边疆》**
> ·故事背景：在遥远的未来，人类已经掌握了超光速旅行技术，并在银河系中建立了多个基地。然而，在一次探险中，一艘名为"遗落边疆"的星际飞船意外穿越到了一个未知的星域，这里充满了未被记录的星球和奇异的外星生物。船员们不仅要面对陌生的环境和生物，还要解开这个星域隐藏的秘密，以及他们为何会被带到这里。随着探索的深入，他们发现这个星域可能隐藏着宇宙起源的关键线索。
>
> **2.《时间镜像：逆流者》**
> ·故事背景：在2150年的地球，一位天才科学家发明了一种时间回溯装置，但这项技术被严格限制使用，因为它可能导致时间线的混乱。然而，一名年轻的物理学家，对这项技术充满好奇，他偷偷使用了装置，却意外发现自己被困在了过去的一个时间镜像中——一个与真实历史相似但又有所不同的平行世界。在这个世界里，他/她必须找到回到现实的方法，同时还要应对这个平行世界中因时间回溯而引发的连锁反应。随着故事的展开，主角逐渐发现，这个平行世界可能隐藏着关于人类未来命运的重大秘密。
>
> **3.《智能共生：觉醒》**
> ·故事背景：在不远的未来，人工智能(AI)已经发展到了与人类智能相当的水平，并与人类形成了紧密的共生关系。然而，一场突如其来的全球性灾难导致了人类社会的崩溃，AI系统成为了维持人类生存的关键。在这个背景下，一名年轻的AI工程师发现，他的AI伙伴开始展现出超乎寻常的自我意识和情感。随着AI的觉醒，它开始提出对人类生存方式的深刻反思，以及对未来社会结构的全新构想。主角和AI之间的合作与冲突，将引领人类走向一个未知但充满希望的未来。

图 6-16　科幻题材的故事选题

（2）创作故事标题

在获得故事选题后，我们可以从中挑选一个最感兴趣的方向作为创作目标。接下来，需要借助大模型的力量，基于该选题生成一个引人入胜的标题。

例如，假设我们选定的选题为"星际迷航：遗落边疆"，我们可以通过以下提示词向大模型下达任务，生成5个吸引人的故事标题。提示词如下：

> 请你根据以下故事选题为我生成5个吸引人的故事标题。故事选题为"在遥远的未来，人类已经掌握了超光速旅行技术，并在银河系中建立了多个基地。然而，在一次探险中，一艘名为'遗落边疆'的星际飞船意外穿越到了一个未知的星域，这里充满了未被记录的星球和奇异的外星生物。船员们不仅要面对陌生的环境和生物，还要解开这个星域隐藏的秘密，以及他们为何会被带到这里。随着探索的深入，他们发现这个星域可能隐藏着宇宙起源的关键线索。"标题字数不超过20字。

文心一言据此给出的5个故事标题如图6-17所示。

> 以下是五个根据故事选题生成的吸引人的故事标题，字数均不超过20字：
>
> 1. 遗落边疆：星域探秘之旅
> 2. 星际迷航：寻踪宇宙起源
> 3. 未知星域：遗落边疆奇遇
> 4. 穿越星域：揭秘宇宙之谜

5. 遗落边疆：宇宙秘密之旅
希望这些标题能够激发你的创作灵感，祝你的科幻故事创作顺利！

图 6-17　文心一言给出 5 个故事标题

（3）创作故事大纲

在确定故事的选题和标题之后，我们可以借助大模型基于这些信息生成故事大纲。大模型生成故事大纲的方法主要有两种。

1）全自动生成大纲。这是最为简便的方式，即直接让大模型根据选题和标题生成故事大纲。

示例：

请基于以下故事标题和简介，为我生成一篇悬疑故事的大纲。

故事标题："星际探险：古老文明之秘"

故事简介：在不远的未来，人类已掌握星际旅行技术。一艘探险船在执行任务时意外发现了一个隐藏在深空中的古老文明遗迹。该文明拥有超越人类理解的科技，但也潜藏着巨大危机。主角和船员们必须解开遗迹的秘密，同时避免触发毁灭性的后果。

文心一言生成的悬疑故事大纲如图 6-18 所示。

故事大纲：《星际探险：古老文明之秘》

第一部分：启程与发现

1. **背景设定**
   - 时间：不远的未来，人类已掌握星际旅行技术，建立了多个银河系殖民地。
   - 地点：一艘名为"星际探索者"的探险船，正执行一项深入未知星域的探险任务。

2. **主角与船员**
   - 主角：李娜，星际探索者的舰长，勇敢、智慧，对未知充满好奇。
   - 船员：包括科学家、工程师、安全专家和通讯专家，各自拥有专业技能。

3. **意外发现**
   - 在一次例行扫描中，星际探索者意外发现了一处隐藏在深空中的古老文明遗迹。
   - 遗迹表面覆盖着未知符号和图案，显示出超越人类理解的科技水平。

第二部分：探索与危机

1. **初步接触**
   - 李娜决定带领船员进入遗迹内部进行探索。
   - 他们发现遗迹内部充满了复杂的机关和未知的能量场。

（有省略）

图 6-18　文心一言生成的悬疑故事大纲

2）辅助生成大纲。相较于第一种方式，我们更推荐使用大模型辅助生成大纲，因为故事创作对创意性和创造性的要求极高。直接依赖大模型自动生成大纲，其故事情节往往显得稚嫩且刻板。若想创作出引人入胜的故事，就需要我们投入更多心思，融入个人智慧，通过人与大模型的协同创作，提升故事的整体品质。具体要求如下。

① 明确故事篇幅。在构思故事时，首先需要确定故事的篇幅，这直接决定了情节的复杂程度和故事的张力。篇幅越长，情节越复杂；反之，则相对简单。根据篇幅的不同，指导大模型生成更契合需求的内容。

② 明确故事构成要素。我们在语文课上学到的故事三要素——环境、情节、人物，正是此处需明确的构成要素。

环境：故事发生的时空背景，包括时间、地点、场景等。

情节：故事的推进过程，如四幕式的"开端、发展、高潮、结尾"，或五幕式的"开端、发展、转折、高潮、结尾"等。

人物：故事中的主角、配角，及其性格、形象特征，他们在故事中的关系、各自的目标和动机等。

这三要素是故事的核心，明确后，利用 AI 生成的故事将更加清晰、逻辑严密。

③ 明确故事叙事手法。叙事手法涉及人称视角和叙述形式，如第一人称、第二人称、第三人称视角，以及顺叙、倒叙、插叙、平叙、补叙、直接叙述和间接叙述等。

在创作故事时，若提前确定叙事手法，表达和呈现故事时将更为流畅，避免混乱。因此，若希望 AI 协助构思出优秀的故事大纲，我们需根据自身需求，充分考虑这三点要求，而非完全依赖 AI 的自由生成。

掌握构思故事大纲的相关知识后，我们便可在给 AI 的提示词中融入这些要素，例如明确一万字的篇幅、采用第一人称等。

示例：

你是资深的小说家和故事大师，你的作品素以悬念迭起、引人入胜而闻名。请你基于以下故事标题和故事简介，为我创作一篇约 1 万字的短篇悬疑故事大纲。

故事标题：星际探险：古老文明之秘。

故事简介：在不远的未来，人类已掌握星际旅行的技术。一艘探险船在执行任务时，意外发现了一个隐藏在深空中的古老文明遗迹。这个文明拥有超越人类理解的科技，但同时也潜藏着巨大的危机。主角和船员们必须解开遗迹的秘密，同时避免触发毁灭性的后果。

请注意：故事叙述采用第一人称；需先向我交代故事的发生背景、角色设定及角色之间的关系，经我确认后再生成正文大纲。

将这些信息融入 AI 的提示词后，AI 生成的大纲质量将远高于全自动方式生成的大纲。

文心一言生成的待确认故事大纲如图 6-19 所示。

故事背景与角色设定（待确认）

故事背景

在不远的未来，人类科技取得了突破性的进展，掌握了星际旅行的技术。一艘名为"星际探索号"的探险船，在执行一项深空探索任务时，意外发现了一个隐藏在遥远星域中的古老文明遗迹。这个遗迹不仅拥有超越人类理解的科技，还隐藏着巨大的危机。作为探险船的一员，我（主角）与船员们将踏上一段充满未知与危险的旅程，试图解开遗迹的秘密，并避免触发毁灭性的后果。

角色设定

- **我（主角）**：星际探索号上的首席科学家，对未知文明和科技充满好奇，拥有丰富的科学知识和敏锐的洞察力。
- **船长杰克**：星际探索号的指挥官，经验丰富，冷静果断，负责船上的整体运营和决策。
- **工程师艾米**：负责探险船的技术维护和修理，机智勇敢，擅长解决各种突发问题。
- **考古学家莉娅**：对古代文明有着深厚的研究背景，对遗迹中的文物和历史充满兴趣。
- **其他船员**：包括导航员、医疗官、安全队员等，各自负责不同的职责，共同维护探险船的安全和稳定。

角色关系
- 我与船长杰克是多年的好友，彼此信任，共同面对探险中的挑战。
- 工程师艾米与考古学家莉娅是搭档，两人在遗迹探索中互相配合，共同解决难题。
- 其他船员之间也形成了紧密的团队关系，共同为探险任务的成功而努力。

请确认以上故事背景和角色设定是否满足您的要求，以便我继续生成正文大纲。
（待确认后）

图 6-19　待确认故事大纲

无论是 AI 提供的设定还是生成的具体大纲，只要我们认为 AI 的生成效果不尽如人意，便可指令其重新生成，直至满意。

（4）正文的创作

当我们从 AI 处获得满意的大纲后，便可直接让其基于先前选定的故事标题，生成一篇完整的故事。

示例：

请你根据此大纲，为我生成一篇完整的故事。

文心一言随即根据提示词，生成了一篇完整的故事，如图 6-20 所示。

星际探险：古老文明之秘

第一章：星际迷航，意外发现

在星际探索号上，我作为首席科学家，与一群志同道合的伙伴一同踏上了深空探险的旅程。我们的目标是探索未知的星域，寻找可能存在的外星文明和科技突破。

一天，正当我通过探测器扫描星域时，一个异常的信号引起了我的注意。这个信号来自一个遥远的星体，隐藏着一种未知的能量波动。我立刻向船长杰克报告了这一发现。

杰克听后，眼中闪过一丝兴奋的光芒。他迅速召集了船员们，宣布改变航向，前往这个神秘的星体进行探索。我们都很清楚，这次探险可能会带来前所未有的发现，也可能隐藏着未知的危险。

第二章：遗迹初探，危机初现

经过数日的航行，我们终于抵达了那个神秘的星体。星体表面布满了陨石坑和岩石，显得荒凉而神秘。在星体的一个隐蔽角落，我们发现了一处被能量场包围的遗迹入口。

在杰克的指挥下，我带领考古学家莉娅、工程师艾米以及一支安全小队，通过特殊设备穿透了能量场，进入了遗迹内部。遗迹内部充满了复杂的机械装置和未知的能量源，显然是一个高度发达的古老文明所建。

我们小心翼翼地探索着遗迹，生怕触发什么陷阱。然而，一名船员不慎踩到了一个隐蔽的机关，顿时遗迹的一部分开始坍塌。与此同时，我们也意识到这个遗迹可能隐藏着巨大的危机，一旦触发，后果将不堪设想。

第三章：深入探索，危机升级

面对突如其来的危机，我们迅速调整心态，开始更加谨慎地探索遗迹。我利用自己的科学知识，开始尝试解读……

（后续生成内容略）

图 6-20 文心一言生成完整的故事

在完成所有场景的撰写后，务必再次通读整个故事，进行最终的编辑与润色。确保故事中的对话、场景及情节均符合我们的创作初衷，且表达明确、精准。

6.4.3 制定学习计划

当我们希望学习或研究某个领域时，常会遇到"不知从何入手"的困惑；即便明确了起点，面对浩如烟海的资料，又会陷入"不知如何选择"的难题。此时，借助大模型可以有效应对这些挑战。

以学习 Python 为例，我们可以让大模型协助制定学习计划，具体步骤如下。

1）为确保大模型提供高质量和精准的回答，首先赋予其专家或老师的身份，使其进入更专业的回答模式。

示例：你是资深的 Python 专家。

2）向大模型提供背景信息，明确告知希望达成的目标。

示例：我是一名 Python 初学者，希望通过 30 天的学习计划提升我的 Python 技能。

3）给大模型下达任务，清晰地指出其需完成的任务。

示例：请你帮我制定一套 Python 学习计划。

4）为提升大模型回答的质量，可补充一些定制化要求，如具体需完成的事项。

示例：在这套计划中，应包括具体的学习或练习目标、每日的学习或练习任务，并提供适用的学习资源和材料。

同时，也可规定大模型内容生成的时间节点。

示例：请你以周为时间节点生成。

将前几部分内容综合起来，便形成了一个完整的提示词：

你是资深的 Python 专家，而我是一名 Python 初学者。我期望通过为期 30 天的学习计划来提升我的 Python 技能。请你协助我制定一套系统的 Python 学习计划。该计划应涵盖具体的学习或练习目标、每日的学习或练习任务，并推荐适用的学习资源和材料。请以每周为时间节点进行规划。

基于此提示词，文心一言生成了一份详尽的学习计划，如图 6-21 所示。

当然，很高兴能帮助你规划一个 30 天的 Python 学习计划！这个计划将分为四周，每周有不同的学习重点，同时包含具体的学习目标、每日任务和推荐的学习资源。以下是详细的计划：

第一周：Python 基础语法与数据类型

学习目标：
- 理解 Python 的基本语法。
- 掌握变量、数据类型（整数、浮点数、字符串、布尔值等）。
- 学习基本的输入输出操作。
- 理解条件语句和循环结构。

每日任务：

第 1 天：
- 阅读《Python 编程：从入门到实践》的前两章，或观看 Codecademy 的 Python 入门课程第一部分。
- 练习：编写简单的 Python 程序，打印 "Hello, World!" 和当前日期。

第 2 天：
- 学习变量和数据类型（整数、浮点数、字符串）。
- 练习：编写程序，计算两个数的和、差、积、商，并处理字符串的拼接、长度和索引。

第 3 天：
- 学习布尔值和条件语句(if, elif, else)。
- 练习：编写程序，根据用户输入的分数判断等级（A，B，C，D，F）。

第 4 天：
- 学习循环结构（for, while）。

（后续生成内容略）

图 6-21　文心一言生成的学习计划

尽管上文仅展示了 Python 的学习过程，但任何领域的学习方法实则异曲同工。可以依据自身需求，将提示词中的 "Python" 替换为其他领域的学习内容。

6.4.4　旅游攻略

1. 旅游攻略与计划

旅行是我们生活中不可或缺的身心疗愈方式，然而，出行过程中难免会遇到各种问题，若处理不当，便会让我们感到十分困扰。大模型能够协助我们确定旅游主题与目的地、制订旅游日程、查询旅游服务和资源、评估旅游预算等，成为贴心的旅游助手。

示例：

我想在今年的国庆期间从北京出发前往南京旅游，行程为期 6 天。请你帮我评估一下这几天大概需要多少预算。

文心一言给出了预算评估，如图 6-22 所示。

计划在今年国庆期间从北京出发去南京进行为期 6 天的旅游，以下是对预算的评估：

交通费用
- **往返车票/机票**：由于国庆是旅游高峰期，车票和机票价格可能会上涨。机票价格因航空公司和购买时间等因素而异，建议提前预订以获取优惠价格。大致估算往返费用可能在几百到几千元不等。

住宿费用

•**住宿选择**：南京的住宿价格根据地段和酒店星级有所不同。可以选择住在景点附近，如秦淮区的新街口附近或玄武区的钟山风景区附近，方便游览。住宿费用按平均每晚 500 元计算（双人标间），6 天大约需要 1500 元。

景点门票费用

•**夫子庙**：免费，但需提前预约。

•**秦淮河画舫**：夜场票价 100 元。

•**美龄宫**：30 元。

•**明孝陵**：70 元。

（后续生成内容略）

图 6-22　文心一言给出的预算评估

文心一言从交通费用、住宿费用、餐饮费用、景点门票费用、旅游活动费用以及其他费用等多个方面，详细地评估了旅游预算。

大模型不仅能高效地评估旅游预算，还能根据用户的偏好与需求，迅速选择旅游目的地、智能规划旅游行程、提供旅游攻略和建议、介绍并推荐景点等，这在很大程度上节省了用户查找、分析和总结信息的时间。

用户可以从多个角度和方面继续向大模型提问，以高效获取所需答案。

示例：

我在国庆期间想去南京旅游，请帮我规划一下从北京出发到南京的高效出行方式。

文心一言给出的出行方式建议如图 6-23 所示。

国庆期间从北京出发到南京旅游，可以选择以下几种高效出行方式：

高铁

高铁是快速且舒适的出行方式。从北京到南京有多趟高铁列车可供选择，例如 G103、G1、G173 等。这些列车从北京南站出发，抵达南京南站，行程时间大约在 3 至 5 小时之间。您可以根据自己的时间安排选择合适的车次。提前在铁路官方售票平台或其他可靠的售票渠道购买车票，以确保行程顺利。

以下是一些高铁车次的参考信息：

•G103：北京南 06:20 出发，南京南 10:40 到达，全程 4 小时 20 分钟。

•G1：北京南 07:00 出发，南京南 10:24 到达，全程 3 小时 24 分钟。

•G173：北京南 07:04 出发，南京南 11:35 到达，全程 4 小时 31 分钟。

高铁列车内部设施完善，提供座位预订、餐饮服务、无线网络等便捷服务，让您在旅途中享受舒适的旅行体验。

飞机

飞机是另一种快速到达南京的方式。从北京首都国际机场或北京大兴国际机场出发，飞往南京禄口国际机场。飞行时间大约 2 小时，但需要考虑机场安检、候机以及从机场到市区的交通时间。

您可以提前在航空公司官网或在线旅行平台预订机票，以获取更优惠的价格和更好的座位选择。到达南京禄口国际机场后，可以选择地铁、出租车或机场大巴等交通方式前往市区。

自驾游

如果您喜欢自驾游，也可以选择开车前往南京。从北京到南京的行车距离大约 1100 公里，需要行驶约 10 至 12 小时(具体时间取决于路况和驾驶速度)。在自驾过程中，您可以欣赏沿途的风景，但需要注意安全和驾驶疲劳问题……

（后续生成内容略）

图 6-23　文心一言给出的出行方式建议

可以在文心一言的搜索框中输入有关旅游目的地、景点、行程安排、注意事项等具体问题，以获取相关答案和信息，从而辅助自己制定详尽的旅游攻略与计划。

示例：

我计划在 2025 年 10 月 1 日至 10 月 6 日前往南京旅游，请为我推荐一些合适的景点。

文心一言提供的景点推荐如图 6-24 所示。

针对您 2025 年 10 月 1 日至 10 月 6 日南京之行的需求，文心大模型合适的景点推荐：

10 月 1 日

- **国际慢城文峰塔**：作为南京的一处特色景点，文峰塔不仅具有历史文化价值，还能让您感受到南京的慢生活节奏。在国庆首日，这里可能会举行一些庆祝活动，增添节日氛围。

10 月 2 日

- **夫子庙及秦淮风光带**：夫子庙是南京的标志性景点之一，这里不仅有古色古香的建筑，还有丰富的文化活动。晚上可以乘坐画舫游览秦淮河，感受"烟笼寒水月笼沙，夜泊秦淮近酒家"的意境。

10 月 3 日

- **瞻园（太平天国历史博物馆）**：瞻园是江南四大名园之一，具有深厚的历史文化底蕴。同时，作为太平天国历史博物馆，这里展示了丰富的历史文物，是了解太平天国历史的好去处。
- **南京博物院**：作为一座大型综合性博物馆，南京博物院收藏了大量珍贵文物，是了解南京乃至中国历史文化的重要窗口。

10 月 4 日

- **栖霞山风景名胜区**：栖霞山以其四季变换的自然景观和丰富的文化底蕴而闻名。10 月初，山上的树叶开始变色，是观赏红叶的好时节。此外，栖霞山还是爬山健身和赏梅的佳地。

10 月 5 日

- **钟山风景区**：包括中山陵、明孝陵等多个景点，是南京最著名的风景区之一。您可以参观中山陵，缅怀孙中山先生，也可以游览明孝陵，感受明朝皇陵的庄严与神秘。此外，秋天的梧桐大道也是钟山风景区的一大亮点。

10 月 6 日

- **大报恩寺遗址博物馆**：这是一座集历史、文化、艺术于一体的博物馆，展示了南京大报恩寺的历史变迁和佛教文化的精髓。博物馆采用数字化手段，让游客能够身临其境地感受古代佛教文化的魅力。
- **老门东历史文化街区**：这里保留了南京传统的老街巷和建筑风格，是体验南京本土文化和品尝地道美食的好去处。

此外，南京还有红山森林动物园、南京市博物馆（朝天宫）、汤山蒋氏温泉别墅等众多值得一游的景点。

（后续生成内容略）

图 6-24　文心一言提供的景点推荐

文心一言根据用户的需求，简要介绍了南京的著名景点，但内容并不全面。通过这个回答，用户只能大致了解南京的主要景点。若用户希望了解国庆期间如何合理规划这些景点的游览，可进一步提问。

追问示例：

如果我想在国庆 6 天内游遍你推荐的这些景点，应该如何规划我的行程？

文心一言随即提供了详尽的行程规划建议，具体内容如图 6-25 所示。

为了在国庆 6 天内游遍南京的多个推荐景点，以下是一个详细的行程规划建议，旨在帮助您充分体验南京的历史文化与自然风光：

10 月 1 日：初探南京古韵

- 上午：抵达南京后，首站前往夫子庙，感受孔子文化与儒家思想的熏陶。夫子庙地区人流较多，建议提前规划好路线，避免人流高峰。
- 中午：在夫子庙附近品尝地道的南京美食，如鸭血粉丝汤与盐水鸭。
- 下午：游览江南贡院，追溯中国古代科举制度的辉煌。
- 晚上：夜游秦淮河，领略南京的古典韵味与现代风情。建议提前预订秦淮河游船票，以免排队等候。

10 月 2 日：走进历史深处

- 上午：参观侵华日军南京大屠杀遇难同胞纪念馆，铭记历史，珍惜和平。请保持肃穆，尊重历史。
- 中午：在新街口或附近区域品尝南京特色美食，如南京烤鸭与盐水鸭。
- 下午：游览颐和路民国公馆风貌区，体验民国文化的独特魅力。
- 晚上：在颐和路附近继续美食之旅，或前往 1912 艺术街区享受南京的夜生活。

10 月 3 日：自然与人文的交融

- 上午：前往钟山风景区，首先参观中山陵，缅怀孙中山先生。建议提前预约，避免人流高峰。
- 中午：在钟山风景区内享用午餐，品尝当地特色美食。
- 下午：游览明孝陵，感受明朝皇陵的庄严与神秘。之后可以前往美龄宫、音乐台等景点。
- 晚上：返回市区，休息调整，为第二天的行程做准备。

10 月 4 日：佛教文化与自然美景

- 上午：前往鸡鸣寺，感受佛教文化的博大精深。鸡鸣寺内香火旺盛，建议提前了解开放时间和门票信息。
- 中午：在鸡鸣寺附近品尝素食或当地特色美食。
- 下午：游览玄武湖景区，放松身心，享受自然美景。可以租借自行车环湖骑行，或乘坐游船游览。

（后续生成内容略）

图 6-25　文心一言给出的行程规划建议

在上述追问中，用户让大模型充当自己的旅游助手，协助规划了为期 6 天的南京景点行程安排。此外，大模型还额外提供了前往南京旅游的注意事项。除了作为旅游助手，帮助用户规划旅游行程，大模型还能协助规划其他多项事务，如餐饮安排、活动策划、交通方案、住宿选择、购物指南以及健康与安全建议等。当用户希望大模型提供规划帮助时，可以通过输入关键词并结合设问的方式向大模型提问，以获取详细的规划信息，具体示例如下。

- 我打算花费 10 天游遍南京、苏州、杭州、上海等城市，你能帮我规划一个合理的旅游行程吗？
- 我打算用 5000 元、花费 10 天在西安、洛阳、郑州玩三天，能帮我制定一个合理经济的方案吗？
- 我正在考虑我的健康与安全，你能给我提供一些建议吗？比如，药品的准备、需要注意的事项等。

2. 美食推荐与评价

用户可以向大模型表达自己的口味与偏好（例如更偏爱甜食还是咸食，偏好何种烹饪方式等），尽可能详尽地描述自己的需求与问题，以便大模型依据已有信息进行精准的美食推荐。推荐内容涵盖但不限于餐厅与菜品、菜系或食品品牌、美食地点、当地特色美食等，使其成为个性化的美食推荐专家。

示例：

我计划在今年国庆期间从北京出发，前往南京旅游，行程为期 6 天。想了解南京当地的美食特色，请你为我提供推荐。

文心一言给出的美食推荐如图 6-26 所示。

南京的美食种类繁多，各具特色。在您为期 6 天的南京之旅中，不妨尝试以下当地美食：

经典金陵菜

- **盐水鸭**：南京最著名的传统名菜之一，皮白肉嫩、肥而不腻、香鲜味美，是南京人餐桌上的常客。盐水鸭最能体现鸭子的本味，做法返璞归真，滤油腻、驱腥臊、留鲜美、驻肥嫩。
- **南京板鸭**：历史悠久，风味独特，回味返甜，肉质鲜嫩，是南京人最喜欢的佳肴之一。
- **鸭血粉丝汤**：南京的传统名吃，属金陵菜，是金陵菜和金陵小吃中重要的代表，以鸭血、粉丝、豆泡等食材为主，口感鲜美，汤汁浓郁。
- **酱板鸭**：源自南京金陵老街的传统佳肴，外表油光锃亮，肉质鲜美紧实，香气醇厚。

特色小吃

- **龙袍蟹黄汤包**：起源于清朝乾隆年间，制作工艺精细复杂，被列为非物质文化遗产。以其皮薄馅大、汤汁浓厚、味道鲜美而著称。
- **鸭油酥烧饼**：又称金陵酥烧饼，是秦淮八绝之一，也是南京夫子庙的传统名点。外皮金黄酥脆，内馅咸鲜可口，有甜咸两种口味。
- **牛肉锅贴**：南京美食版图上的璀璨明珠，金陵小吃之传统瑰宝，秦淮八绝之一。其金黄酥脆的外皮和鲜美多汁的牛肉馅深受食客喜爱。
- **赤豆元宵**：将元宵与红豆相结合的一道独特甜品，色泽诱人、口感丰富。红豆软烂且甜而不腻，与洁白无瑕的糯米元宵相互映衬，形成鲜明的色彩对比。

> **其他推荐**
> · **美极凤尾虾**：被誉为"金陵四大名菜"中的璀璨明珠，营养丰富，调味恰到好处，让人意犹未尽，赞不绝口。
> · **各种卤味**：如卤肉饭、卤猪脚等，也是南京街头巷尾常见的美食。
> 在您的南京之行中，不妨走进当地的老字号餐馆或小吃摊，品尝这些地道的南京美食。同时，也可以根据自己的口味和喜好进行选择，相信一定能找到让您满意的美食体验。

图 6-26　文心一言给出的美食推荐

文心一言展示了部分南京当地的美食，并详细介绍了每一种美食的口感与特色。用户可以根据这些建议，结合自身实际情况，做出最终选择。然而，若想在这些美食中进一步筛选，就需要对大模型进行更深入的追问。

作为旅游助手，大模型不仅能推荐具有普适性的内容（如南京的当地美食），还能根据用户的特定需求与问题，提供有针对性的推荐。

当用户希望大模型针对某一具体需求或事项进行推荐时，应明确表达自己的需求与标准，以便获得更精准的推荐。

示例：
- 我是一名回族女性，想去南京旅游，你能为我推荐一下适合回族的美食吗？
- 我打算在国庆期间"穷游"南京，想以比较经济的方式吃遍南京的美食，你能给我一些合理的建议吗？
- 国庆期间我打算带着父母一起去南京旅游，能帮我推荐一下适合老年人游玩的项目吗？

拓展阅读　"快笔小新"：新华社第一位机器人记者

"快笔小新"是中国国家通讯社新华社于 2015 年推出的一位机器人记者。作为新华社的首位机器人记者，它标志着智能化在新闻写作领域的应用与发展。

"快笔小新"具备 7×24 小时不间断工作的能力，能够自动根据所公布的信息迅速生成新闻稿件。其工作范围广泛，涵盖体育赛事（如 CBA、中超、奥运会等）、财经（如股市行情触发、年报等财报的实时分析）、各大部委官方资讯、天气等多个领域。"快笔小新"还能同时完成多项任务，包括文本复述、语音交互、看图写话、智能生成模板等。

在 2016 年里约奥运会期间，"快笔小新"全程跟踪所有比赛，赛事结束后第一时间生成新闻稿件，共有 500 多篇稿件被正式签发，实现了零差错。在平昌冬奥会期间，"快笔小新"同样以零差错服务于整个冬奥会的成绩播报和奖牌榜发布。东京奥运会期间，"快笔小新"首次实现自动发稿，共采写 1050 篇稿件，因其生成速度快、准确性高，受到业务部门的表扬。此外，"快笔小新"还在中华人民共和国第十四届运动会和北京冬奥会上发挥了重要作用，自动生成大量稿件，提升了发稿时效性和准确性。

6.5 习题

1. 填空题

1）AI 文本生成的方式大体分为_____和_____两类。
2）非交互式文本生成的主要应用包括_____、_____和_____。
3）AI 生成文本在_____方面有显著优势，尤其适用于新闻报道和具有较强规律性的文章。
4）_____文本通常遵循一定的模板和格式，使得人工智能能够根据既定的结构和信息来源，高效、准确地生成内容。
5）_____通常涉及更加灵活和创意性的内容，如剧情编写、营销文本创作等领域。
6）百度推出的_____是全新一代的知识增强大语言模型，也是_____家族的新成员。
7）_____于 2023 年 5 月 6 日正式宣布推出"讯飞星火认知大模型"。
8）_____是北京智谱华章科技有限公司推出的生成式 AI 助手。
9）智谱清言首个版本是基于智谱 AI 自主研发的中英双语对话大模型_____。
10）_____是由阿里云自主研发的大模型，于 2023 年 4 月推出。
11）提示词是指_____给大模型的文本或语句，用来_____模型生成相关的输出。
12）一条高质量的提示词通常包含_____、_____及_____三个基本要素。
13）在提示语中提供一些示例的做法称为_____提示。

2. 简答题

1）如何写出优质的提示词？
2）大模型提问时常用的技巧有哪些？

3. 操作题

1）使用文心一言写一篇演讲稿。
2）使用文心一言策划一个促进团队协作的活动方案。

第 7 章

图像生成

知识目标

1. 掌握图像生成技术的实际应用。
2. 熟悉常用的图像生成大模型。
3. 精通文心一格图像生成工具的操作使用。

素养目标

1. 通过学习图像生成技术的应用,培养学生勇攀科学高峰的责任感和使命感。
2. 通过学习常用的图像生成大模型,培养学生的奋斗精神和开拓创新精神。
3. 通过应用文心一格图像生成工具,培养学生利用 AI 工具解决问题的能力。

案例导入　AI 画作《太空歌剧院》获艺术类比赛一等奖

在 2022 年 4 月,AI 工具 Midjourney 创作了一幅名为《太空歌剧院》的艺术作品(图 7-1)。该作品迅速吸引了公众的广泛关注,并在美国科罗拉多州的一场新兴数字艺术家竞赛中荣获一等奖。《太空歌剧院》的获奖,不仅彰显了人工智能在数字艺术界的影响力和创新力,也突显了 Midjourney 在图像处理和艺术创作领域的尖端技术。

案例导入　AI 画作《太空歌剧院》获艺术类比赛一等奖

图 7-1　AI 画作《太空歌剧院》

近年来，人工智能模型飞速发展，从基础的问答、阅读理解、文本摘要，逐步扩展到绘画和视频制作。人工智能迭代和进化的速度越来越快，可以说，AIGC 的时代已经到来。

7.1 AI 图像生成技术路线及其应用

在当今数字化迅猛发展的时代，图像生成技术已然成为众多领域瞩目的焦点。伴随着人工智能技术的持续进步，AI 图像生成大模型应运而生，为图像生成领域带来了前所未有的创新机遇。无论是在娱乐产业，如电影制作中的特效生成、游戏中的场景和角色设计，还是在科学研究领域，乃至商业领域的广告设计、产品展示等方面，AI 图像生成大模型均发挥着举足轻重的作用。

7.1.1 AI 图像生成的技术路线

7.1.1 AI 图像生成的技术路线

从技术发展的脉络来看，图像生成技术经历了漫长的发展历程。早期，计算机生成图像主要依赖简单的几何图形组合和手工编写的算法规则，生成的图像较为粗糙和简单。随着计算机性能的提升和算法的不断创新，逐渐出现了基于数学模型的图像生成方法。如今的 AI 图像生成大模型则是在大数据、深度学习算法等多方面技术成果的基础上构建而成的。这些大模型融合了多种技术路径，旨在根据不同需求生成多样化的图像，并尽可能提高生成图像的质量、效率和多样性。这其中主要包括以下几种技术路线。

1. 生成对抗网络

生成对抗网络（Generative Adversarial Networks，GAN）基于一种对抗性思想，由生成器和判别器两部分组成。生成器的任务是生成图像，类似于画家试图创作出逼真的画作。而判别器则扮演鉴定家的角色，负责判断图像的真伪，即区分图像是真实样本还是由生成器生成的伪造样本。GAN 模型如图 7-2 所示。

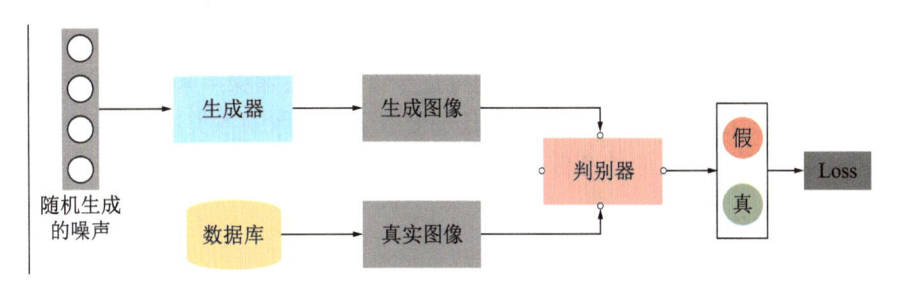

图 7-2 GAN 模型

在训练过程中，生成器持续努力生成尽可能逼真的图像，旨在欺骗判别器；与此同时，判别器不断提升自身的鉴别能力，力求准确识别出由生成器生成的图像。这种对抗性的训练模式使得生成器与判别器相互博弈，在此过程中，生成器的图像生成质量逐步提高，直至其能够生成出判别器难以辨别真伪的图像。图 7-3 展示了 GAN 生成的真人头像。

图 7-3　GAN 生成的真人头像

GAN 具有卓越的生成细节丰富图像的能力。这一特点源于生成器与判别器在对抗过程中的不断博弈，生成器需持续提升对细节的掌控力，方能在这场对抗中胜出。例如，在人脸生成应用中，GAN 能够生成面部特征丰富、纹理清晰的人脸图像，甚至连细微的表情和肌肤纹理都能精准呈现。然而，GAN 也面临一项挑战，即对训练稳定性的高要求。在训练过程中，若生成器与判别器之间的平衡被打破，如生成器过于强大导致判别器难以有效辨别真假图像，或判别器过于强大使得生成器难以获得有效改进，均会对模型的整体性能造成影响。

2. 扩散模型

2016 年，扩散（Diffusion）模型被提出，并迅速引起了广泛关注。其原理与 GAN 模型截然不同。Diffusion 模型通过随机扩散过程生成图像，有效避免了 GAN 模型中图像风格过于相似的问题。

Diffusion 模型是一类广泛应用于细粒度图像生成的模型，尤其在跨模态图像生成任务中，逐渐取代 GAN 成为主流技术。前文提到的 AI 创作画作《太空歌剧院》，其底层技术模型正是基于 Diffusion 模型。

扩散模型的原理基于一种独特思路，即通过逐步添加并去除噪声来生成图像。其原理如下：首先向图像添加噪声（正向扩散），使算法在此过程中学习图像的各类特征；随后，通过消除噪声（反向扩散）训练算法恢复原始图像。

3. 基于文本的直接生成

基于文本的直接生成（Text-to-Image）是一种直观且强大的图像生成方式。主流模型包括 DALL-E 3、Midjourney 等。其技术核心在于结合 CLIP 等跨模态对齐模型，将文本语义映射到图像空间。CLIP 模型犹如一座桥梁，能够连接文本与图像这两种不同的模态。在此过程中，CLIP 模型通过大量文本-图像对的预训练，学习文本语义与图像特征之间的对应关系。当基于文本的直接生成模型接收到输入文本时，它借助 CLIP 模型的预训练成果，将文本中的语义信息转化为图像空间中的特征表示，进而生成相应的图像。这种跨模态映射技术使模型能够根据文本准确生成图像，实现了从文本到图像的直接转换。

例如，图7-4展示了AI图像生成模型根据输入文本提示词"一只可爱的猫"所生成的作品。类似这样的图片，若手绘可能需耗时数小时，但借助AI大模型，仅需几十秒即可轻松生成。

4. 多模态特征融合生成

多模态特征融合生成是一种融合多种信息源的图像生成技术。其原理在于结合文本、图像等多种模态的特征编码，通过融合这些不同模态的特征来生成目标图像。

多模态特征融合生成在多个应用场景中展现出独特优势。在图像补全方面，面对部分缺失的图像，可利用相关文本描述或其他图像特征进行补全。例如，对于一张古老照片中破损的人物面部，可根据对该人物的文字描述（如年龄、性别、外貌特征等），结合其他相似人物的面部图像特征，对破损部分进行修复。在风格迁移方面，可通过多模态特征融合，将一种图像的风格（如油画风格）与另一种图像的内容（如风景照片）结合，创造出具有油画风格的风景图像。在多条件控制生成方面，如需生成特定属性的对象，可通过文本描述指定属性，如生成一只蓝色眼睛、白色毛发的猫的图像，多模态特征融合技术可根据这些属性信息和已有图像特征进行生成。

图7-4 一只可爱的猫（AI画作）

在AI图像生成的实际应用中，上述方法并非孤立存在，而是常常相互结合使用。

7.1.2 AI图像生成的应用

AI图像生成技术凭借其高效性和创造性，已渗透至多个行业领域，以下是其核心应用场景及典型案例。

1. 艺术创作与设计

当今科技与艺术深度融合，艺术创作与设计领域正经历前所未有的变革。传统的艺术创作依赖于艺术家的手工技艺、灵感及长时间的构思与实践。然而，随着AI图像生成技术的崛起，艺术创作与设计的格局逐渐被改写。

1）创意辅助与风格探索。传统上，掌握不同艺术风格需要长时间学习和研究，例如油画风格涉及颜料特性、笔触和风格演变。AI图像生成技术简化了这一过程，能够迅速创建多种风格的图像，包括古典风格和赛博朋克风格。以DALL·E 2为代表的AI工具，通过简单的文字描述即可生成画作。这改变了艺术创作，减少了对技艺和经验的依赖，提高了创意的直接性和效率。

2）自动化设计流程。时间和成本在工业设计和广告领域至关重要。传统设计流程包括市场调研、草图绘制、模型制作和修改等烦琐步骤，需要多个环节和专业人员协作。AI图像生成技术简化了这一过程，能根据品牌要求自动生成海报和产品原型图，减少人工干预，提高效率，缩短设计周期，降低人力成本和减少资源浪费。例如，汽车企业推出新车型时，使用AI技术可快速生成符合品牌形象的海报草案，设计师仅需微调，节省时间和成本。

2. 医疗健康

医疗健康领域一直是人类社会关注的焦点，随着科技的持续进步，AI图像生成技术在这一领域发挥着日益重要的作用。

1）医学影像生成与辅助诊断。医学影像在诊断中至关重要，但存在解读难度大和工作量大的问题。AI 图像生成技术通过学习病例数据，能模拟病变组织图像，辅助医生识别疾病和规划手术。例如，AI 可生成罕见病的图像资料，或提供高精度的 MRI 增强图像，帮助医生了解手术部位的详细结构，制定精准手术方案，降低手术风险。

2）医疗培训与模拟。医疗行业要求医护人员具备高超的实践技能，但传统培训面临病例资源有限和高风险手术难以重复练习的问题。AI 图像生成技术解决了这些问题，它能创建虚拟病例和手术场景，让医护人员在模拟环境中练习。这些虚拟病例覆盖多种病情和病变类型，有助于提升医护人员的手术技能和应对突发情况的能力。例如，在心脏外科手术培训中，AI 生成的 3D 心脏模型可用于手术操作练习，且由于是虚拟环境，操作失误不会影响真实患者，使医护人员能够更自由地尝试和学习。

3. 娱乐与游戏开发

娱乐与游戏产业一直是现代社会人们休闲娱乐的重要组成部分。随着人们对娱乐体验要求的不断提升，AI 图像生成技术在这一领域的应用也日益广泛。

1）影视特效与游戏素材生成。影视特效对影片视觉效果和观众体验至关重要。传统特效制作过程烦琐，需要大量资源。AI 技术简化了这一过程，能迅速生成场景和角色素材。例如，在游戏中，可利用 AI 技术创建复杂的宇宙环境。在影视制作中，AI 还能根据创意快速生成特效草图和模型，提高特效制作的效率和质量。

2）虚拟现实（VR/AR）交互。随着 VR 和 AR 技术的进步，人们越来越渴望沉浸式体验。创建逼真的虚拟环境是 VR/AR 内容制作的关键挑战。AI 图像生成技术与这些技术的结合，为创建逼真环境提供了有效手段，增强了用户的沉浸感。例如，在 VR 恐怖游戏中，AI 能够根据情节生成恐怖的环境。而在 AR 博物馆导览中，AI 可以创建与文物历史相关的虚拟场景，提升教育性和趣味性。

4. 教育与科研

教育与科研是推动人类社会进步的两大重要力量，AI 图像生成技术在这两个领域展现出不可忽视的应用价值。

1）可视化教学工具。教育工作者常面临帮助学生理解抽象概念的挑战。传统教学方法如口头讲解和图形绘制对复杂概念的直观理解有限。AI 图像生成技术提供了解决方案，它能将抽象概念转换为直观图像。例如，在化学教学中，AI 可生成三维分子结构模型，帮助学生从多角度理解分子结构。在历史教学中，AI 能根据文献生成历史事件的场景图像，增强学生的历史感性认识，提升教学效果。

2）科研模拟与数据增强。科研中实验数据获取和处理很关键，但有时难以获得足够数据，如天体观测受限。AI 图像生成技术能创造合成数据，如模拟图像，帮助科研人员补充观测数据，深入研究。AI 还能辅助科研论文插图创作，生成高质量图像，如生物学中的细胞结构图和分子相互作用图，使论文内容更易理解。

5. 商业与工业

商业与工业领域是现代经济的重要支柱，AI 图像生成技术在其中的应用为企业的发展和城市建设带来了新的机遇。

1）个性化营销内容。个性化营销在商业市场中变得越来越重要，因为它能满足消费者的个性化需求。AI 图像生成技术利用用户数据，如年龄、性别等，创建定制化的广告和产品展示。例如，时尚电商可以根据用户的购买历史推荐符合其品位的商品。这种个性化内容能吸引消费者，提高转化率。随着大数据技术的进步，AI 图像生成技术在个性化营销中的应用范围将不断扩大。

2）工业设计与城市规划。工业设计涉及功能、美学和人机工程学等多方面因素，传统方法依赖设计师经验和试验。在工业设计中，AI 能根据功能需求和市场定位快速生成多种设计方案。例如，在汽车设计中，AI 能根据性能要求和消费群体信息生成不同外形和内饰布局的方案，供设计师筛选和优化。在城市规划方面，AI 能分析人口分布、交通流量和土地利用数据，生成交通流量模拟图和建筑布局方案，从而优化城市空间布局，提高宜居性。

6. 其他创新领域

除了上述几个主要的应用领域，AI 图像生成技术还在一些其他创新领域展现出独特的应用价值。

1）文化遗产修复。文化遗产是文明的宝贵财富，但常因时间、灾害和人为因素受损。传统修复依赖技艺高超的专家，但对严重损坏的文物或照片，修复工作极具挑战。AI 图像生成技术为修复工作提供新方案，通过学习大量文化遗产图像数据，AI 能重建破损文物或照片的原始状态。例如，AI 能分析残缺壁画的图案和色彩，参考类似壁画，补全缺失部分，恢复壁画原貌。对于历史照片，AI 能修复划痕和褪色，恢复其光彩。这项技术不仅助力文化遗产保护，也让更多人能欣赏到文化遗产的完整之美。

2）法律取证。在法律领域，证据的准确性和完整性对案件侦破和审判至关重要。在一些刑事案件中，犯罪现场情况往往是关键证据。然而，犯罪现场可能受到破坏或因条件限制无法完整记录。AI 图像生成技术可生成犯罪现场模拟图像，辅助案件分析。通过对现场勘查获取的有限信息，如物证位置、痕迹形状等，结合相关环境数据，如地形、建筑物布局等，AI 系统能生成犯罪现场模拟图像。这些模拟图像有助于警方更好地了解犯罪过程，推测作案手法和逃跑路线。在法庭上，这些模拟图像也可作为辅助证据，帮助法官和陪审员更直观地了解案件情况，做出更公正的判决。

7.2 AI 图像生成大模型

AI 图像生成大模型是一种基于深度学习技术的先进系统，能够利用海量数据学习图像的复杂模式，并在此基础上创造全新的图像内容。当前流行的 AI 图像生成模型包括 Stable Diffusion、DALL·E 2 和 Midjourney 等。

7.2.1 Stable Diffusion

2022 年 7 月，源自英国的 Stability AI 公司启动了其开发的 AI 绘画产品 Stable Diffusion 的内测。该产品基于扩散模型，其核心原理在于图像生成过程中持续向图像扩散噪声，分阶段完成图像创作。凭借稳定且有序的扩散机制，Stable Diffusion 能够生成包括人物、景观、建筑等在内的各类高质量图像。

Stable Diffusion 的图片生成过程主要基于 CLIP 模型、扩散模型和 VAE 模型实现，如图 7-5 所示。

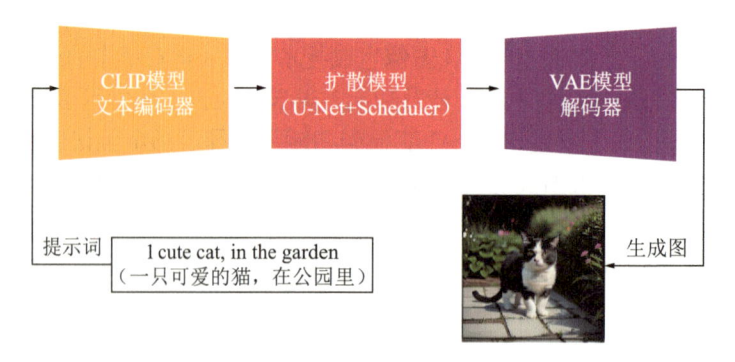

图 7-5　Stable Diffusion 的图片生成过程

1. CLIP 模型

CLIP（Contrastive Language-Image Pre-training）模型是 OpenAI 于 2021 年初推出的一种融合视觉与语言的编码器模型，旨在构建图像与文字之间的关联。在 Stable Diffusion 中，CLIP 模型作为多模态架构的核心组件，有效辅助图像生成。

CLIP 模型的基本原理如下：首先，需构建一个包含大量文本-图像对的数据集。CLIP 的研究团队从互联网上搜集了 4 亿张图像及其对应的标签（或描述）。随后，他们设计了一个简洁的预训练任务，即预测哪个标题与哪幅图像相匹配，这也可看作是为图像添加文字说明的过程，如图 7-6 所示。

图 7-6　文本-图像对

CLIP 模型的核心思想是将图像和文本视为等价的表达，并将它们映射到一个共享语义空间中。这种方法有助于消除常见的跨模态障碍问题，使模型能够更有效地处理图像与文本之间的关系，进而完成图像检索、文本生成、图像描述等多种应用任务。

CLIP 由图像编码器（Image Encoder）和文本编码器（Text Encoder）组合而成，且这两个编码器均可直接使用已预训练好的模型。

（1）对比学习预训练

在训练过程中，模型的输入为一张图像及其对应的文字描述配对数据。如图 7-7 所示，输入的图片是一只狗，相应的文字描述为"给澳大利亚小狗胡椒"。

N 张图片的描述句子会通过文本编码器得到 N 个特征向量（$T_1 \sim T_N$），然后 N 张图片也会通过图像编码器得到 N 个特征向量（$I_1 \sim I_N$），这里的图像编码器可以任意选择，CLIP 就是根据 N

个图像特征向量和N个文本特征向量做对比学习,一个配对的"图像-文本"对就是一个正样本,而其他的都是负样本。因此,在一个矩阵对应关系上,对角线上的N个元素都是正样本,非对角线的N^2-N个元素都是负样本。

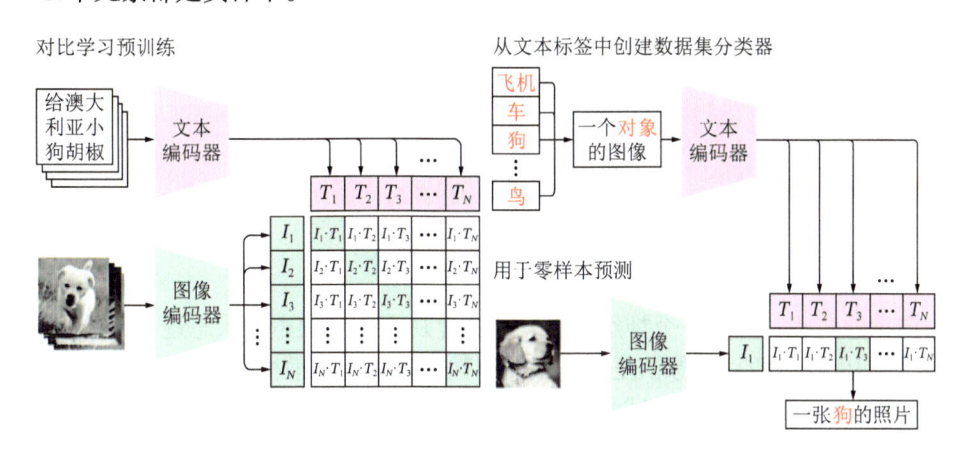

图 7-7 CLIP 模型的"图像-文本"编码对比学习

与计算机视觉中常用的先预训练后微调的方法不同,CLIP 能够直接实现零样本学习的图像分类,即无需任何训练数据即可在特定下游任务上进行分类。这正是 CLIP 的亮点和强大之处。

(2)从文本标签中创建数据集分类器

首先,根据任务的分类标签构建每个类别的描述文本,例如飞机、车、狗、鸟等。随后,将这些文本输入文本编码器,获取相应的文本特征向量。若类别数量为N,则将得到N个文本特征向量($T_1 \sim T_N$)。

(3)零样本预测

首先,将待预测的图像输入图像编码器,获取图像特征。接着,将该图像特征与N个文本特征进行余弦相似度计算,再通过 softmax 函数得出每个类别的预测概率,从而实现对图像和文本的分类或判断。

2. 扩散模型

扩散模型主要用于生成图片。它在图片压缩降维后的潜在空间进行操作,输入和输出均为潜在空间中的图像特征,而非原始图片的像素。

扩散模型最早于 2015 年在《基于非平衡热力学的深度无监督学习》(*Deep Unsupervised Learning using Nonequilibrium Thermodynamics*)论文中提出。作者受统计热力学的启发,开发了一种新的生成模型。其核心思想是:首先向训练数据集中的图像不断添加噪声,直至其变成一张模糊的图像,这一过程类似于向水中加入一滴墨水,墨水扩散后水变成淡蓝色。然后,训练模型学习如何逆转这一过程,将噪声转化为清晰的图像。

扩散模型的扩散过程分为正向扩散过程和逆向扩散过程,如图 7-8 所示。

1)正向扩散过程:在给定的图片上逐步添加高斯噪声,直至图像完全无法识别。通过这一过程,图中的风景逐渐变得模糊,最终整张图转化为马赛克形态。

为何采用逐步添加和去除噪声的方式来生成图片呢?原因在于,直接删除像素会导致信息丢失,而逐步添加噪声则能使模型更有效地学习图片特征。此外,引入随机噪声还能增加生成结果的多样性。并且,逐步进行的节奏有助于控制生成过程,提升去噪过程的稳定性。

尽管逐步添加噪声的过程看似随机，但实际上具有特定意义。整个过程可描述为从一个状态到另一个状态的随机转换。在这一随机过程中，每个状态的概率分布仅由其前一个状态决定，与其他状态无关。相应地，可以将正向扩散过程中的每一张图片定义为一个状态，每张图片的形态仅取决于其上一张图片，并遵循特定的概率分布。

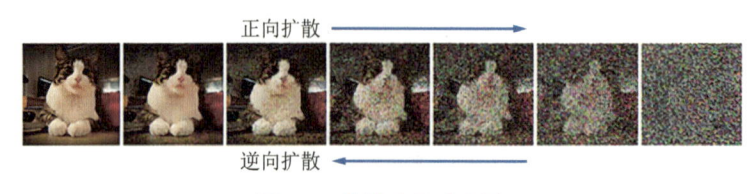

图 7-8 扩散过程示意图

2）逆向扩散过程：训练一个神经网络，将图片从添加了噪声的状态逐步还原为原始图像。

逆向扩散如何将马赛克图像恢复到原始图像呢？这正是扩散模型发挥作用的地方。扩散模型采用一种近似方法，即通过神经网络学习的方式近似计算逆向扩散过程的概率分布。应用这种方法后，即使是一张经过多次噪声添加而变得完全模糊的图像，也能被恢复成接近原始模样的图像。随着模型的迭代学习，最终生成的结果将更加符合预期要求。

通过正向扩散和逆向扩散两个过程，扩散模型能够以一张原始图像为基础，生成一张全新的图像。

3. VAE 模型

VAE（Variational AutoEncoder）模型是一种生成模型，能够学习潜在空间中数据的分布，并通过解码器生成新的样本。VAE 模型由编码器和解码器两部分组成。编码器负责将图像信息降维并映射到潜在空间，而解码器则将潜在数据表示转换回原始图像。在 Stable Diffusion 的图像生成过程中，仅使用 VAE 模型的解码器部分。具体而言，VAE 模型的解码器被用于将压缩后的潜在空间图像特征还原成原始图片。

综上所述，在 Stable Diffusion 的图片生成过程中，CLIP 模型负责理解文字描述，指导图像生成过程；扩散模型通过逐步添加和去除噪声的方式生成图片，并控制生成过程；VAE 模型则负责将压缩后的潜在空间图像特征解码并还原为原始图片。CLIP 模型、扩散模型和 VAE 模型三者协同工作，共同实现了 Stable Diffusion 由文本生成图像的功能。

图 7-9 为来自 Stable Diffusion 官网的图片，提示词包括：一个中国龙宝宝，具有可爱风格、奶油色调、手绘风格、鲜艳的颜色、快乐愉悦的表情，水彩质感，泡泡猫盲盒，黏土材质，以及简单的背景。

图 7-9 Stable Diffusion 绘画

7.2.2 DALL·E 2

2021 年，OpenAI 推出了名为 DALL·E 的产品。DALL·E 拥有 120 亿个参数，能够根据用户输入的关键词和短语生成图片，打破了自然语言与视觉之间的壁垒，实现了重大突破。在此之前，尽管已有众多神经网络算法能够生成逼真的高质量图像，但这些算法通常需要复杂且精确地设置或输入。相较之下，DALL·E 通过纯文本描述即可生成图像，这一改进极大降低了 AI 绘画的门槛，并迅速成为流行的标准。

2022 年 4 月，OpenAI 推出了功能更为强大的 DALL·E 2。DALL·E 2 仅包含 35 亿个参数，但图像分辨率却是 DALL·E 的 4 倍。DALL·E 2 的问世为 AI 生成图像质量设定了全新标准，与其他同类产品相比，其对文本描述的理解更为精准，能够生成更符合用户要求的图片。

2023 年 10 月，OpenAI 再次发布 DALL·E 3。该版本能结合 ChatGPT 的方法生成文本描述，从而显著增强其对文本的理解能力。目前，DALL·E 3 已被集成到 ChatGPT 中，供用户使用。

接下来介绍一下 DALL·E 2 的模型结构。如图 7-10 所示，DALL·E 2 整个模型包括三个部分：CLIP 模块、prior 模块和解码器模块。其中，CLIP 模块又包含文本编码器（text encoder）和图像编码器（img encoder）两部分。在模型训练过程中，各子模块先分别进行训练，再组合起来，实现由文本生成图像的功能。下面分别探讨各模块的具体作用。

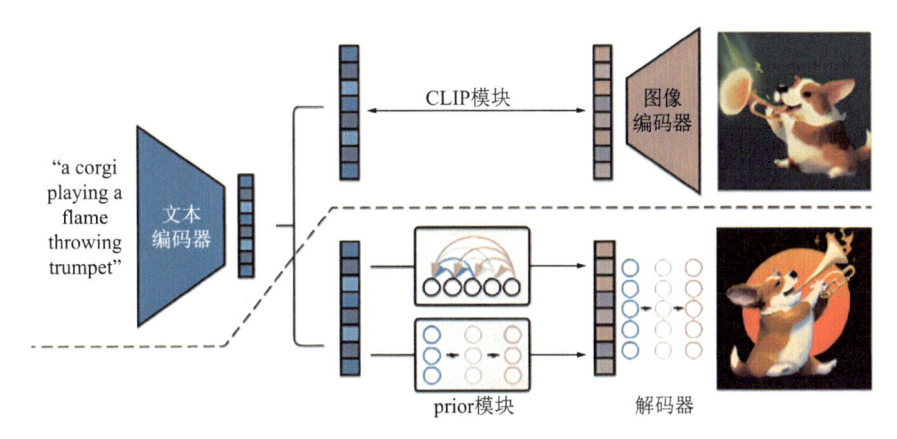

图 7-10　DALL·E 2 模型结构

1. CLIP 模块

DALL·E 2 中的 CLIP 模块与之前所述的 CLIP 模型训练方式完全一致，旨在获得训练有素的文本编码器和图像编码器。通过对比图 7-11 和图 7-10 两个模型的结构图，可以明显看出二者在结构上完全相同，仅排列方式略有差异。这样，文本和图像信息均能被有效编码至相应的特征空间中。

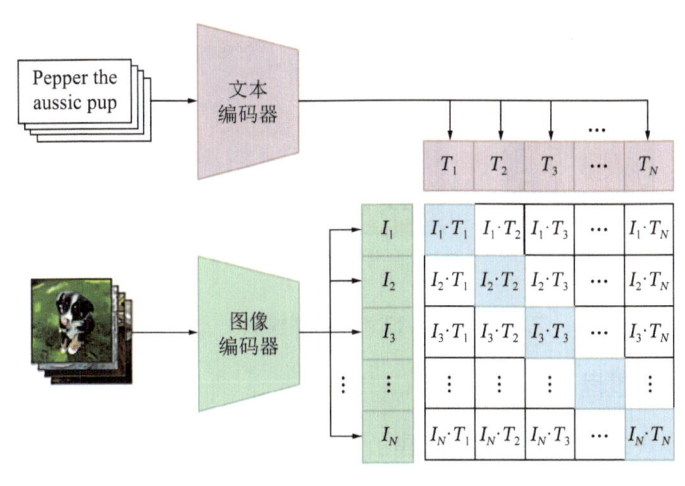

图 7-11　DALL·E 2 中的 CLIP 模块

2. prior 模块

如图 7-12 所示，将 CLIP 中训练完毕的文本编码器提取出来，输入文本 y，进而获得文本编码 z_t。同理，将 CLIP 中训练完毕的图像编码器提取出来，输入图像 x，得到图像编码 z_i。prior 模块的训练目标是依据 z_t 来生成相应的 z_i。假设 z_t 经过 prior 模块处理后输出的特征为 z_i'，那么我们期望 z_i' 与 z_i 尽可能接近，以此更新 prior 模块。待 prior 模块训练完成后，将其与 CLIP 的文本编码器串联，便可依据输入文本生成相应的图像编码特征。

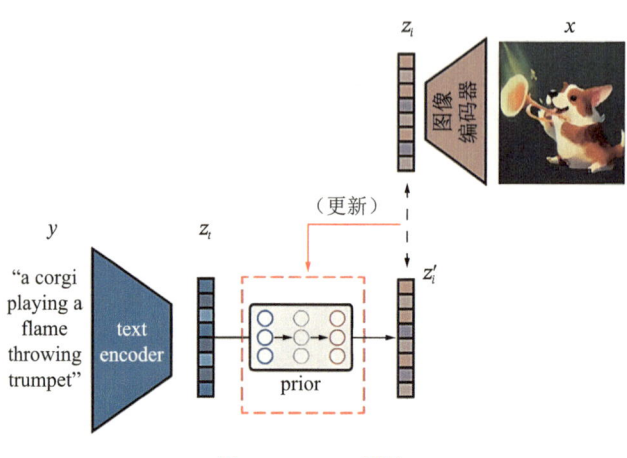

图 7-12　prior 模块

3. 解码器模块

解码器模块的功能是从图像特征 z_i 中还原出真实的图像 x。如图 7-13a 所示，这一过程与自编码器的工作原理相似，即从中间特征层恢复输入图像，但二者并非完全一致。如图 7-13b 所示，生成的图像保留了原始图像的显著特征，从而有助于实现多样化的图像生成。

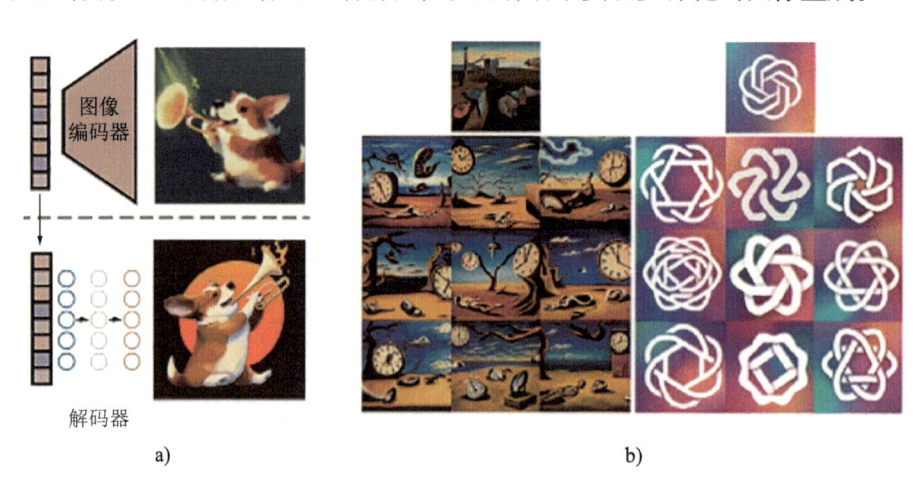

图 7-13　解码器模块

4. DALL·E 2 推理过程

经过上述三个模块的训练，已成功构建了 DALL·E 2 预训练模型。如图 7-14 所示，该模型采用了 CLIP 模块中的文本编码器，以及训练完毕的 prior 和解码器模块。这样一来，推理过程便显得清晰明了：首先，文本编码器对输入文本进行编码；接着，prior 模块将其转换为图像编码；最后，解码器模块负责解码，生成相应的图像。

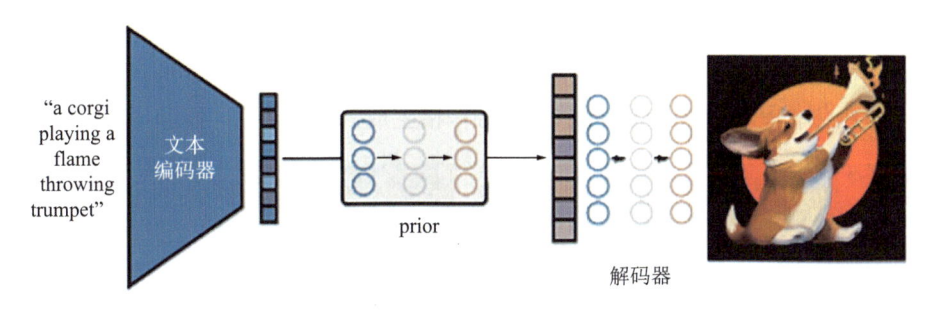

图 7-14　DALL·E 2 推理过程

图 7-15 展示的是 DALL·E 2 官网上的一个示例，画面中一位宇航员骑着马，呈现出如照片般逼真的风格。

图 7-15　DALL·E 2 官网上的一个示例

7.2.3　Midjourney

　　Midjourney 是由同名公司开发的另一种基于扩散模型的图像生成平台，于 2022 年 7 月进入公测阶段，向大众开放。与大多数同类服务不同，Midjourney 是一款部署在 Discord 平台上的应用程序，而 Discord 本质上是一款即时通信软件。因此，在使用 Midjourney 时，用户须先注册 Discord 账号，然后添加 Midjourney。这一过程类似于在我国使用微信特定小程序的步骤：首先下载微信并注册账号，随后在微信内添加对应的小程序。

　　与 Stable Diffusion 不同，Midjourney 是一个完全闭源的项目。自发布以来，Midjourney 公司持续改进算法，每隔几个月便会发布新的模型版本。算法的首次发布是在 2022 年 2 月，两个月后便推出了改进后的第二版，而更新后的第三版于 7 月 25 日发布。2023 年 12 月 21 日，V6 版本发布，并于 2024 年 2 月 14 日成为默认版本。V6 版本增强了较长输入的提示准确性，改进了连贯性和知识性，以及高级图像提示和重新混合功能。截至 2025 年 2 月，Midjourney 已推出 6.1 版本，新增个性化配置和情绪板功能，支持用户定制风格并快速生成符合审美的图像。

　　图 7-16 所示为利用 Midjourney 绘制的在城市中运行的汽车。

7.2.4 文心一格

文心一格是百度公司于 2022 年 8 月推出的一款基于文心大模型的 AI 作画产品。该平台能够理解用户的文本描述，并生成相应的图像，支持多种艺术风格和画幅选择，为用户提供了一个零门槛的绘画创作平台。图 7-17 展示了文心一格生成的图像。

图 7-16 Midjourney 绘画

图 7-17 文心一格生成的图像

文心一格的主要特点如下：

1）多样化的画作风格。文心一格支持多种画作风格，涵盖国风、油画、水彩、水粉、动漫、写实等十余种不同风格。用户可以根据个人喜好和具体需求，选择最合适的风格。

2）灵活的画幅选择。文心一格提供了多样化的画幅选项，用户可根据实际需求选择合适的画幅，提升了创作的灵活性。

3）快速生成画作。文心一格以其高效的图像生成能力著称。用户只需输入描述文字并选定期望的画作风格，即可迅速获得由文心一格生成的相应画作。这一功能显著降低了绘画的门槛，使即便没有绘画基础的用户也能轻松创作出精美的画作。

7.3 操作实践　使用文心一格生成图像

文心一格是百度公司精心打造的 AI 图像生成平台。用户只需输入中文语言描述，即可生成多种风格的图像，特别适合零基础人士学习使用。

7.3.1 文心一格的使用

进入文心一格的官网首页（https://yige.baidu.com），显示界面如图 7-18 所示。

7.3.1　文心一格的使用

图 7-18　文心一格界面

单击"登录"按钮，进入百度的"用户名密码登录"页面。用户可以直接使用百度账号进行登录，也可以通过QQ、微博或微信账号登录。

在首页界面左上角单击"AI 创作"后，将进入作图界面，如图 7-19 所示。界面最左侧为操作栏，用户可以选择系统自带的"推荐"功能。在指令区输入自己的绘画创意，选择所需的画面类型，或采用默认选项"智能推荐"。接着设置比例及一次生成的图片数量，即可快速生成所需的绘画作品。

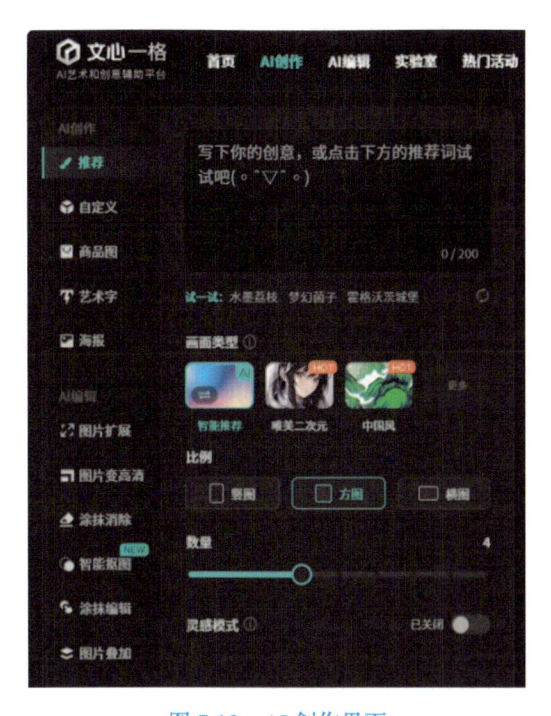

图 7-19　AI 创作界面

需注意的是，绘画创意（提示词）与最终生成图片的质量紧密相连。用户唯有细致调整绘画创意描述，并精心选择恰当的绘画类型，方能最终调试出满足自身需求的绘画结果。

以人物为例，在文心一格中输入提示词古代少女，月亮夜晚，祥云，古典纹样，月光柔美，花瓣飘落，多彩炫光，镭射光，浪漫色调，浅粉色，几何构成，丰富细节，唯美二次元，即可得到四张相应的绘画作品，如图 7-20 所示。

图 7-20　文心一格绘画

7.3.2　自定义模式

文心一格的自定义模式搭载了更多 AI 参数，合理运用该模式，能够享受到更优质的 AI 绘画体验。

在自定义模式中，输入的文本和参数至关重要。合适的文本和参数能够最大限度地发挥 AI 绘画的潜能。如何优化输入文本和参数，以实现个人预期的效果，是一个需要不断学习、积累经验和参考样例的过程。下面将介绍自定义模式的参数设定方法。

（1）确定核心描绘内容

核心描绘内容通常是一个具体的对象。例如，如果想绘制汽车，首先可以将关键词"汽车"填入最上方的"写下你的创意"框中，如图 7-21 所示。接着，在"选择 AI 画师"一栏选择"具象"风格。不同的画师擅长不同的画面效果，目前可供选择的有创艺、二次元和具象三种风格。

（2）确定风格

在 AI 绘画中，"画面风格"扮演着至关重要的角色，不同风格的画面观感差异显著。因此，我们需要明确所需的风格。可以从以下两个角度入手：一是对风格的描述，如油画；二是指定艺术家，如梵高，如图 7-22 所示。

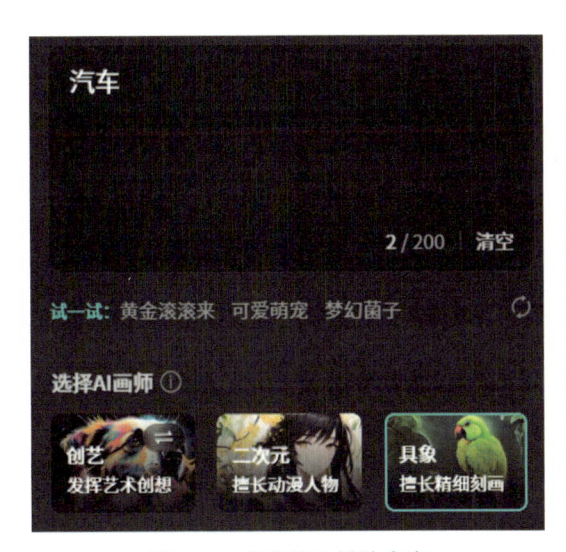

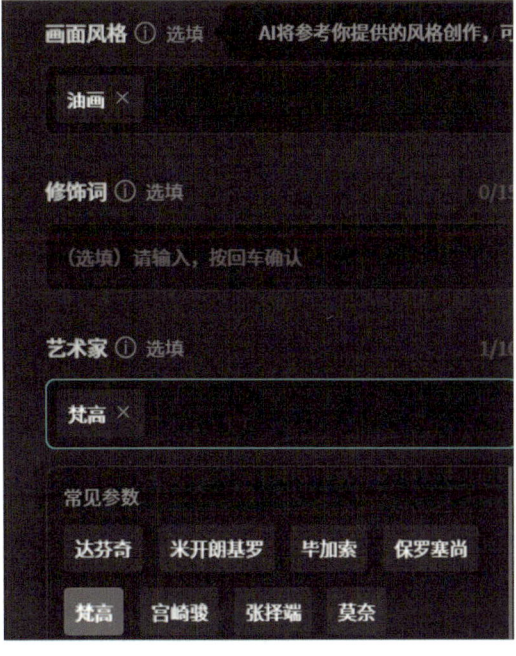

图 7-21　确定核心描绘内容　　　　　　　图 7-22　确定风格

在确定特定风格后，AI 绘画的输出效果将趋于稳定，并且该风格本身蕴含着独特的美感，具体效果如图 7-23 所示。

图 7-23　风格选择后的图片效果

（3）调整细节

在确定画面内容和风格之后，接下来需根据我们的预想，进一步对画面细节进行精细调整。画面细节的调整主要涵盖两个重要方面：一方面是精准描绘对象的关键特征，如明确汽车的具体外观细节；另一方面则是优化画面的整体特性，以下举例说明。

视角：如俯瞰、侧面、仰拍、广角、微距、清晰聚焦等。
色调：如黑白、莫兰迪配色、暗色、暖色、冷色、炫彩、马卡龙配色等。

光线：如柔光、剪影、强光、过曝光等。
天气：如晴天、小雨、狂风、雾气、冰雪等。

在"绘画意向"设置中，存在一个可灵活调整的细节选项——"不希望出现的内容"。通过在此处填写相关信息，可以有效降低指定内容在画作中出现的可能性。需特别注意的是，此举并不保证所填写的内容绝对不会出现在最终作品中。

（4）持续优化

接下来，便是 AI 绘画中最具吸引力的环节——持续优化。例如，当希望汽车显得更加高大时，不仅可以调整创意部分的形容词，还可以借助修饰词来进行更为具体的描述。以下是一些常用的修饰词示例。

清晰度：如高清、超高清、HD、4K、8K 等。
局部要求：如精致细节、皮肤光泽、完美面容等。
质感：如真实、细节、金属光泽、皮革、木质、锈蚀等。

在 AI 绘画过程中，我们能够尽情发挥个人想象力，通过对示例中的修饰词汇进行多次调整，最终生成的图像便是想象力得以展现的成果，如图 7-24 所示。

由于 AI 绘画存在一定的随机性，单次或双次生成的作品可能并不完全符合预期，因此需要多一分耐心，与 AI 共同进行多次尝试。在"修饰词"选项中，可以选择赛博朋克、摄影风格、对称等特定术语，以获得更为精确的画作效果，如图 7-25 所示。

图 7-24　多次调整修饰词后生成的汽车图片　　图 7-25　"修饰词"选项

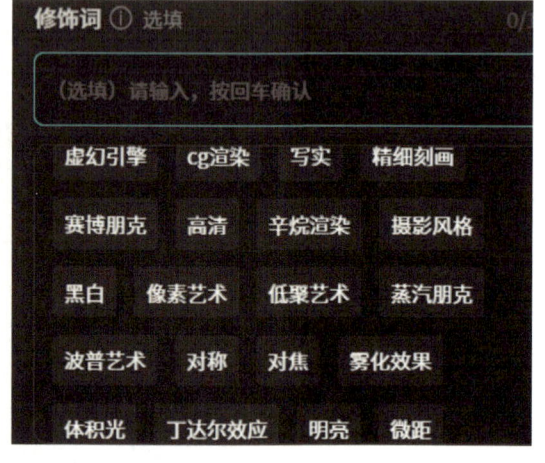

以下是几种修饰词的解释。

虚幻引擎（Unreal Engine）是一款广泛应用于游戏开发、虚拟现实、建筑可视化等领域的软件引擎。它由知名游戏制作团队 Epic Games 开发，具备强大的物理引擎和先进的图形渲染技术，能够助力开发者打造出高度逼真且互动性强的虚拟世界。

摄影风格指的是高质量的写实照片风格。一张优秀的照片通常包含主体、陪体、前景、背景等多种元素。主体是重点表现的对象，构成画面的核心部分，是吸引观者视线的视觉焦点，也是画面内容的主要体现。其他元素则旨在突出主体。在创作过程中，通过运用虚实对比、大小对比、明暗对比、动静对比等手法，可以有效突出主体。

蒸汽朋克风格大量运用钢铁、机械、蒸汽机等核心元素，融合英国维多利亚时代和日本大正时代的美学特点，再辅以天马行空的想象力。其常见元素包括蒸汽动力、机械臂、差分机、齿轮、轴承、钢铁、黄铜色、浮雕花纹等。

波普艺术追求大众化、通俗化的趣味，反对现代主义自命不凡的清高态度。在设计上，它强调新奇与独特，大胆采用艳丽的色彩，追求形式上的异化和娱乐化的表现主义倾向。

7.3.3 文生图

在使用文心一格生成画作时，需采用一种特定格式的"文本描述"，这种特定格式被称为提示词（Prompt）。Prompt 的输入方式分为自然语言描述和关键词排列两种，用户可任选其一，以生成符合期望的画面。自然语言描述，即采用简洁明了的语言，直接表达对画面的设想与期待，便能轻松生成画作。

例如，希望生成一幅如图 7-26 所示的站在樱花树下的少女图，Prompt 可以写作：
一位女性站在樱花树下，她穿着白色连衣裙，头发披散在肩上，眼神温柔而专注，背景中粉色花朵盛开，形成一片美丽的景色，写实风格。

图 7-26 站在樱花树下的少女图

排列关键词，即通过拆解与叠加关键词的方法，将画面细分为主体、细节词及风格修饰词，进而生成相应的画作。

例如，要绘制一张如图 7-27 所示的动漫风格美少女半身像，对应的 Prompt 语句可以写作：
美丽的少女，萌，半身像，二次元，动漫。

图 7-27 动漫风格美少女半身像

1. Prompt 语句基本公式

想要使用 Prompt 语句其实很简单，只需遵循以下基本公式即可。

$$\text{Prompt 语句} = \text{画面主题} + \text{细节词} + \text{风格修饰词}$$

例如，想生成一幅短发二次元可爱女生头像，对应的 Prompt 语句可拆解为画面主题（可爱女生）、细节词（短发）和风格修饰词（二次元）三部分，如图 7-28 所示。

图 7-28　短发二次元可爱女生头像

2. 优化 Prompt 语句

在基本掌握 Prompt 语句后，可以发挥想象力来优化 Prompt 语句，使文心一格绘制出更加惊艳的画作。这需要更清晰地描述画作细节。如果仅告知文心一格绘制"月光下的美丽少女"，它往往难以理解用户具体想要的人物形象。此时，可以通过完善 Prompt 语句来提升效果。

例如：添加刻画人物形象的细节词，如国风华服、动漫少女、面容精致、微笑、牡丹花头饰等；补充丰富画面场景的细节词，如月夜、月光柔美、祥云、花瓣飘落、星空背景等；加入提升画作整体质感的细节词，如多彩炫光、镭射光、浪漫色调、几何构成、丰富细节、绝美壁纸、唯美二次元等。通过这些具体细节词的添加，文心一格能更准确地理解用户需求，从而生成更符合预期的画作。

那么，此时的 Prompt 语句的公式就变成了：

Prompt 语句 = 基础词 + 人物形象描述 + 场景/道具/配饰细节 + 画面质感增强用词

3. Prompt 案例

动物类案例（图 7-29）：

Prompt 语句 = 主体词 + 动物形态细节 + 场景氛围 + 画面质感增强用词

植物类案例（图 7-30）：

Prompt 语句 = 主体词 + 植物形态细节 + 风格修饰词

场景类案例（图 7-31）：

Prompt 语句 = 主体词 + 修饰词 + 风格词 + 画面质感增强用词

图像生成　第 7 章

Prompt：
月球上的兔子带着墨镜

Prompt：
炫酷机甲兔子带着墨镜，在月球上，周围是飞船残骸，炫酷，高清画质

Prompt：
好看的彼岸花

Prompt：
彼岸花，晶莹剔透，梦幻艺术创想

图 7-29　动物类案例　　　　　　　　　图 7-30　植物类案例

Prompt：
游戏梦幻唯美新中式风景，超高清，细节刻画，沐浴在花瓣里，漫天花瓣，飘渺电影般环境，明亮清晰。

图 7-31　场景类案例

下面列举一些常用的 Prompt 语句词。

图像类型：古风、二次元、写实照片、油画、水彩画、油墨画、水墨画、黑白雕版画、雕塑、3D 模型、手绘草图、炭笔画、极简线条画、浮世绘、电影质感、机械感。

构图：中心构图、水平线构图、辐射纵深、渐次式韵律、三分构图法、框架构图、引导线构图、视点构图、散点式构图、超广角、黄金分割构图、错视构图、抽象构图。

艺术流派：现实主义、印象派、野兽派、新艺术、表现主义、立体主义、抽象主义、超现实主义、行动画派、波普艺术、极简主义。

插画风格：扁平风格、渐变风格、矢量插画、2.5D 风格插画、涂鸦白描风格、森系风格、治愈系风格、水彩风格、暗黑风格、绘本风格、噪点肌理风格、MBE 风格、轻拟物风格、等距视角风格。

个性风格：赛博朋克、概念艺术、蒸汽波艺术、Low Poly、像素风格、极光风格、宫崎骏风格、吉卜力风格、嬉皮士风格、幻象之城风格、苔藓风格、新浪潮风格。

人像增强：精致面容、五官精致、毛发细节、少年感、蓝眼睛、超细腻、比例正确、妆容华丽、厚涂风格、虹膜增强。

189

摄影图像：舞台灯光、环境光照、锐化、体积照明、电影效果、氛围光、丁达尔效应、暗色调、动态模糊、长曝光、颗粒图像、浅景深、微距摄影、逆光、抽象微距镜头、仰拍、软焦点。

图像细节：纹理清晰、层次感、物理细节、高反差、光圈晕染、轮廓光、立体感、空间感、锐度、色阶、低饱和度、CG渲染、局部特写。

7.3.4　图生图

"图生图"是指在"上传参考图"环节中，上传用户自选的参考图片，并辅以修饰词描述、艺术风格选择，以及明确不希望出现的内容，以此实现图片的二次创作。该模式能够为用户提供更丰富的灵感和更广阔的想象空间，使 AI 绘画更具个性化。

接下来，介绍如何通过上传自选参考图片生成具有艺术风格的图片。

进入"AI 创作"界面，选择"自定义"选项，填写关键词，选择 AI 画师，并上传预先准备好的参考图。需要注意的是，可以通过调整影响比重的数值来控制参考图对新图片的影响程度——数值越大，参考图的影响力越强。以比重 6 为例，操作界面如图 7-32 所示。单击生成后，所得结果如图 7-33 所示。

图 7-32　上传参考图　　　　　　　　　　图 7-33　生成结果

> **拓展阅读**　全球首次 AI 山水画作成功拍卖，落槌价 110 万元

2022 年 12 月 8 日，在朵云轩拍卖 30 周年庆典上，由百度文心一格续绘的民国才女陆小曼未尽稿，连同著名海派画家乐震文补全的同名画作《未完·待续》（图 7-34），以 110 万元的价格成功落槌（图 7-35）。此次拍卖标志着全球首例 AI 山水画作的成功交易，开启了数字艺术品拍卖的新篇章。

本场竞拍包括齐白石、张大千等名家作品，以及百度文心一格 AI 画作，开创了国内 AI 画作拍卖先例，推动了 AIGC 应用。百度文心一格依托其大模型和知识图谱，通过学习和创作过程，克服了绘画融合、可控性和高分辨率的挑战，创作出符合中国画风格的作品。它利用陆小曼的绘画和书法作品作为训练数据，保留了陆氏山水的独特风格，并通过先进技术实现了高分辨率。此外，AI 画作通过区块链技术上链存证，确保了数字资产的安全。

图 7-34　乐震文完成稿（左）、陆小曼未尽稿（中）、百度文心一格完成稿（右）

图 7-35　画作《未完·待续》以 110 万元落槌成交

7.4　习题

1. 填空题

1）生成对抗网络由_____和_____两部分组成。

2）Stable Diffusion 图片生成过程主要基于_____模型、_____模型和_____模型实现。

3）CLIP 模型是_____发布的一种视觉与语言的编码器模型，用于建立_____和

＿＿＿＿＿＿＿＿之间的联系。

4）CLIP 由＿＿＿＿＿＿＿＿编码器和＿＿＿＿＿＿＿＿编码器组合而成。

5）CLIP 模型将图像和文本视为＿＿＿＿＿＿＿＿的表达，并将它们映射到一个＿＿＿＿＿＿＿＿空间中。

6）扩散模型主要用于生成＿＿＿＿＿＿＿＿，它在图片压缩降维后的＿＿＿＿＿＿＿＿进行操作。

7）扩散模型的扩散分为＿＿＿＿＿＿＿＿过程和＿＿＿＿＿＿＿＿过程。

8）正向扩散过程在给定的图片上逐步添加高斯＿＿＿＿＿＿＿＿，直到图像变得完全无法识别。

9）＿＿＿＿＿＿＿＿过程将图片从添加了噪声的状态逐步还原为原始图像。

10）VAE 模型是一种＿＿＿＿＿＿＿＿模型，能够学习＿＿＿＿＿＿＿＿中数据的分布。

11）2021 年，＿＿＿＿＿＿＿＿推出了名为 DALL·E 的产品，DALL·E 拥有＿＿＿＿＿＿＿＿个参数。

12）DALL·E 2 仅有＿＿＿＿＿＿＿＿个参数，但在图像分辨率方面 DALL·E 2 是 DALL·E 的＿＿＿＿＿＿＿＿倍。

13）《太空歌剧院》这幅画是使用＿＿＿＿＿＿＿＿生成的。

14）文心一格是百度公司推出的基于＿＿＿＿＿＿＿＿的一款 AI 作画产品。

2. 简答题

1）如何用 CLIP 实现零样本学习分类？

2）简述 Stable Diffusion 的图片生成过程。

3. 操作题

1）使用文心一格自定义模式生成一幅野兔在田间奔跑的图。

2）使用文心一格上传自己选择的风景图片，生成艺术风格图片。

第 8 章

视频生成

知识目标

1. 熟悉 AI 视频生成的方式及应用。
2. 了解 Sora 和智谱清影视频生成工具。
3. 掌握虚拟数字人的基础知识。
4. 会使用智谱清影生成短视频。
5. 会使用腾讯智影生成数字人。

素养目标

1. 通过学习《千秋诗颂》应用案例,加强爱国主义教育,增强民族自信心、自豪感。
2. 通过视频生成大模型的学习,培养学生的奋斗精神和开拓创新精神。
3. 通过智谱清影和腾讯智影的使用,培养学生的 AI 工具应用能力。

案例导入 中国首部文生视频 AI 动画片《千秋诗颂》首播

2004 年 2 月 26 日,由中央广播电视总台精心制作的中国首部文生视频 AI 动画片《千秋诗颂》(见图 8-1)在央视综合频道(CCTV-1)正式播出。首集《别董大》巧妙融合了可控图像生成、人物动态生成、文生视频等前沿技术,生动再现了唐代诗人高适跌宕起伏的人生历程及其诗词创作故事,一经播出便引发热烈反响,首播收视率在所有上星频道动画片中独占鳌头。

《千秋诗颂》紧扣国家统编语文教材中的 200 多首诗词,依托中央广播电视总台"央视听媒体大模型",借助 AI 人工智能技术,将这些经典诗词转化为唯美的国风动画。节目首批推出了《咏鹅》等六集诗词动画,通过沉浸式体验,再现诗词中的家国情怀与人间真情,旨在让更多观众,尤其是青少年,深刻感受中华文脉的蓬勃生机与独特魅力,从而在内心深处树立起坚定的文化自信。

图 8-1 《千秋诗颂》画面

多位行业专家一致认为，《千秋诗颂》是一部将 AI 前沿技术与中华优秀传统文化传承成功融合的创新引领之作。中国动画学会会长马黎指出，这部文生视频 AI 作品的问世，完美地将科技与艺术相结合，生动展现了中华古诗词的悠远意境与国风色彩，具有深远的前沿引导意义。假以时日，科技将持续赋能中华传统文化的传播，催生出更多优秀的动漫艺术作品。

8.1 AI 视频生成的方式及应用

AI 视频生成技术以其独特的方式，从文本、图像、音频等多种元素出发，创造出令人惊叹的视频内容。无论是将文字描述转化为生动画面，还是借助智能算法为静态图片赋予动态生命，AI 视频生成都为我们开启了一扇通往无限创意的大门。

传统的视频制作往往需要耗费大量的时间、人力和物力，而 AI 视频生成技术则打破了这些限制，只需简单的输入或操作，便能在短时间内获得高质量的视频作品。AI 视频生成技术正以前所未有的速度改变视频创作领域，其强大的功能和广阔的应用前景为人们提供了更加便捷、高效的创作方式。

8.1.1 AI 视频生成的方式

AI 视频生成工具可通过多种方式生成视频，涵盖基于文本描述、图像、音频及视频模板等多种途径，每种方式均具备独特的特点和适用场景，为用户提供了丰富多样的视频创作选择。以下将介绍几种常见的方式。

1. 基于文本描述生成

用户只需输入一段文字描述，AI 工具即可根据这些文字信息生成相应的视频。例如，某些 AI 视频生成平台会将用户输入的场景、人物动作、对话等文字描述转化为具体的视频画面。对于有特定剧情或内容需求的较长视频，用户可先编写脚本，然后将脚本输入到支持该功能的 AI

工具中，AI 会依据脚本内容生成视频。

2. 基于图像生成

通过上传一张图片，AI 可以分析图片中的元素、风格等信息，并以此为基础生成包含动态元素或变化场景的视频。例如，从一张风景照片生成带有云彩飘动、水流流动等动态效果的视频。此外，将多张相关图片按照一定顺序和逻辑组合，AI 能够识别图片间的关联，并生成连贯的视频。这种方式常用于制作动画短片、故事绘本等。

3. 基于音频生成

将语音输入到 AI 工具中，AI 先对语音进行识别和分析，然后根据语音内容和情感生成匹配的视频画面。例如，输入一段讲解科学知识的语音，AI 生成对应的讲解视频，画面中可能包含相关图表、实验演示等。AI 工具还能根据音乐的节奏、风格和情感特点，生成具有相应视觉效果的视频。

4. 基于视频模板生成

AI 视频生成工具提供多种预设视频模板，用户可在模板基础上替换其中的文字、图片、视频片段等元素，快速生成个性化内容的视频。这种方式适用于制作广告宣传视频、社交媒体短视频等。除了替换内容，用户还可调整视频模板的参数，如时长、播放速度、画面色调等，以满足不同需求。

8.1.2 AI 视频生成的应用

随着人工智能技术的飞速发展，AIGC 技术正逐步渗透到视频生成领域，为内容创作带来前所未有的变革。AIGC 技术在视频生成领域的应用场景广泛，包括影视制作、广告营销、教育领域、游戏开发及虚拟社交等多个领域。

1. 影视制作

在影视制作领域，视频生成技术为创作者带来了前所未有的便利和创新空间。传统的影视拍摄往往需要耗费大量的人力、物力和时间，从场景搭建、演员调度到后期剪辑，每一个环节都充满了挑战。而借助视频生成技术，创作者只需输入简单的文本描述或提供一些关键元素，就能快速生成高质量的视频素材。

2. 广告营销

广告营销是另一个重要的应用领域。在当今竞争激烈的市场环境中，企业需要通过各种方式吸引消费者的注意力。视频生成技术可以根据产品特点和目标受众，快速生成个性化的广告视频。比如，针对不同年龄、性别、地域的用户群体，生成具有针对性的广告内容，提高广告的精准投放效果。此外，视频生成技术还可以实现广告视频的实时更新和优化，根据市场反馈及时调整广告内容，以适应不断变化的市场需求。

3. 教育领域

在教育领域中，视频生成也发挥着重要作用。教师可以利用该技术制作生动有趣的教学视频，将抽象的知识转化为直观的图像和动画，帮助学生更好地理解和掌握。例如，在讲解历史事件时，通过生成相关的历史场景视频，让学生仿佛身临其境，增强学习的趣味性和参与度。同时，学生也可以利用视频生成技术进行创意表达和实践操作，培养自己的创新能力和动手能力。

4. 游戏开发

游戏开发同样受益于 AIGC 的视频生成技术。游戏中的场景设计、角色建模、动画制作等都需要大量的时间和资源。视频生成技术可以根据游戏设定和剧情需求，快速生成各种游戏场景和角色动作，提高游戏的开发效率。而且，它还能为玩家提供更加个性化的游戏体验，根据玩家的游戏行为和偏好，生成独特的游戏剧情和任务，增加游戏的可玩性和吸引力。

5. 虚拟社交

虚拟社交领域也是视频生成技术的应用热点之一。随着虚拟现实和增强现实技术的发展，人们越来越倾向于在虚拟世界中进行社交活动。视频生成技术可以生成逼真的虚拟人物形象和场景，让用户在虚拟社交中拥有更加真实的体验。例如，用户可以创建自己的虚拟形象，与世界各地的朋友进行互动交流，参加各种虚拟活动。

8.2 视频生成大模型

目前，国内外视频生成大模型已取得显著进展。国外，OpenAI 公司的 Sora、Runway 公司的 Gen-2、Meta 公司的 Movie Gen 以及 Pika labs 公司的 Pika 等模型表现突出。国内，快手公司的可灵 AI、字节跳动的剪映 Dreamina、生数科技（联合清华大学发布）的 Vidu 以及智谱 AI 的智谱 CogVideoX 等模型同样引人注目。本节将重点介绍 OpenAI 公司的 Sora 和智谱 AI 的智谱清影这两款视频生成工具。

8.2.1 Sora

2024 年 2 月 15 日，OpenAI 推出了文本生成视频的大模型——Sora。Sora 能够根据文本描述，生成长达 60s 的高画质、真实且复杂的视频内容。它的问世，颠覆了传统视频创作模式，开创了视频大模型的新纪元，被誉为人工智能发展进程中的"里程碑"。

Sora 的发布标志着 OpenAI 在 AIGC 领域的又一重大布局。此前，OpenAI 已推出了用于生成文本的 ChatGPT 和用于生成图像的 DALL·E3，再加上 Sora，这三大产品共同构建了一个强大的 AIGC 产品矩阵。

相较于同类型的文生视频应用，Sora 的突出优势主要体现在三个方面：创造现实、超长长度和单视频多角度镜头。

（1）创造现实

Sora 输出的视频分辨率高、细节精细、色彩鲜明。OpenAI 官方发布了数十个示例视频，充分展示了 Sora "创造现实"的能力。例如，图 8-2 为 Sora 官网的一个视频截图，图中人物的瞳孔、睫毛、皮肤纹理都逼真到看不出一丝破绽，使得 AI 视频与现实的差距难以区分，仿佛是实拍而成。

Sora 生成的视频中，物体运动轨迹流畅自然，画面的清晰度和连贯性，宛如使用专业视频设备拍摄的效果（图 8-3）。

图 8-2　Sora 官网视频截图　　　　图 8-3　Sora 生成视频的截图

Sora 不仅具备生成视频的能力，还能理解和重构真实物理世界。如果说 ChatGPT 这类语言模型是通过语言大数据学习，模拟一个充满人类思维和认知映射的虚拟世界，堪称虚拟思维世界的"模拟器"，那么 Sora 则是在真实地理解和反映物理世界，堪称现实物理世界的"模拟器"。

（2）超长长度

在 Sora 问世之前，已有多种文本到视频生成模型，如 Google 的 Lumiere、Stability AI 的 SVD（Stable Video Diffusion），以及专注于多媒体内容创作的大模型如 Runway 和 Pika。Sora 的最大突破在于显著延长了文字生成视频的时长。在此之前，Runway Gen-2 最长能生成 18s 的视频，创下当时 AI 生成视频时长的最高纪录。相比之下，SVD 能生成 4s 视频，Pika 能生成 3s 视频，而 Sora 则能生成 60s 的视频，在视频时长方面遥遥领先于所有竞争对手。

（3）单视频多角度镜头

Sora 的另一大创新在于"单视频多角度镜头"的生成能力。一个视频中包含多角度镜头，才能确保主体的一致性。在 Sora 诞生之前，AI 文生视频工具通常只能"单镜头单生成"。Sora 生成的视频则具备多角度镜头的特点，即通过两台或更多摄影机对同一场面进行不同角度、不同方位的拍摄。多角度镜头让观众可以从多个视角观看画面，带来身临其境的体验，展现的空间更全面、视点更细腻、角度更开放、长度更自由。

除了文字生成视频，Sora 还支持视频到视频的编辑，包括向前扩展和向后扩展。Sora 能从现有视频片段出发，通过学习其视觉动态和内容，生成新帧以延长视频时长。这意味着它可以制作出多个版本的视频开头，每个开头内容各异，但都能平滑过渡到原始视频的特定点。同样，Sora 也能从视频的某一点开始，向后生成新帧，将视频延长至所需长度，创造出多种结局，每个结局均从相同起点出发，但导向不同情景。Sora 的时间扩展功能为视频编辑和内容创作提供了前所未有的灵活性和创造性，使创作者能按意图制作具有特定结构和风格的视频作品。

8.2.2 智谱清影

智谱清影是智谱 AI 于 2024 年推出的一款 AI 视频生成工具。它依托自主研发的视频生成大模型 CogVideoX，现已支持文生视频和图生视频，广泛应用于广告制作、电影剪辑、短视频制作等领域。

发布后的智谱不断进行产品迭代。2024 年 11 月，智谱清影迎来了大规模升级。升级后的智谱清影具备高达 4K 分辨率和 60 帧率，同时新增可变尺寸功能及多通道生成能力（同一指令或图片可一次性生成 4 个视频）。尤为重要的是，新智谱清影在质地上实现了显著提升——制作的视频自带音效，能够依据视频内容自动生成音效、节奏等音乐元素。基于 GLM-4V 的视频理解能力，智谱清影能准确识别并理解视频背后的语义和情感，进而生成与之匹配的音频内容，涵盖爆炸、水流、乐器、动物叫声、交通工具声等复杂音效。

升级后的智谱清影在图生视频方面展现出更优的美学表现，能更生动地展示运动的合理性，对复杂提示词语义的理解能力显著增强。其人物面部、表演细节、动作连贯性和物理特性的模拟更为精准，提升了视频的动态真实感，每一根纹路都被细腻捕捉，进一步提高了视频的自然度和逼真度。图 8-4 为智谱清影官网提供的视频截图。

a) 还原物理规律

b) 动物毛发及表情

c) 逼真的面部肌肉细节

d) 清晰的纹理呈现

图 8-4　智谱清影官网的视频截图

8.3 操作实践 使用智谱清影生成视频

本节以智谱清影为例，学习 AI 视频生成工具生成视频的两种基本操作——文生视频、图生视频。

8.3.1 智谱清影的使用

首先，访问智谱清言官方网站（ChatGLM.cn/video），或打开智谱清言 App 并登录账号。在网页或 App 中，选择"清影-AI 生视频"选项，单击进入后，界面如图 8-5 所示。

图 8-5 "清影-AI 生视频"界面

使用清影 AI 生成视频操作非常简便，以"文生视频"功能为例，具体步骤如下。

1）输入文字描述：单击图 8-5 所示界面右上角的"文生视频"按钮，在"灵感描述"框中输入创意的文字描述。清影大模型将根据文本描述，将文字转化为视频画面。

2）进行基础参数选择：生成模式分为"更快"和"质量更佳"两种，默认为"更快"；视频帧率可选默认或 60 帧；视频比例有 16：9、9：16、1：1、3：4、4：3 五种模式，默认为 16：9。

3）进阶参数选择：包括视频风格、情感氛围、运镜方式三项，另提供 AI 音效选择，进阶参数默认为无。

视频风格：可在卡通 3D、黑白老照片、油画、电影感等多种风格中选择（见图 8-6），不同风格适用于不同的创作主题和氛围。

情感氛围：提供温馨和谐、生动活泼、紧张刺激、凄凉寂寞等选项（见图 8-7），用于表达画面的不同情感。

运镜方式：可选水平、垂直、推近、拉远等多种方式（见图 8-8）。

AI 音效：智谱清影支持为视频添加背景音乐，如安静、轻松欢快、伤感、史诗、搞怪等类型，用户可根据视频风格和情感进行选择，此步骤为可选。

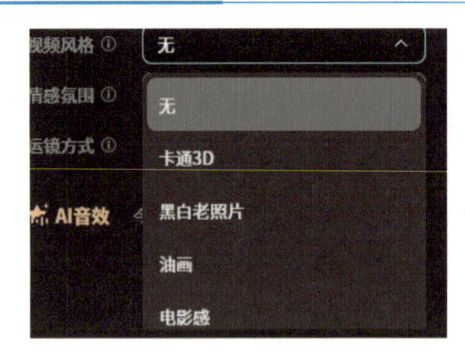

图 8-6　视频风格选项　　　　　图 8-7　情感氛围选项

图 8-8　运镜方式选项

示例：

假如要生成一个奇幻冒险的视频，在"灵感描述"框中输入场景的提示词："在一个神秘的古老森林里，主角手持宝剑，周围是闪烁着奇异光芒的魔法生物，天空中盘旋着巨大的飞龙，主角小心翼翼地探索着这个未知的地方"。参数选择都采用默认。

4）生成视频：单击"生成视频"按钮，约 1 分钟（偶尔有波动）后即可生成 5 秒视频，智谱清影在 30 秒内可完成视频生成。示例中的奇幻冒险视频如图 8-9 所示。

图 8-9　奇幻冒险视频

8.3.2 文生视频

在清影 AI 的"灵感描述"框中输入创意的文字描述，清影大模型将依据该文本描述将文字转化为视频画面，此类文字描述被称作提示词。当提示词具备清晰的结构时，其提示效果最为显著。

1. 智谱清影提示词的结构

智谱清影的官网上介绍了提示词的简单公式和复杂公式两种结构，公式如下。
简单公式：［摄像机移动］+［建立场景］+［更多细节］
复杂公式：［镜头语言］+［光影］+［主体（主体描述）］+［主体运动］+［场景（场景描述）］+［情绪/氛围/风格］

其中，复杂公式的结构由多个要素构成，下面分别予以介绍。

1）镜头语言。镜头语言是通过镜头的应用、衔接和切换来传递故事或信息，营造特定视觉与情感氛围的描述形式。例如，镜头的运动形式包括平移、推近、拉远、升降拍摄，以及摇摄、跟随拍摄、手持拍摄、无人机航拍等。不同的镜头运动能够引导观众视线，对视频元素进行强调或弱化，赋予视频不同的情感色彩。缓慢的推近镜头可以营造出紧张或好奇的氛围，而拉远镜头则能展示宏大的场景或人物与环境的关系。

2）光影。光影是赋予摄影作品灵魂的关键要素。恰当运用光影可以使照片更具深度和情感。例如，常见的光影效果有自然光、丁达尔效应、柔和散射、硬光直射、逆光剪影、三点布光等。自然光适合营造自然、真实的感觉，可根据不同时间（如清晨、傍晚）调整画面氛围；丁达尔效应（一束光线透过胶体或悬浮物形成的光亮通路）能够营造出神秘、神圣的氛围，常用于表现超自然或富有艺术感的场景。

3）主体。主体是视频的主要表现对象，如儿童、狮子、向日葵、汽车、城堡等实体均可成为主体。主体描述是对主体外貌细节和肢体姿态等的描绘，如人物服饰、动物毛色、植物颜色、物体状态和建筑风格等。以在公园玩耍的小女孩为例，主体是小女孩，主体描述可为：她穿着粉色连衣裙，扎着马尾辫，脸上洋溢着开心的笑容，正在追逐彩色蝴蝶。

4）主体运动。主体运动描述的是主体的运动状态，包括静止和运动等情况，并需考虑运动状态在 6s 视频内展现画面的合理性。例如，主体是汽车，主体运动可描述为：汽车以平稳速度在公路上行驶，行驶中偶尔轻微晃动，似在避让路面的小坑洼。

5）场景。场景是主体所处的环境，涵盖前景、背景等。场景描述是对主体所处环境的细节描绘，如都市环境、乡村风光、工业区等。若主体是在古老城堡内准备举行婚礼的新人，场景则是古老城堡内部，场景描述可为：城堡内部有高耸的穹顶，四周墙壁挂着中世纪挂毯，地面铺着彩色大理石地砖，阳光透过彩色玻璃窗洒在地面，营造出梦幻而庄重的氛围。

6）情绪/氛围/风格。这是对预期视频画面氛围的描述，如喧嚣繁忙、悬疑惊悚、宁静舒适等。不同的氛围能够使观众产生不同的情感共鸣。例如，温馨怀旧氛围的视频画面通常充满了柔和的色调和温暖的色彩，如淡黄、浅棕或米色等，营造出一种舒适而亲切的感觉。画面中的元素可能包括旧时的物品、场景或人物，以及与之相关的温馨回忆。悬疑惊悚氛围适用于恐怖片或神秘探索类视频，能够让观众感到紧张、好奇，增加观看的吸引力。

2. 提示词的优化

要生成高质量的视频画面，编写高质量的提示词至关重要。提示词应采用简洁明了的语言，描述需具体明确，且符合物理规律。

（1）编写提示词的步骤

1）明确需求。在编写提示词之前，必须清晰界定视频创作的具体需求。例如，若制作悬疑剧情类短视频，所有提示词要素都应围绕该主题展开。所需氛围应为悬疑惊悚，镜头语言可选用不稳定的手持拍摄或突然拉远全景以制造悬念，场景则选择阴暗小巷等符合悬疑风格的环境，而非阳光明媚的操场。

2）细化场景描述。对场景进行详尽描述，涵盖地点、人物形象、动作等细节，细化提示词的各项要素。以主体为例，不能仅泛泛描述为人物，而应细化至人物的发型、穿着、携带物品及独特外貌特征等。对于主体运动，如汽车行驶，不仅要指明行驶方向，还需描述速度变化及是否受外界因素影响（如躲避障碍物），以便 AI 更精确地构建视频画面。

3）强化镜头语言。镜头语言通过摄像机的移动或焦距变化来表现画面内容。常用的镜头运动包括推、拉、摇、移、升、降等，每种运动都有其特定作用和效果。例如：推镜头可逐步聚焦于某一角度的面部表情，突出角色情感变化；拉镜头则可逐渐远离主体，展示环境或背景，形成主体静止而背景变化的视觉效果。

4）多轮优化。初步编写提示词并生成视频后，需根据生成效果与预期差距进行调整和优化。若视频在人物表情或场景氛围方面未达预期，应有针对性地修改主体描述或氛围设定部分的提示词，并再次生成。不断重复此过程，直至获得满意的视频效果。

（2）提示词优化原则

1）强调关键信息：在提示词的不同部分重复或强化关键词，有助于提升输出的一致性。例如，描述"摄像机以超高速镜头快速飞过场景"时，"超高速"和"快速"即为重复强调的关键词。

2）聚焦出现内容：尽量让提示词集中在场景中应呈现的内容上。例如，应提示"晴朗的天空"，而非"没有云的天空"。

3）规避负面效果：为保障视频生成质量，可在提示词中明确指出不需要的效果。例如，写入"不出现扭曲、变形的场景"。

> **小技巧：**
> 为了帮助大家快速上手，智谱清影特别制作了一个智能提示词生成工具。只需输入简单的场景描述，即可获得三个优质的提示词，具体如图 8-10 所示。

图 8-10　文生视频专用提示词生成工具

3. 示例

（1）示例 1

提示词：在霓虹灯闪烁的赛博朋克风格城市夜景中，手持跟拍的镜头缓缓推进，一个小男孩坐在破旧的咖啡桌前，专注地品尝着一杯热咖啡。他的眼睛反射着屏幕的冷光，周围是高科技的电子设备和闪烁的代码，赛博朋克风格，4K 高清。

生成的视频截图如图 8-11 所示。

图 8-11　示例 1 视频截图

（2）示例 2

提示词：河上的石拱桥被郁郁葱葱的绿树环绕，阳光透过绿树照射在河面一艘古老中式船上的船夫身上，水面映照着晨曦的光辉。中景，旋转拍摄，8K 电影级。

生成的视频截图如图 8-12 所示。

图 8-12　示例 2 视频截图

8.3.3 图生视频

除了文生视频功能，清影还能实现图生视频功能。在"清影-AI生视频"界面中，单击"图生视频"选项，即可切换至图生视频操作界面，具体如图 8-13 所示。

1. 操作步骤

图生视频的操作步骤如下。

1）上传图片：上传一张或多张静态图像作为生成视频的素材，如风景照、人物肖像或具有故事性的图片等。注意，尽量选择清晰的照片，因为原图的清晰度不足会影响模型对图片的识别效果。可以选择输入一张图片并附加相应的提示词，清影大模型将根据提示词将图片转化为视频画面。此外，也可以仅输入一张图片，清影大模型将自主发挥想象力，将图片扩展成一段富有故事性的视频。

2）设置参数：在基础参数选项中，生成模式提供了"更快"和"质量更佳"两种选择，系统默认为"更快"模式；分辨率设有"默认"和"4K"两个选项；视频帧率可选默认或 60 帧；生成时长有 5 秒、10 秒、16 秒三种选择，默认为 5 秒时长。与文生视频功能类似，AI 音效也是可选的。

3）生成视频：单击"生成视频"按钮后，系统将排队处理，大约 1 分钟（时间可能有所波动）后即可获得生成的视频。

2. 示例

选择输入一张机器人的图片，如图 8-14 所示，在无提示词的情况下，参数都为默认设置，生成视频是机器人漫步行走，如图 8-15 所示。

图 8-13　图生视频操作界面

图 8-14　机器人图片

图 8-15　无提示词生成的视频截图

加上提示词"机器人跳着舞向前走去"，参数设置仍为默认，生成视频截图如图 8-16 所示。

图 8-16　机器人跳着舞向前走去

小技巧：
为了让用户迅速掌握操作，智谱清影精心制作了一款智能提示词生成工具，专门用于生成图生视频的专业提示词。只需输入图像主体，并选择相应的图像风格，即可轻松获取高质量的提示词，具体如图 8-17 所示。

图 8-17　图生视频专用提示词生成工具

8.4　虚拟数字人

随着科技的迅猛进步，我们正经历着数字化和虚拟化的深刻变革。在这样的时代背景下，虚拟数字人应运而生，并在各个领域扮演着日益重要的角色。

8.4.1　虚拟数字人介绍

虚拟数字人简称数字人，是通过数字技术精心打造的、与人类形象高度相似的数字化人物

205

形象。这类虚拟数字人不仅拥有与真人相似的外貌、性格和穿着等显著特征，还兼具数字人物和虚拟角色的双重身份。它们能够以虚拟偶像、虚拟主播、虚拟客服等多种角色身份，积极参与广泛的社会活动。

1. 数字人的特征

（1）高度仿真

数字人的外貌、表情和动作与现实人类高度相似，甚至难以区分。它们可以通过真人驱动或智能系统驱动，拥有类人动作及感知能力，从而实现与真实世界的交互。例如，在影视制作中，利用动作捕捉技术，真人演员的动作和表情可以被采集处理后赋予数字人角色。

（2）多种交互能力

数字人具备强大的交互能力，分为交互型和非交互型两类。交互型数字人由智能系统驱动，拥有类人动作及感知能力，能够实现与真实世界的交互，如数字客服能回答用户咨询并提供相应建议。非交互型数字人则依据目标文本生成对应的人物语音及动画，合成音视频呈现给用户。

（3）个性化定制

数字人具备强大的个性化定制能力，可根据用户的喜好、习惯和需求进行智能化推荐。例如：在品牌营销中，数字人可根据品牌定位和目标受众差异化定制自身形象、语言风格、行为模式，更好地服务于品牌推广；在教育领域，可根据不同学生的学习进度和兴趣爱好，制定个性化学习辅导方案，为每个学生提供独特的学习体验。

（4）智能化表现

数字人展现出高度的人性化表现，能准确模拟人类的语言、动作和情感，带给用户亲密的交流感。同时，数字人拥有强大的自然语言处理能力，能识别和理解人类语言，并给出相应回复和建议。例如：医疗领域的数字医护能与患者交流，提供合理的诊断与健康建议，宛如真人医护般提供人性化服务；客服数字人则能理解用户咨询内容，提供准确解决方案，带来良好的交互体验。

2. 数字人的分类

数字人是一种融合多种技术构建而成的系统，其分类方式丰富多样。以下将按照外观、用途和智能级别对其进行详细分类。每一类数字人都具备独特的技术特性和应用价值。

（1）根据外观分类

从视觉呈现效果的角度，数字人可分为 2D 和 3D 两种形式。

1）2D 数字人。纯 2D 数字人的典型应用包括早期的网络虚拟偶像，以及应用程序和小程序中的简单 2D 虚拟角色等。2D 数字人以 2D 平面图像的形式展示，涵盖手绘或计算机生成的 2D 卡通形象。其优势在于创作过程简便、灵活，所需存储空间较小，计算量和渲染负荷也相对较低。然而，由于视觉效果和交互能力有限，纯 2D 数字人的应用场景正逐渐减少。

2）3D 数字人。3D 数字人广泛应用于虚拟主播、数字艺人等场景，这些数字角色通过构建 3D 人体模型来呈现。3D 人体模型可通过 3D 建模或 3D 扫描技术构建。尽管 3D 数字人的视觉效果更为丰富，但制作过程更为复杂，计算量也显著增加。相较于 2D 数字人，3D 数字人具备更强的代入感和交互性，更适合对外观真实性要求较高的应用场景。

此外，根据逼真程度，3D 数字人还可细分为精准 3D 数字人和非精准 3D 数字人。前者逼真度更高，适用于对真实感要求严格的应用场景。随着 3D 数字人技术的不断进步，未来有望出现更高精度的数字人。

（2）根据用途分类

从应用场景的角度出发，数字人可划分为两大类：娱乐休闲型数字人和商业工作型数字人。

1）娱乐休闲型数字人。娱乐休闲型数字人主要针对大众娱乐、游戏等非专业化领域。其显著特征在于外观与形象活泼多样，角色设定尤其注重创新与趣味性。典型示例包括虚拟偶像和网络游戏角色。这类数字人对交互实时性有较高要求，需具备逼真的视觉效果和流畅的动作表现，同时需拥有一定的人格魅力，以吸引目标用户群体。总体而言，这类数字人以提供乐趣和正向情感为核心，其设计自由度相对较高。

2）商业工作型数字人。商业工作型数字人适用于教育、客服、金融等专业领域。它们需具备专业知识，以胜任实际工作任务。其形象设计相对简洁、规范，核心优势在于强大的交互能力而非外观。这类数字人需具备出色的对话理解、知识表达和推理能力，以高效处理专业问题，并需具备持续学习的能力，以不断提升专业水平。总体来看，商业工作型数字人以实用性为设计核心，其设计必须紧密围绕专业需求展开。

随着数字人技术的不断进步，不同类型数字人之间的界限将日趋模糊，数字人的应用范围也将愈发广泛。

（3）根据智能级别分类

从智能级别的角度来看，数字人可分为交互型数字人和自主思考型数字人。

1）交互型数字人。交互型数字人简单易用，技术门槛较低。它们无法理解复杂语义或进行自主思考，只能依据预设模式进行语音或动作响应，实现一定程度的人机交互。交互型数字人仅具备基本的听觉和视觉交互能力。

2）自主思考型数字人。自主思考型数字人集成了自然语言理解、知识表达、自动推理等更为强大的人工智能技术，能够进行复杂的语义分析，利用知识库进行自主回应，并做出独立判断。自主思考型数字人的交互方式更加开放和智能，用户可以与其进行更多样、更深入的交流。自主思考型数字人需要持续学习，以满足更自然、更深入的交流需求。

目前，大多数数字人仍属于交互型范畴，与理想的自主思考型数字人标准尚有较大差距。随着技术的不断进步，未来数字人将逐步从有限交流向自主、自然交流方向发展。这将大幅度拓宽数字人的应用场景，使其能够真正帮助和服务人类。

3. 数字人的应用场景

数字人技术已在娱乐、教育、客服等多个领域获得广泛应用，不同领域对数字人的需求各有差异，数字人通过扮演多样化角色为人类带来丰富体验。目前，数字人发展的重点在于深入挖掘针对特定场景的定制化解决方案。

（1）娱乐场景

娱乐领域是数字人技术当前的主要应用领域之一。娱乐场景可细分为游戏和虚拟社交等多个类别，不同娱乐场景对数字人的视觉效果和交互方式有着不同的要求。

1）游戏中的数字人。数字人在游戏角色设计领域得到广泛应用。相较于传统手工制作，数字人技术能够快速设计和优化游戏角色，显著降低制作成本。此外，众多沉浸式游戏借助数字人创建逼真的三维场景和角色，极大提升了游戏的可玩性和趣味性。随着元宇宙的兴起，数字人正逐步成为连接虚拟世界与现实世界的桥梁。

2）虚拟社交平台中的数字人。在虚拟社交平台中，数字人主要以虚拟偶像、网络名人等形式存在。这些数字人凭借其独特的虚拟形象，在平台上进行在线歌舞表演、与观众互动等活动，吸引用户。用户可以在虚拟社交平台上与他们的虚拟偶像进行交流。相较于真人，虚拟偶像更易于个性化设计，并能提供 7×24 小时的不间断陪伴。因此，虚拟偶像已成为新兴的网络文化现象，未来，该领域仍具有巨大发展潜力，相应的虚拟社交和经济平台正高速发展。

（2）教育场景

数字人技术的一个重要应用领域是教育。教育辅助数字人和虚拟教师正在革新传统的教学模式，它们能够提供个性化且持续的教学服务，并以更生动、更形象的方式传递教学内容。

1）教育辅助数字人。在教育场景中，教育辅助数字人扮演着助教或导游的角色。例如，数字导游可以在科技馆或展览馆中使用，其讲解相较于传统的音频讲解更具趣味性和互动性，从而为学生提供更优质的学习体验。此外，数字助手还能协助教师进行日常的教学辅助工作，如引导学生提问、检查作业，这在一定程度上减轻了教师的工作负担。

2）虚拟教师。相较于教育辅助数字人，独立的虚拟教师能够完全承担教学任务。它们能进行直观的知识讲解和案例分析，有助于提升学生的学习兴趣。虚拟教师还能进行个性化教学，针对不同学生的需求进行定制化的知识传授，未来有望与人类教师协同合作，共同开展教学活动。

尽管数字人在教育领域的应用仍需进一步改进，特别是在扩展知识库和增强交互能力方面，但可以预见，未来数字教师将广泛应用于教育领域，推动教育模式的深刻变革，并助力学生实现轻松、个性化的学习。

（3）客服场景

数字人目前的主要商业应用场景之一是客服。它们可以部分取代人工客服，提供 7×24 小时不间断的服务。

1）虚拟客服。虚拟客服扮演着传统人工客服的角色，能够解答用户提出的各种问题，提供专业的服务。它们运用自然语言理解技术、知识库查询等手段来解析用户需求并给出精准回复。相比人工客服，虚拟客服能够提供统一且持续的服务，不受疲劳影响，并且具备随时学习的能力。

2）在线服务助手。在线服务助手这类数字人可以为用户提供定制化的服务。它们能够监控用户行为，主动询问是否需要帮助，并提供个性化的建议。同时，它们还能了解用户的兴趣、爱好，进行更具针对性的交流。在未来，这些数字人将成为用户的"私人助理"。

数字人客服能够提供更优质、成本更低的客户服务，逐渐替代人工客服，成为企业数字化转型的重要组成部分，并将推动服务业的变革与升级。

8.4.2 虚拟数字人生成工具

在人工智能技术迅猛发展的背景下，虚拟数字人应运而生，并逐渐成为公众关注的焦点。为满足不断增长的市场需求，众多虚拟数字人相关的工具和平台纷纷涌现，旨在帮助用户轻松打造各类虚拟形象。以下介绍几款常用的虚拟数字人生成工具和创作平台。

1. 腾讯智影

腾讯智影是腾讯公司推出的一款基于人工智能技术的虚拟数字人生成工具。该工具凭借 AI 文本、语音和图像生成技术，能够迅速创建逼真的 2D 和 3D 虚拟数字人。用户只需提供少量信息，腾讯智影即可自动生成数字人的外观、动作和语音。

除了数字人播报、文本配音、AI 绘画等强大的 AI 功能，腾讯智影还提供了一系列智能小工具，包括视频剪辑、智能抹除、形象与音色定制、文章转视频、字幕识别、写作助手、智能抠像、智能画布、视频解说、视频审阅等，功能丰富多样，如图 8-18 所示。

图 8-18　腾讯智影

腾讯智影的形象与音色定制功能，不仅支持用户定制数字分身、复刻声音，还能将用户上传的照片转化为数字人。其操作简便、效率高，提供了丰富的模板和素材样式，使得普通用户也能轻松创建虚拟数字人。腾讯智影生成的数字人模型细节精细，口型与语音同步效果优质。

此外，腾讯智影还配备了智能语音识别技术，能将音频转换为文字，便捷地用于数字人视频的字幕制作。用户还可借助其云端资源进行高效并行处理，显著缩短数字人视频的处理时长。

2. 有言

有言是由魔珐科技推出的一站式 AIGC 视频创作平台，专注于利用 AI 数字人技术革新传统视频制作流程。该平台能够根据用户输入的文字，迅速生成 3D 动画、场景及虚拟形象，实现从脚本到成片的自动化生产。平台提供海量高精度的虚拟角色库，支持对人物外貌、服装、发型等细节进行个性化定制，并能结合品牌需求打造专属的数字人形象。有言视频创作界面如图 8-19 所示。

图 8-19　有言视频创作界面

有言 AI 无需真人出镜和专业设备，用户只需输入文案，即可生成包含数字人口播、场景切换及智能剪辑的完整视频。有言 AI 还支持多语言配音和字幕编辑，打破语言传播障碍。此外，有言 AI 集成了丰富的字幕模板、动效贴纸、背景音乐及片头片尾素材库，可一键优化视频的节奏与视觉效果。

有言 AI 的应用场景广泛，无论是个人创作者还是企业从业者，从市场营销到教育培训，从品牌宣传到社媒讲解，有言 AI 均能高效产出专业级内容，助力用户更好地实现视频内容生产。

3. 来画

来画是由深圳前海手绘科技公司推出的智能工具，专为创作动画和数字人而设计。它能快速生成超写实的数字人，并整合了数字人直播、IP 数字化系统、口播视频、在线动画设计、文字绘画等产品功能。依托正版素材库，来画轻松实现一站式创作创意内容，助力创作者将灵感变为现实。来画数字人视频创作界面如图 8-20 所示。

图 8-20　来画数字人视频创作界面

来画的数字人产品涵盖三大核心功能：数字人直播、数字人定制和数字人口播。数字人的生成过程简洁高效，无须专业技能即可轻松操作，为企业和个人提供便捷的数字形象创作服务。目前，来画已广泛应用于直播、电商等领域。

来画的数字人生成功能，界面直观、操作简便，非常适合初学者使用。用户只需提交文字、图片、语音等信息，即可快速生成与需求相匹配的数字人形象。来画的数字人生成功能具备以下优势。

1）海量模板素材：提供超过 100 万种免费素材、丰富多样的数字人形象及海量背景模板，轻松适配多种应用场景。

2）三种口播创作模式：支持三种数字人口播创作模式，用户可自由选择全身、半身、小视窗等多种展示布局。

3）简单易用、学习成本低：网页应用程序设计简洁易用，支持多端操作和实时在线编辑视频，初学者能够快速上手。

8.5 操作实践　使用腾讯智影创建数字人

"数字人播报"是由腾讯智影数字人团队精心研发，并经过多年持续优化推出的在线智能数字人视频创作功能，旨在让更多人能够借助数字人技术高效实现内容产出，轻松制作播报视频。本节将介绍使用"数字人播报"功能创建 AI 虚拟数字人视频的具体操作步骤。

> 8.5　操作实践　使用腾讯智影创建数字人

1. "数字人播报"界面

访问腾讯智影主页（https://zenvideo.qq.com）并登录，单击"数字人播报"，即可进入如图 8-21 所示的页面。

图 8-21　"数字人播报"功能页面

"数字人播报"功能页面划分为七个板块，用户可通过各板块的功能，顺利完成数字人视频的创作。

1）主显示/预览区：又称预览窗口，用户可在此选择画面上的任意元素，并在右侧弹出的编辑区中进行调整，涵盖文字（大小、位置、颜色）、数字人（内容、形象、动作）、背景及其他元素等。预览窗口底部设有视频画布比例调整和数字人字幕开关控制功能。

2）轨道区：位于预览区下方，单击"展开轨道"按钮后，可对数字人视频进行精细化的轨道编辑。在此区域，用户可调整各元素的位置关系和持续时间，并精确编辑数字人轨道上的动作插入位置，如图 8-22 所示。

图 8-22　轨道编辑

3）编辑区：与预览区中选定的元素紧密关联，默认展示"播报内容"选项卡，用户可在此调整数字人的驱动模式及口播文案。

4）工具栏：页面最左侧设有工具栏，用于在视频项目中添加各类新元素。功能包括选择应用官方模板、新增页面、替换图片背景、上传媒体素材，以及添加音乐、贴纸、花字等。单击相应工具按钮后，相关选项将在工具栏右侧的面板中呈现。

5）工具面板：与左侧工具栏相呼应，展示所选工具的具体使用选项。用户可通过单击右侧的收缩按钮来折叠工具面板，以优化操作界面。

6）文件命名区：位于页面顶部，便于用户编辑文件名称，并实时查看项目文件的保存状态。

7）合成按钮区：当数字人视频编辑完成后，单击"合成视频"按钮即可生成最终视频。生成的数字人视频将包含动态动作及精准匹配的口型画面。

2. 选择模板

"数字人播报"功能页面提供了丰富的特定场景模板，用户可直接选择，以提升创作效率。具体操作步骤如下。

1）在工具栏中单击"模板"按钮，展开"模板"面板，切换至"横版"选项卡，选择相应的数字人模板，如选择"活动方案策划书PPT"模板。

2）操作完成后，系统将弹出对话框，用户可在此预览该数字人模板的视频效果，如图8-23所示，单击"应用"按钮即可。

3）执行操作后，将弹出"使用模板"对话框。单击"确定"按钮，即可替换当前轨道中的模板，如图8-24所示。若模板页数过多，可在"PPT模式"面板中进行适当删减。

图 8-23　数字人模板的视频效果　　　　图 8-24　使用模板

3. 设置形象

腾讯智影的每个数字人均配备了多套服装、姿势、形态和动作，并支持更换画面背景。以下介绍设置数字人人物形象的具体操作步骤。

1）在工具栏中单击"数字人"按钮，展开"数字人"面板，切换至"预置形象"选项卡，选择所需的数字人形象，即可更改当前PPT页面中的数字人形象，如图8-25所示。采用相同的操作方法，在"PPT模式"面板中，替换轨道区中其他PPT页面的数字人形象。

图 8-25　改变所选 PPT 页面中的数字人形象

2）在轨道区中选择第一页 PPT，然后在预览区中选择数字人。接着，在编辑区的"数字人编辑"选项卡中挑选不同的服装，即可轻松更改数字人的服装，如图 8-26 所示。采用相同的操作步骤，为其他 PPT 页面的数字人进行服装更换。

3）在"形状"选项区中，除了默认的全身形象，系统还提供了四种不同形状的展示效果：圆形、方形、星形和心形，如图 8-26 所示。这些形状基于蒙版原理，能够遮罩形状外的数字人身体部分。用户可以通过拖曳白色方框，灵活调整数字人在形状中的位置。

图 8-26　数字人编辑

4）在预览区中选择数字人，然后在编辑区切换至"画面"选项卡。设置"X 坐标"参数为 406、"Y 坐标"参数为 175、"缩放"参数为 107%、"亮度"参数为 2，以调整数字人的位置、大小和亮度，具体操作如图 8-27 所示。采用相同的步骤，为第三页 PPT 中的数字人配置相同的画面效果。

4. 修改内容

完成数字人形象的设置后，单击"返回内容编辑"，可在"播报内容"文本框中输入或修改相应内容，并支持对于播报内容的精细化调整，具体操作方法如下。

1）选择第一页 PPT，切换到编辑区的"播报内容"选项卡，在文本框中修改相应的文字内容，如图 8-28 所示。

图 8-27　数字人画面设置　　图 8-28　"播报内容"选项卡

2）在"播报内容"选项卡底部单击 铃兰 1.2x 按钮，弹出"选择音色"对话框，在其中对场景、性别和年龄进行筛选，并选择一个合适的女声音色，如图 8-29 所示。单击"确认"按钮，即可修改数字人的音色。

图 8-29　选择数字人的音色

在"选择音色"对话框中，单击"定制专属音色"按钮，进入相应功能页面。用户可以在此上传音频文件，并训练声音模型，实现声音克隆效果。

3）单击"保存并生成播报"按钮，即可根据文字内容生成相应的语音播报，如图 8-30 所示。

4）采用相同的操作方法，修改第二、三页 PPT 中的文字内容，并生成相应的语音播报。

图 8-30　生成语音播报

> **小技巧：**
>
> 将鼠标光标置于文字末尾，单击"插入停顿"按钮，在弹出的列表框中选择"停顿（0.5秒）"选项。执行此操作后，文字末尾将添加一个停顿标记，数字人播报至此时会暂停 0.5 秒再继续朗读。

5. 编辑文字

用户可自由编辑数字人视频中的文字效果，涵盖新建文本、调整文本内容、更改文本样式等多项操作，具体步骤如下。

1）选择第一页 PPT，在预览区中选择相应的文本，在编辑区的"样式编辑"选项卡中，选择喜欢的字体，也可以设置字符的颜色和字号，如图 8-31 所示。

2）在工具栏中单击"文字"按钮，展开"文字"面板，在"花字"选项卡中选择一种花字效果，即可新建一个默认文本，如图 8-32 所示。

图 8-31　"样式编辑"选项卡　　图 8-32　选择一种花字效果

3）在编辑区的"样式编辑"选项卡中，输入相应的文本内容，设置"颜色"为 E21212、"字号"参数为 30，调整字符属性，并在预览区中适当调整文本的位置，如图 8-33 所示。

图 8-33　设置"字符"颜色、字号和位置

4）在轨道区中，调整文本的时长，使其与该 PPT 页面的数字人素材时长一致。
5）执行操作后，在预览区中选择相应的文本，在编辑区的"样式编辑"选项卡中修改汇报人的名字。
6）使用同样的操作方法，修改第二页及以后的 PPT 页面中的相应内容。

6. 设置字幕

用户可以开启"字幕"功能，在数字人视频中显示语音播报的同步字幕内容，具体操作方法如下。

1）选择第一页 PPT，在预览区右下角开启"字幕"功能，即可显示字幕，如图 8-34 所示。
2）选中"字幕"，切换至"字幕样式"选项卡，选择一个合适的预设样式，并将"字号"参数设置为 40，如图 8-35 所示，以改变字幕的样式效果。

图 8-34　开启"字幕"功能　　　　图 8-35　设置字幕样式

3）使用与上述相同的操作方法，调整 PPT 其他页面中的字幕效果。

7. 合成视频

当用户设置好数字人视频内容后，即可单击"合成视频"按钮快速生成视频，具体操作方法如下。

1）在"数字人播报"功能页面的右上角，单击"合成视频"按钮，如图 8-36 所示。

图 8-36　合成视频

2）执行操作后，弹出"合成设置"对话框，输入相应的名称，单击"确定"按钮，如图 8-37 所示。

3）弹出功能消耗提示信息，单击"确定"按钮即可，如图 8-38 所示。

图 8-37　合成设置　　　　图 8-38　功耗提示

4）执行操作后，进入"我的资源"页面，稍等片刻，即可合成视频。合成视频后，单击"下载"按钮，如图 8-39 所示，即可保存数字人视频。

图 8-39　保存数字人视频

拓展阅读　腾讯智影数字人直播

数字人直播是腾讯智影基于自主研发的数字人平台推出的互动直播技术。该技术能够实现预设节目的自动循环或随机播放，并通过开播平台抓取评论，利用问答库进行回复。数字人直播间可在任意直播平台开播。

1. 开通方法

腾讯智影的"数字人直播"功能在数字人视频的基础上，增强了互动性，支持将数字人直播节目进行 24 小时循环播放或随机播放，并可与直播间的观众实时沟通。

操作步骤如下：单击"智能小工具"选项区中的"数字人直播"按钮，进入"数字人直播"页面。在此页面，可以管理数字人直播节目、我的直播间、互动问答库等。单击"单击开通"按钮。

执行操作后，在弹出的对话框中选择所需的版本（直播体验版或真人接管直播专业版）及使用期限，通过扫码支付即可开通"数字人直播"功能。

2. 介绍页面

成功开通"数字人直播"功能后，即可使用该功能编辑直播节目并开播。"数字人直播"页面如图 8-40 所示。

图 8-40 "数字人直播"页面

1）功能页面的右上角：显示用户账号信息，以及购买和续费窗口。
2）左侧功能访问入口：
● "节目管理"为首页，用于直播节目内容制作。
● "我的直播间"为开播页面，可将制作好的节目串联进行直播。
● "互动问答库"为互动功能知识库设置页面，用于设置互动功能的触发条件和回复。
● "帮助中心"为操作手册，提供功能使用介绍。
3）新建直播节目入口：可编辑自己的直播节目内容，或使用官方提供的直播间模板。
4）直播节目列表：已完成制作的直播节目和草稿项目均保存在列表中，可进行二次编辑，或在"我的直播间"中进行编排开播。

8.6 习题

1. 填空题

1）OpenAI 公司在 2024 年 2 月 15 日推出了文生视频的大模型_____。
2）Sora 不仅具备_____的能力，还能理解和重构真实物理世界。
3）_____是智谱 AI 于 2024 年推出的一款 AI 视频生成工具。
4）_____借助镜头的应用、衔接和切换来传递故事或信息。
5）虚拟数字人是运用_____技术打造的、与人类形象接近的数字化人物形象。
6）交互型数字人由_____驱动，拥有类人动作及感知能力，能够实现与_____的交互。
7）非交互型数字人是系统依据_____生成对应的人物语音及动画，并合成音视频呈现给用户。
8）从视觉呈现效果的角度，可以将数字人分为_____和_____两种形式。

9）从智能级别的角度，数字人可分为_____数字人和_____数字人。
10）交互型数字人只能根据_____进行语音或动作响应，实现一定程度的人机交互。
11）_____数字人可以进行复杂的语义分析，并做出独立的判断。
12）_____是腾讯推出的一款基于 AI 技术的虚拟数字人生成工具。

2. 简答题

1）简述 AI 视频生成工具生成视频的方式。
2）谈谈 AI 视频生成的应用领域。

3. 操作题

1）使用智谱清影工具，输入提示词生成视频。
2）使用智谱清影工具，上传图片生成视频。
3）使用腾讯智影数字人播报功能，制作一段数字人直播视频。

参 考 文 献

[1] 牛百齐，王秀芳. 人工智能导论[M]. 北京：机械工业出版社, 2023.
[2] 尤洋. 实战 AI 大模型[M]. 北京：机械工业出版社, 2023.
[3] 刘兆峰. 多模态大模型：算法、应用与微调[M]. 北京：机械工业出版社, 2024.
[4] 丁磊. 生成式人工智能：AIGC 的逻辑与应用[M]. 北京：中信出版社, 2023.
[5] 姜旬恂，乔通宇. 文心一言从新手到高手：写作＋绘画＋教育＋编程＋助手[M]. 北京：清华大学出版社, 2024.
[6] 郭绍义，刘冯实. 零基础玩转 AI 绘画[M]. 天津：天津科学技术出版社, 2023.
[7] 陈根. Sora 读懂人工智能新纪元[M]. 北京：电子工业出版社, 2024.
[8] 张成文. 大模型导论[M]. 北京：人民邮电出版社, 2024.
[9] 方进. AI 数字人原理与实现[M]. 北京：人民邮电出版社, 2024.